Guido Fitze, Peter M. Vogt (Hrsg.)

Thermische Verletzungen im Kindesalter

Guido Fitze, Peter M. Vogt (Hrsg.)

Thermische Verletzungen im Kindesalter

DE GRUYTER

Herausgeber

Prof. Dr. med. Guido Fitze
Universitätsklinikum Carl Gustav Carus
Klinik und Poliklinik für Kinderchirurgie
Fetscherstr. 74
01307 Dresden
E-Mail: kinderchirurgie@uniklinikum-dresden.de

Univ.-Prof. Dr. med. Peter M. Vogt
Medizinische Hochschule Hannover
Klinik für Plastische, Ästhetische, Hand- und Wiederherstellungschirurgie
Carl-Neuberg-Str. 1
30625 Hannover
E-Mail: vogt.peter@mh-hannover.de

ISBN: 978-3-11-044284-7
e-ISBN (PDF): 978-3-11-043603-7
e-ISBN (EPUB): 978-3-11-043499-6

Library of Congress Cataloging-in-Publication data
A CIP catalog record for this book has been applied for at the Library of Congress.

Bibliografische Information der Deutschen Nationalbibliothek
Die Deutsche Nationalbibliothek verzeichnet diese Publikation in der Deutschen Nationalbibliographie; detaillierte bibliografische Daten sind im Internet über http://dnb.dnb.de abrufbar.

Einbandabbildung: GettyImages
Datenkonvertierung/Satz: Satzstudio Borngräber, Dessau-Roßlau
Druck und Bindung: Hubert & Co GmbH und Co KG, Göttingen
♾ Gedruckt auf säurefreiem Papier
Printed in Germany

www.degruyter.com

Vorwort

In den vergangenen Jahren wurden durch die wissenschaftlichen Fachgesellschaften in Deutschland intensive Anstrengungen unternommen, eine aktuelle AWMF-Leitlinie für die Behandlung thermischer Verletzungen im Kindesalter zu erstellen. Dabei sollte nicht nur die komplexe medizinische Behandlung auf den aktuellen Stand gehoben, sondern auch die Behandlung derartiger Verletzungen hinsichtlich ihrer strukturellen Anforderungen neu geordnet werden. Dieser Prozess wurde im Jahr 2015 erfolgreich abgeschlossen. Interdisziplinäre Symposien wie im Rahmen des 127. Kongresses der Deutschen Gesellschaft für Chirurgie, der 110. Jahrestagung der Deutschen Gesellschaft für Kinder- und Jugendmedizin sowie der 52. Herbsttagung der Deutschen Gesellschaft für Kinderchirurgie und des Symposiums 2014 in Leipzig zum Thema der thermischen Verletzungen im Kindesalter haben gezeigt, welches Interesse und welcher Bedarf an dieser Thematik bestehen. Die positive Resonanz fand auch darin ihren Ausdruck, dass der De Gruyter-Verlag dieser Thematik nun auch ein Lehrbuch widmet. Nicht zuletzt durch die Ermunterung vieler ärztlicher Kollegen haben wir uns schließlich dieses Buchprojektes gestellt und freuen uns sehr, dass es durch das Engagement aller Beteiligten so zielstrebig umgesetzt werden konnte.

Zwei Leitgedanken haben uns bei der Konzeption dieses Buches bewegt und sind, so denken wir, auch umgesetzt worden. Der erste Gedanke beinhaltet den Umstand, dass die Ergebnisse einer jeden Behandlung thermischer Verletzungen für die betroffenen Kinder und deren Familien in den meisten Fällen ein langes Leben lang prägend sein werden. Immer werden dadurch Lebensläufe vorgezeichnet. Daraus leitet sich auch direkt der Anspruch auf ein optimales Behandlungsergebnis ab, dem jeder, der an der Behandlung beteiligt ist, verpflichtet sein muss. Der zweite Leitgedanke erschließt sich in diesem Kontext praktisch von selbst – nämlich der der ganzheitlichen Medizin. Nach unserer Erfahrung ist diese Idee in einer teilweise hochspezialisierten Medizin bei der Behandlung von Kindern praktisch noch am meisten allgegenwärtig. Es ist nicht möglich, ein Kind medizinisch zu betreuen ohne im gleichen Maße seinen familiären und sozialen Kontext zu berücksichtigen. Somit ist es uns ein herausragendes Anliegen gewesen, in diesem Buch all die diejenigen Professionen zu Wort kommen zu lassen, die bei der Behandlung von Kindern mit thermischen Verletzungen eine wesentliche Aufgabe zu bewältigen haben. Nicht zuletzt beinhaltet es auch den Gedanken, dass die Prävention letztendlich die wohl wertvollste medizinische Leistung darstellt.

Durch die Einbeziehung verschiedenster Berufsgruppen von Pädiatern, Kinderchirurgen, Plastischen Chirurgen, Therapeuten und der Pflege bis hin zum Selbsthilfeverein „Paulinchen“ richtet sich dieses Buch an eine breite Leserschaft, die nicht nur medizinische Berufsgruppen ansprechen soll, sondern letztendlich möglicherweise sogar betroffenen Familien eine Informationsquelle sein kann. Dafür, dass dieses Buch in so kurzer Zeit Gestalt angenommen hat, danken wir ganz herzlich dem De Gruyter-Verlag. Durch die stets freundliche und zielstrebige Betreuung von Frau Yvonne Klisch, Frau Bettina Noto und Frau Karola Seitz konnten unsere Ideen letztendlich in sehr kurzer Zeit umgesetzt werden.

Besonders haben wir uns jedoch darüber gefreut, dass alle von uns angesprochenen Autoren sich sofort zu einer Mitarbeit bereit erklärt haben. So hat jeder auf seine Weise der

Idee dieses Buches zur Umsetzung verholfen. Hierfür sei Allen ganz herzlich gedankt. Mögen von diesem Buch und der breiten Expertise seiner Autoren vor allem aber unsere kleinen Patienten profitieren.

Dresden und Hannover Mai 2016

Inhaltsverzeichnis

Vorwort — **V**
Zu den Autoren — **XIII**

Ramin Ipaktchi
1 Epidemiologie von Verbrennungen im Kindesalter — 1
1.1 Einleitung — **1**
1.2 Inzidenz — **1**
1.3 Ätiologie — **3**
1.4 Literatur — **5**

Thomas Kosk, Guido Fitze
2 Arten der Thermischen Verletzung — 7
2.1 Arten der thermischen Verletzungen (einschließlich Kindeswohlgefährdung) — **7**
2.1.1 Verbrühungen — **7**
2.1.2 Verbrennungen — **7**
2.1.3 Elektroverbrennungen — **8**
2.1.4 Verletzungen durch chemische Substanzen — **9**
2.1.5 Strahlungsbedingte Verletzungen — **9**
2.1.6 Thermische Verletzungen im Rahmen einer Kindeswohlgefährdung — **9**
2.2 Klassifikation der thermischen Verletzungen — **10**
2.2.1 Verletzungstiefe — **10**
2.2.2 Oberflächenausdehnung — **14**
2.2.3 Lokalisation der thermischen Verletzung — **15**
2.3 Weitere Literatur — **16**

Gabriel Hundeshagen, Ludwik K. Branski
3 Prävention thermischer Verletzungen im Kindesalter — 17
3.1 Prävention – Theorie — **17**
3.1.1 Geschichte — **17**
3.1.2 Grundlagen der Unfallprävention — **17**
3.1.3 Gesetzliche Regelungen — **20**
3.1.4 Verbrennungsprävention im Haushalt — **21**
3.2 Internationale Präventionsmaßnahmen — **25**
3.3 Literatur — **26**

Mechthild Sinnig
4 Strukturvoraussetzung — 27
4.1 Das thermisch verletzte Kind im Krankenhaus — **27**
4.2 Zentren für schwerbrandverletzte Kinder — **29**

4.3 Bauliche und apparative Ausstattung — 32
4.4 Personelle Ausstattung — 33
4.5 Qualitätssicherungssystem — 34
4.6 Rehabilitation — 35
4.7 Nachsorge — 35
4.8 Spezialisierte Kliniken für brandverletzte Kinder — 35
4.9 Transition — 36
4.10 Finanzielle Situation — 37
4.11 Literatur — 38

Thomas Kosk, Guido Fitze
5 Pathophysiologie der thermischen Verletzungen — 41
5.1 Anatomie und Physiologie der Haut — 41
5.2 Besonderheiten der kindlichen Haut — 42
5.3 Das thermische Trauma — 43
5.4 Flüssigkeitsverlust und Ödembildung — 44
5.4.1 Flüssigkeitsverlust — 44
5.4.2 Ödem — 44
5.5 Systemische Reaktionen — 45
5.5.1 Verbrennungsschock — 45
5.5.2 Stoffwechsel — 46
5.5.3 Hypermetabolismus — 46
5.6 Infektionen — 47
5.7 Weitere Literatur — 48

Verena Ellerkamp
6 Erst- und Akutversorgung — 49
6.1 Erstmaßnahmen durch Angehörige und Laienhelfer — 49
6.1.1 Beendigung der Hitzezufuhr und Empfehlungen zur Kühlung — 49
6.2 Qualifizierte Erstmaßnahmen — 49
6.2.1 Modifiziertes ABCDE Schema — 49
6.2.2 Atemwege und Atmung — 50
6.2.3 Analgesie — 51
6.2.4 Kreislauf — 51
6.2.5 Volumensubstitution — 51
6.2.6 Einschätzung von betroffener Körperoberfläche (VKOF) und Verbrennungstiefe — 52
6.3 Zentrumsindikationen und Spezialisierte Kliniken — 53
6.4 Ambulante Therapie — 54
6.5 Stationäre Übernahme und Therapie in der Klinik — 55
6.5.1 Debridement — 56
6.5.2 Wundauflagen — 58
6.5.3 Biosynthetischer Hautersatz — 58

6.5.4 Spalthauttransplantation — 60
6.5.5 Vakuum assistierte Verschlussbehandlung — 64
6.5.6 Allgemeine Anmerkungen zu Verbandswechseln — 64
6.5.7 Antibiotika Therapie und Wundinfektionen — 65
6.6 Literatur — 66

Christoph Beckmann
7 Intensivmedizin bei schwerbrandverletzten Kindern — 69
7.1 Einleitung — 69
7.2 Indikationen für die Behandlung in einem Schwerbrandverletzten-Zentrum/ auf einer Schwerbrandverletzten-Intensivstation — 70
7.3 Aufnahme und Erstversorgung — 70
7.4 Verbrennungsschock — 71
7.5 Flüssigkeitstherapie — 71
7.5.1 Grundbedarf — 72
7.5.2 Fluid Creep — 73
7.5.3 Steuerung der Flüssigkeitszufuhr und hämodynamisches Monitoring — 74
7.5.4 Hydroxyethylstärke (HAES) — 75
7.5.5 Humanalbumin (HA) — 76
7.5.6 Erythrozytenkonzentrat/Frischplasma — 76
7.5.7 Katecholamine — 77
7.6 Beatmung — 77
7.6.1 Inhalationstrauma — 78
7.7 Analgesie — 79
7.8 Ernährung — 82
7.8.1 Metabolisches Syndrom und Kalorienbedarf von Schwerstbrandverletzten — 82
7.9 Infektionskontrolle und Infektionsbehandlung — 84
7.10 Elternbetreuung — 85
7.11 Literatur — 86

Christian Förster, Martina Keil
8 Spezielle Pflege — 91
8.1 Aufnahme, Behandlung und Pflege von Patienten mit kleineren Verbrennungsflächen — 91
8.2 Aufnahme eines schwerbrandverletzten Kindes — 93
8.2.1 Hygienemaßnahmen — 94
8.2.2 Patientenlagerung — 95
8.2.3 Schmerztherapie — 96
8.2.4 Ernährung — 97
8.2.5 Psychologische Betreuung — 98
8.3 Überblick Wundtherapeutika — 98
8.3.1 Spül- und Desinfektionslösungen — 99

8.3.2 Wundtherapeutika — 99
8.3.3 Hautersatzprodukte — 100
8.4 Verbandswechsel — 101
8.5 WMCS (Wireless, Micro Current Stimulation) Technologie — 103
8.6 Spezielle Pflegemaßnahmen — 104
8.6.1 Pflege bei Vakuumtherapie (VAC) — 104
8.6.2 Hautpflege Gesicht — 105
8.6.3 Pflege der Spalthautentnahmestellen — 105
8.6.4 Pflege nach Spalthauttransplantation — 106
8.6.5 Pflege nach Vollhauttransplantation — 108
8.6.6 Pflege nach Schwenklappenplastik — 108
8.6.7 Pflege nach freier Lappenplastik — 108
8.6.8 Hautpflege nach Epithelisierung — 109
8.6.9 Pflege nach Needling — 109
8.7 Weitere Literatur — 110

9 Rehabilitation brandverletzter Kinder und Jugendlicher — 111
9.1 Verbrennungen im Kindes- und Jugendalter — 111
9.2 Allgemeine Aspekte in der Rehabilitation brandverletzter Kinder und Jugendlicher — 112
9.2.1 Kleinkinder — 112
9.2.2 Schulkinder — 112
9.2.3 Jugendliche — 112
9.3 Rehabilitationsziele — 113
9.4 Rehabilitation brandverletzter Kinder und Jugendlicher — 113
9.5 Besonderheiten der Rehabilitation von Kindern und Jugendlichen — 114
9.6 Elemente der Rehabilitation — 115
9.6.1 Narbenpflege — 115
9.6.2 Narbenmassage — 116
9.6.3 Kompressionsbehandlung — 117
9.6.4 Bewegungstherapie (Krankengymnastik/Ergotherapie/Trainingstherapie) — 118
9.6.5 Umgang mit dem Trauma — 121
9.6.6 Begleiterkrankungen und Folgeschäden – Schmerz — 122
9.6.7 Andere Dienste — 122
9.6.8 Eltern brandverletzter Kinder und Jugendlicher — 123
9.6.9 Nach der Rehabilitationsmaßnahme — 123
9.7 Zusammenfassung — 124
9.8 Literatur — 124

Ramin Ipaktchi, Peter Vogt
10 Sekundärchirurgische Maßnahmen — 127
10.1 Einleitung — 127

10.2 Allgemeine Prinzipien — 127
10.3 Behandlungszeitplan — 128
10.4 Spezielle Aspekte der körperlichen Untersuchung — 129
10.5 Allgemein-rekonstruktive Maßnahmen — 129
10.6 Sekundäre Maßnahmen zur Narbenkorrektur — 130
10.6.1 Primärverschluss — 130
10.6.2 Hauttransplantation — 130
10.6.3 Lokale Lappenplastiken — 130
10.6.4 Regionale / Fernlappenplastiken — 132
10.6.5 Freie mikrochirurgische Lappenplastiken — 133
10.6.6 Expander — 133
10.6.7 Perkutane Kollageninduktionstherapie (PCI) / Medical Needling: — 134
10.7 Spezieller Teil — 135
10.7.1 Hand — 136
10.7.2 Kopf/Hals — 138
10.7.3 Augenlider — 138
10.7.4 Mund — 138
10.7.5 Hals — 139
10.7.6 Nase — 139
10.7.7 Ohr — 140
10.7.8 Gelenke — 141
10.7.9 Fuß — 141
10.7.10 Stamm — 141
10.7.11 Brustdrüse — 141
10.7.12 Narbenkarzinom — 142
10.7.13 Lipoinfiltration — 142
10.8 Literatur — 142

Istvan Szilagyi, Katharina Purtscher-Penz

11 Sozialpädiatrische und Psychologische Aspekte — 145
11.1 Psychologische Folgen thermischer Verletzungen — 147
11.1.1 Angst — 147
11.1.2 Depression — 148
11.1.3 Belastungssituation und psychische Traumata — 149
11.1.4 Posttraumatische Belastungsstörung (F 43.1) — 150
11.1.5 Psychologische Diagnostik — 153
11.2 Psychologische Behandlung — 155
11.2.1 Entspannungsübungen — 155
11.2.2 Psychoedukation/Patientenschulung — 156
11.3 Kognitive Umstrukturierung — 157
11.3.1 EMDR – „Eye Movement Desensitization and Reprocessing“-Therapie — 159
11.4 Psychologische Schmerzbehandlung — 159

11.5 Wann ist eine weiterführende psychologische / psychotherapeutische Hilfe notwendig? — 160
11.6 Was sollten Ärzte / Pflege für die Gestaltung d. Behandlung wissen — 161
11.6.1 Unterstützung für das Kind in der Akutphase — 161
11.6.2 Empfehlungen nach schweren Unfällen für Kinder und Eltern — 161
11.7 Literatur — 162

Adelheid Gottwald
12 Selbsthilfeverein „Paulinchen“ – Initiative für brandverletzte Kinder e.V. — 165
12.1 Situation in der Familie — 165
12.2 Bundesweite kostenlose Hotline — 166
12.3 Paulinchen – Infomaterialien — 168
12.4 Paulinchen-Seminar für Familien mit brandverletzten Kindern — 170
12.5 Angebot für brandverletzte Jugendliche — 170
12.6 Präventionskampagnen — 173
12.7 Tag des brandverletzten Kindes — 175
12.8 Literatur — 175

Register — 177

Zu den Autoren

Dr. med. Christoph Beckmann
Kinderkrankenhaus Wilhelmstift
Liliencronstr. 130
22149 Hamburg
E-Mail: c.beckmann@kkh-wilhelmstift.de

Dr. med. Ludwik Krzysztof Branski
Plastic Surgery Faculty
utmb Health
815 Market Street
Galveston
TX 77555-1220, USA
E-Mail: lubransk@utmb.edu

Dr. med. Verena Ellerkamp
Universitätsklink für Kinder- und Jugendmedizin Tübingen
Hoppe-Seyler-Str. 1
72076 Tübingen
E-Mail: verena.ellerkamp@med.uni-tuebingen.de

Prof. Dr. med. Guido Fitze
Klinik und Poliklinik für Kinderchirurgie
Universitätsklinikum Dresden
Fetscherstr. 74
01307 Dresden
E-Mail: guido.fitze@uniklinikum-dresden.de

Christian Förster
Klinik und Poliklinik für Kinderchirurgie
Universitätsklinikum Dresden
Fetscherstr. 74
01307 Dresden
E-Mail: foerster.christian@me.com

Adelheid Gottwald
Paulinchen – Initiative für brandverletzte Kinder e.V.
Segeberger Chaussee 35
22850 Norderstedt
E-Mail: info@paulinchen.de

Dr. Gabriel Hundeshagen
Department of Surgery
utmb Health
Shriners Hospitals for Children Galveston
815 Market Street
Galveston
Texas 77555, USA
E-Mail: gahundes@utmb.edu

Dr. med. Ramin Ipaktchi
Klinik f. Plastische, Hand- und Wiederherstellungschirurgie
Medizinische Hochschule Hannover
Carl-Neuberg-Str. 1
30625 Hannover
E-Mail: phw@mh-hannover.de

Martina Keil
Klinikum Schwabing
Kölner Platz 1
80804 München
E-Mail: keil.martina4@gmail.com

Thomas Kosk
Klinik und Poliklinik für Kinderchirurgie
Universitätsklinikum Dresden
Fetscherstr. 74
01307 Dresden
E-Mail: kinderchirurgie@uniklinikum-dresden.de

Univ.-Prof. Dr. Katharina Purtscher-Penz
Abteilung für Kinder- und Jugendpsychiatrie und -psychotherapie
LKH Graz Süd-West
Wagner-Jauregg-Platz 18
8053 Graz, Österreich
E-Mail: katharina.purtscher@kages.at

Dr. med. Mechthild Sinnig
Klinik für Kinderchirurgie und Kinderurologie
Kinder- und Jugendkrankenhaus Auf der Bult
Janusz-Korczak-Allee 12
30173 Hannover
E-Mail: sinnig@hka.de

Dr. Istvan Szilagyi
Medizinische Universität Graz
Auenbruggerplatz 34/II
8036 Graz, Österreich
E-Mail: istvan.szilagyi@medunigraz.at

Prof. Dr. med. Peter M. Vogt
Klinik für Plastische, Hand- und Wiederherstellungschirurgie
Medizinische Hochschule Hannover
Carl-Neuberg-Str. 1
30625 Hannover
E-Mail: vogt.peter@mh-hannover.de

Dr. med. Hans Ziegenthaler
Gräfliche Kliniken, Moritz Klinik GmbH & Co. KG
Hermann-Sachse-Straße 46
07639 Bad Klosterlausnitz
E-Mail: hans.ziegenthaler@moritz-klinik.de

Ramin Ipaktchi

1 Epidemiologie von Verbrennungen im Kindesalter

1.1 Einleitung

Thermische Verletzungen von Kindern sind eine der häufigen Ursachen für Verletzungen im Kindesalter [1]. Bundesweit begeben sich mehr als 30.000 Kinder und Jugendliche unter 15 Jahren jährlich aufgrund von Verbrennungen in ärztliche Behandlungen, wovon etwas weniger als jedes 10. Kind in einer Spezialklinik für Brandverletzungen weiterbehandelt werden muss [2]. Ursachen sind Unachtsamkeit von Aufsichtspersonen, aber auch die Tatsache, dass Kleinkinder schon sehr früh beginnen, ihre Umwelt zu erkunden. Die typischen Verletzungen im Kleinkindesalter sind Verbrühungen und machen nahezu 60–85% aus. [2] Verursacht werden sie durch Herabziehen von kochenden Töpfen oder Wasserkocher, indem das Kind am herabhängenden Stromkabel zieht. [3] Akzidentielles Verschütten von heißem Wasser am Esstisch sind weitere Risikofaktoren. Für Kleinkinder können aufgrund der geringen Körperoberfläche schon kleinere Mengen an heißer Flüssigkeit zu lebensbedrohlichen Verletzungen führen. So kann schon eine Tasse heiße Flüssigkeit bis zu 30% der Körperoberfläche des Kindes lebensgefährlich verbrühen [2].

Im fortgeschrittenen Alter und entsprechender Größe treten zudem Kontaktverbrennungen durch warme/heiße Herdplatte auf, bzw. Kinder und Jugendliche fangen mit dem „Zündeln“ an und erleiden klassische Verbrennungen durch Feuer bzw. Inhalationsverletzungen. Hieraus lässt sich auch schon ableiten, dass frühkindliche thermische Verletzungen am häufigsten durch Verbrühungen auftreten, hingegen im heranwachsenden Alter als Ursache die Flammeneinwirkung stetig zunimmt. Im erwachsenen Alter erleidet die Mehrzahl der Patienten thermische Verletzungen durch Flammen. Verpuffungsverletzungen beim sommerlichen Grillen treten auch bei Kleinkindern auf. Hierbei kommt es durch unsachgemäßen Gebrauch von Spiritus durch Erwachsene zu einer möglichen Stichflammenentwicklung. Kinder werden hierbei besonders im Gesichtsbereich verletzt.

1.2 Inzidenz

Nach dem Statistischen Bundesamt zeigt sich im Zeitraum von 2001 bis 2010 insgesamt ein Rückgang aller tödlichen Unfälle bei Kindern von rund 37%. Eine aktuelle Krankenhausdiagnosestatistik des Bundesamtes für Statistik zeigt dagegen, dass in einer 10 Jahresauswertung die Anzahl der behandelten Verbrennungsverletzten im Kindesalter nahezu gleich geblieben ist (siehe Abb. 1.1) [1].

In einem *Eurosafe* Bericht werden als die fünf häufigsten Todesursachen bei Kindern im Alter von 1–14 Jahren Stürze aus großer Höhe, Ertrinken, Unfälle im Straßenverkehr, Kindesmissbrauch und weiterhin thermische Verletzungen identifiziert. [4] Nach einer französischen Untersuchung von 1996 sind Verletzungen im Kindesalter in 3–8% der Fälle auf Verbrennungen zurückzuführen. [5] Die Zahl der stationär notwendigen Behandlungen von thermischen Verletzungen ist zudem über dem Zeitraum von 2000–2010 mit geringen Schwankungen nahezu gleich geblieben (Abb. 1.2). [6] Außerdem zeigt sich in Abb. 1.3, dass die thermischen Verletzungen gerade im Alter von 0–4 Jahren häufiger stationär behandelt werden müssen. Gerade diese Patientengruppe gilt unter Kindern als Hochrisikogruppe für Verbrühungen. [2]

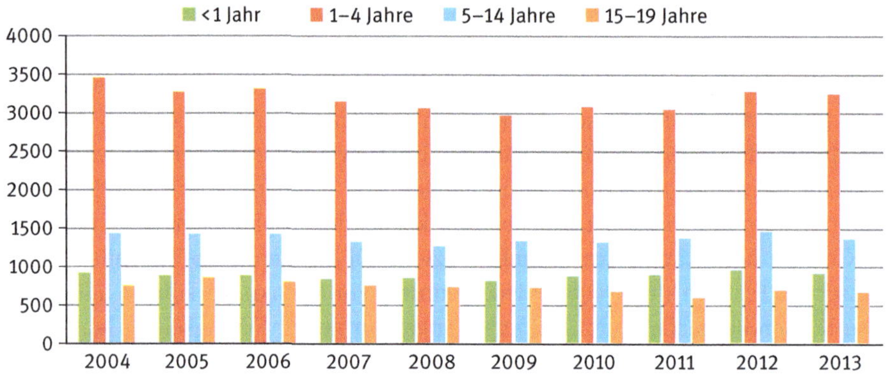

Abb. 1.1: Verbrennungsbedingte Krankenhausfälle bei Kindern und Jugendlichen (ohne Patienten mit ausländischem Wohnort, unbekanntem Wohnort, unbekanntem Alter und unbekanntem Geschlecht) nach [1].

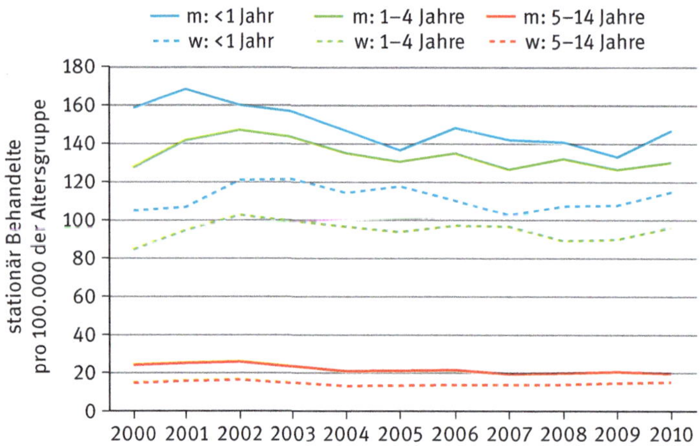

Abb. 1.2: Stationäre Behandlungsquoten von Kindern mit thermischen Verletzungen (ohne Verätzungen) nach Altersgruppen und Geschlecht, Deutschland 2000–2010. Quelle: Statistisches Bundesamt, Krankenhausdiagnosestatistik.

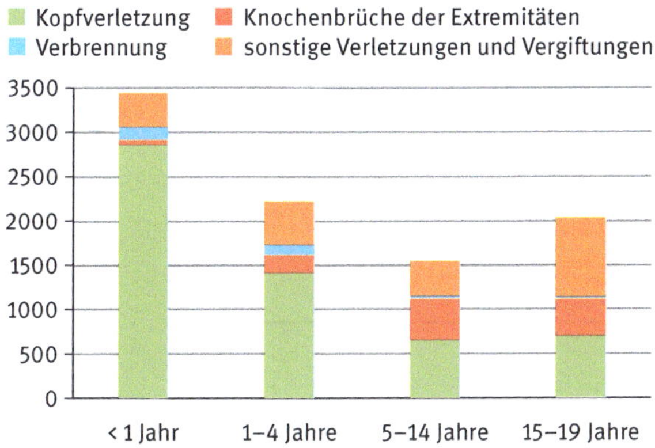

Abb. 1.3: Vollstationäre Behandlungsquoten der häufigsten Verletzungen und Vergiftungen bei Kindern und Jugendlichen 2012 (ohne Patienten/innen mit unbekanntem Wohnort, Alter und Geschlecht) Behandelte je 100 000 Einwohner. Quelle: Krankenhausdiagnosestatistik.

1.3 Ätiologie

Die mehrheitliche Ursache sind Verbrühungen gefolgt von Flammeneinwirkung, Kontaktverbrennungen [7–9]. Weniger häufig sind Stromverletzungen, Verätzungen, und Erfrierungen (Siehe Abb. 1.4). In dieser retrospektiven Unizenterstudie, welche sich über einen Zeitraum von 1974–2010 erstreckt, konnten epidemiologische Daten zu thermischen Verletzungen von insgesamt 5748 Kindern gesammelt werden [7]. In rund 3% konnte als Begleitverletzung ein Inhalationstrauma festgestellt werden, welches ausschließlich nur bei Feuer aufgetreten sei [7].

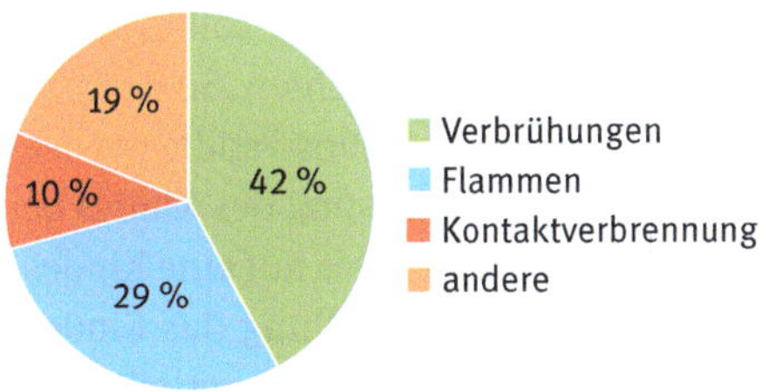

Abb. 1.4: Verletzungsmechanismus; aus Saemann et al. 2016 Burns.

In der Literatur wird die Geschlechtsverteilung in der Regel identisch angegeben. So erleiden Jungen deutlich häufiger thermische Verletzungen als Mädchen (siehe Tabelle 1.1). [7–10]

Tab. 1.1: Thermische Verletzungen nach Geschlechtszugehörigkeit, nach [7].

Ursache	männlich (%)	weiblich (%)	M:F
Verbrühung	59,96	40,04	1,5
Feuer	76,67	23,33	3,29
Kontakt	63,84	36,16	1,77
Strom	78,03	21,97	3,55

Die Kindeswohlgefährdung als nichtakzidentielle Verletzung wird bundesweit jährlich auf etwa 200.000 Kinder geschätzt. [11] Die durchschnittliche betroffene Körperoberfläche (KOF) aller thermisch verletzten Kinder beträgt laut Literatur rund 4% und in 90% aller Fälle unter 10% KOF [8]. Die Verbrennungen sind am häufigsten stammbetont (34,1%), gefolgt von der unteren und der oberen Extremität und in 18,1% an Kopf und an Hals [8]. Interessanterweise beschreiben van Baar et al., dass ab einer verbrannten Körperoberfläche von mehr als 10% bei Kindern zwischen 5–15 Jahren deutlich mehr funktionelle Einschränkungen der oberen Extremität, welche im Alltag einschränkend sind, lokalisiert. [12]

Die Verletzungen entstehen in knapp 85% der Fälle in häuslicher Umgebung und hier besonders häufig im Wohnzimmer, gefolgt von Badezimmer und Küche [8].

Typischer Unfallmechanismus im Badezimmer ist zu heißes Badewannenwasser. Es sind aber auch einige Fälle beschrieben, in denen das Kind selber versucht habe, dass Wasser durch Zufuhr von heißem Wasser weiter zu erwärmen.

Eine tagesabhängige Prävalenz für Verbrennungsverletzungen im Kindesalter konnte nicht gezeigt werden. [5]

Thermisch verursachte Verletzungen im Rahmen einer Kindeswohlgefährdung liegen bei 7 bis 10% aller thermischen Verletzungen von Kindern vor [2, 7] und sind somit keine seltene Ursache für Brandverletzungen im Kindesalter. Überdurchschnittlich viele Kinder zeigen hierbei Verbrühungsverletzungen (78%) verglichen zu Verletzungen verursacht durch Flammen (11%) oder Kontaktverbrennungen (7%). Aus diesem Grund sollten involvierte Ärzte stets die Beurteilung der Wunden in einer Gesamtschau betrachten. So sollte im Rahmen der Anamnese die Kausalität der Verletzung geprüft werden. Ebenso sollte die seelische, als auch der körperliche Zustand, wie auch die psychische Verfassung des Kindes bei der Untersuchung Beachtung finden. Ältere Hämatome können ein Hinweis auf eine Kindeswohlgefährdung geben, ebenso wie auch eine deutlich verspätete Vorstellung des Kindes, oder Verbrennungsverletzungen, welche punktuell über den gesamten Körper verteilt sind. Die Einschätzung, ob eine Kindeswohlgefährdung vorliegt könnte, ist gerade im Rahmen der Akutversorgung sehr schwierig. Für den behandelnden Arzt liegt hier eine Gratwanderung vor; zum einen einem begründenden Verdacht nachzugehen und hierdurch weiteren Schaden vom Kind ab zu wenden, auf der anderen Seite das Vertrauen der Eltern bei unbestätigtem Verdacht zu verlieren.

1.4 Literatur

[1] Bundesamt, S. *Unfälle, Gewalt, Selbstverletzung bei Kindern und Jugendlichen 2013*. 2015; Available from: https://www.destatis.de/DE/Publikationen/Thematisch/Gesundheit/Gesundheitszustand/UnfaelleGewaltKinder.html.

[2] Sinnig, M.S., K, *Management von Verbrennungen im Kindesalter*. Trauma Berufskrank., 2014. **16**(Suppl4): p. 416–424.

[3] Jester, I.J., A; Demirakca, S; Waag KL, *Notfallmanagement bei der Primärversorgung kindlicher Verbrennungen*. Intensivmed, 2005. **42**: p. 60–65.

[4] Eurosafe, E.A.f.I.P.a.S.P. *Injuries in the European Union. Summary of injury statistics for the years 2008–2010*. 2013.

[5] Mercier, C. and M.H. Blond, *Epidemiological survey of childhood burn injuries in France*. Burns, 1996. **22**(1): p. 29–34.

[6] Ellsäßer, G., *Unfälle, Gewalt, Selbstverletzung bei Kindern und Jugendlichen 2014. Ergebnisse der amtlichen Statistik zum Verletzungsgeschehen 2012. Fachbericht. Statistisches Bundesamt (Hrsg.), Wiesbaden*.

[7] Saeman, M.R., et al., *Epidemiology and outcomes of pediatric burns over 35 years at Parkland Hospital*. Burns, 2016. **42**(1): p. 202–8.

[8] Tse, T., et al., *Paediatric burn prevention: an epidemiological approach*. Burns, 2006. **32**(2): p. 229–34.

[9] Morrow, S.E., et al., *Etiology and outcome of pediatric burns*. J Pediatr Surg, 1996. **31**(3): p. 329–33.

[10] Palmieri, T.L., et al., *Burn center volume makes a difference for burned children*. Pediatr Crit Care Med, 2015. **16**(4): p. 319–24.

[11] Herrmann, B.B., S; Thyen, U; Dettmeyer R, *Kindesmisshandlung. Medizinische Diagnostik, Intervention und rechtliche Grundlagen*. 2008: Springer, Berlin Heidelberg New York.

[12] van Baar, M.E., et al., *Quality of life after burns in childhood (5–15 years): children experience substantial problems*. Burns, 2011. **37**(6): p. 930–8.

Thomas Kosk… …ido Fitze

2 Arten de… …rmischen Verletzung

2.1 Arten der the… …hen Verletzungen (einschließlich … …swohlgefährdung)

Zu den thermischen Verletzu… …n Kindes- und Jugendlichenalter zählen Verbrühungen und Verbrennungen, welche in… …ten Kollektiv der thermischen Verletzungen den prozentual größten Anteil ausmache…

Weitere thermische Verletzung… …die Stromverbrennungen, Verätzungen mit Basen oder Säuren und strahlungsbedingte… …ngen.

Abhängig vom Lebensalter zeigt sic… …einzelnen Altersklassen eine entsprechende Häufung bestimmter thermischer Verletzu…

2.1.1 Verbrühungen

Im Kleinkindesalter sind es mehrheitlich Verbrühungen… …he durch das Herabziehen von Gefäßen mit heißen oder kochenden Flüssigkeiten zu Verle… …en führen. Hierbei kommt es häufig zu einem Mosaik oberflächlicher und tiefer Wundantei… …n Abhängigkeit vom Alter des Kindes sind bereits kleinere Mengen einer heißen Flüssigke… ausreichend, um einen Großteil der Körperoberfläche zu verbrühen.

Eine Tasse mit heißem Tee oder Kaffee kann bei einem 1-jährigen Kind bereits zu einem Oberflächenausmaß von ca. 30 % betroffener Körperoberfläche (KOF) führen. Die betroffenen Körperregionen variieren hierbei stark. Bei Kleinkindern in stehender Position kommt es durch das Herabziehen von Gefäßen mit heißen oder kochenden Flüssigkeiten häufig zu Verletzungen im Bereich des Gesichtes, des Halses und des Dekoltees sowie des ventralen Thorax und des Abdomens.

Ergießt sich die heiße oder kochende Flüssigkeit, zum Beispiel nach Umstoßen eines Gefäßes über eine plane Fläche und fließt an deren Rändern zu Boden sind bei sitzender Position des Kindes vor allem das Abdomen, die Ober- und Unterschenkel sowie der Genitalbereich und das Gesäß prädisponierte Verletzungsareale.

Bei direktem Kontakt der heißen oder kochenden Flüssigkeit auf mit Kleidungsstücken bedeckte Körperteile, kann diese die heiße Flüssigkeit aufsaugen und durch einen lokalen Speichereffekt zu verlängerten Einwirkzeiten der thermischen Energie mit letztlich höhergradigen thermischen Verletzungen führen.

2.1.2 Verbrennungen

Im Jugendlichen- und Adoleszentenalter ist es vor allem die Experimentierfreudigkeit im Umgang mit Feuer und brennbaren Substanzen die zu thermischen Verletzungen führen. Hierbei kommt es einerseits zu direkten Flammenverbrennungen, andererseits aber auch durch Verpuffungen und Explosionen von brennbaren Flüssigkeiten oder Gasen zu entsprechenden Verletzungen. Die betroffenen Körperregionen sind hierbei die dem Feuer oder dem Explosionsherd direkt zugewandten Körperregionen, häufig begleitet vom Verlust der vorhandenen Hautanhangsgebilde (Körperbehaarung, Augenbrauen und Wimpern).

Zu den Verbrennungen werden außerdem Kontaktverbrennungen durch den unmittelbaren Kontakt des betroffenen Körperteiles mit einer heißen Oberfläche (z.B. Herdplatte, Kamin- oder Ofentür) gezählt.

Verletzungen durch heißes Öl, wie sie häufig bei Friteusenunfällen vorkommen, zählen ebenfalls zu den Verbrennungen.

Häufig werden Kinder und Jugendliche aber auch Opfer des Leichtsinnes Erwachsener im Umgang mit brennbaren Substanzen. Durch den anhaltend weit verbreiteten Einsatz flüssiger Brandbeschleuniger, zum Beispiel beim Grillen, kommt es immer wieder zu Verpuffungen und Stichflammen mit schweren Verbrennungen bei zuschauenden Kindern oder Jugendlichen. Besonders kritisch sind hierbei die Verletzungen bei Kleinkindern, da sich das brennende Grillgut in Kopfhöhe befindet.

2.1.3 Elektroverbrennungen

Stromverbrennungen zeigen sich sowohl bei Kleinkindern als auch bei Jugendlichen, wobei die Verletzungen im Adoleszentenalter deutlich dominieren.

Bei den Kleinkindern sind es häufig Verletzungen durch das Einführen von Fremdkörpern in Steckdosenöffnungen. Es kommt infolge dessen zu punktförmigen, häufig tiefen Kontaktverbrennungen an den Kontaktflächen im Handbereich.

Im Jugendlichenalter sind es häufig Starkstromverletzungen welche beim Hinaufklettern auf Bahnwaggons oder beim Erklettern von Hochspannungsmasten Lichtbögen erzeugen und infolge dessen zu schwersten Verbrennungen häufig auch mit Todesfolge führen.

Stromverletzungen gehen aufgrund der hohen lokal einwirkenden Energiemenge häufig mit flächenmäßig eng begrenzten aber stets tief dermalen Verletzungen einher. Vor allem Starkstromverletzungen zeigen häufig schwerste innerliche Verletzungsmuster. Durch Denaturierung tiefer Gewebeschichten wie Muskulatur, Faszienstrukturen sowie Gefäß- und Nervenstrukturen zeigen Starkstromverletzungen häufig einen drastischen klinischen Verlauf mit nicht selten letalem Ausgang.

Ein klassischer Unfallhergang für Starkstromverletzungen ist das Erklettern abgestellter Eisenbahnwaggons oder Starkstrommasten. Hierbei kommt es ab einem bestimmten Abstand zur Hochspannungsleitung zu einem Lichtbogen. Typischerweise zeigen sich zwei tief dermale Verbrennungsmale als jeweilige Eintritts- und Austrittspforte des elektrischen Stromes. Diese sind häufig im Bereich des Kopfes (Eintrittspforte) sowie im Bereich der unteren Extremitäten (Austrittspforte) lokalisiert.

2.1.4 Verletzungen durch chemische Substanzen

Verletzungen durch chemische Substanzen sind im Vergleich zu den voran genannten Verletzungen deutlich seltener. Chemische Verbrennungen werden durch Säuren oder Basen verursacht. Zu nennen sind hierbei vor allem Unfälle mit chemischen Substanzen im Haushaltsbereich (z.B. Rohreiniger, Batteriesäure). Es zeigen sich aber auch immer wieder tätliche Übergriffe mit chemischen Substanzen im Rahmen einer Kindesmisshandlung.

Verletzungen mit chemischen Substanzen bei Kindern resultieren meist durch eine unsachgemäße Lagerung oder einen ungehinderten Zugang für im Haushalt lebende Kinder und Jugendliche.

2.1.5 Strahlungsbedingte Verletzungen

Thermische Verletzungen durch radioaktive Strahlung sind im Kindes- und Jugendlichenalter eine Seltenheit. Eine typische Strahlungsverbrennung ist allerdings der klassische Sonnenbrand.

2.1.6 Thermische Verletzungen im Rahmen einer Kindeswohlgefährdung

Im klinischen Alltag werden wir immer wieder mit thermischen Verletzungen konfrontiert die uns aufgrund ihrer topographischen Verteilung am Körper oder dem primären Verletzungsmuster an der eigentlichen Unfallanamnese zweifeln lassen. Die Bandbreite der ent-

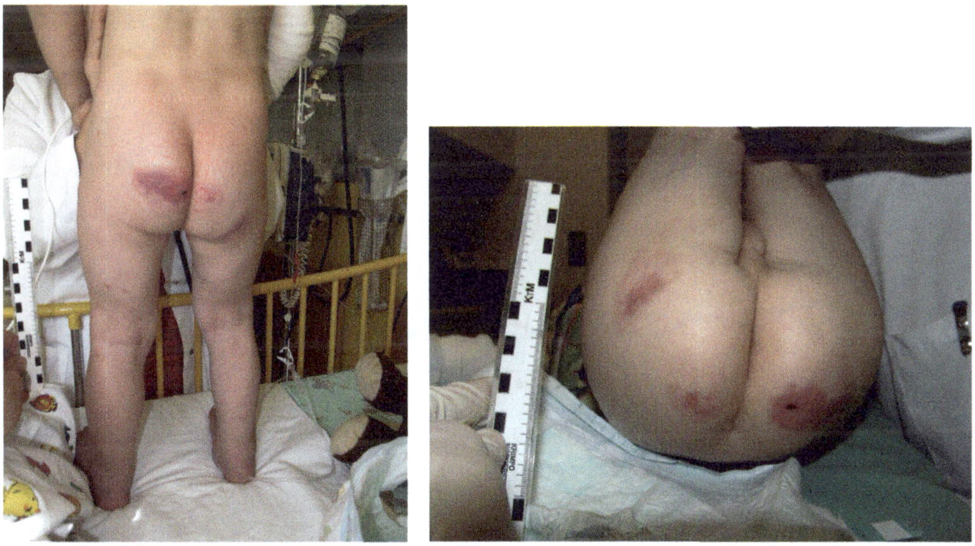

Abb. 2.1: Kontaktverbrennung bei einem 2-jährigen Jungen (Kind wurde auf eine Herdplatte gesetzt) – typisch geformtes Verletzungsmuster gluteal beidseits mit Aussparung der Rima ani (freundliche Überlassung durch das Institut für Rechtsmedizin des Universitätsklinikums Dresden)

sprechenden Verletzungen ist hierbei groß und im Zweifel sollten auffällige Verletzungsmuster bei hochgradigem Verdacht auf eine mögliche Kindesmisshandlung stets kritisch hinterfragt werden.

Typisch für Verletzungen im Rahmen einer Kindesmisshandlung sind die Eintauchverletzungen bei denen Hände oder Füße in heiße Flüssigkeiten eingetaucht werden. Als Folge dieser Eintauchmanöver zeigen sich handschuh- oder strumpfähnliche Verletzungsmuster mit charakteristisch scharfen Grenzen zur unverletzten Haut.

Weitere thermische Verletzungen zeigen sich als kreisrunde tief dermale Verletzungen, z.B. nach dem Ausdrücken von Zigarettenstummeln auf der Kinderhaut.

2.2 Klassifikation der thermischen Verletzungen

2.2.1 Verletzungstiefe

Zur Beurteilung von thermischen Verletzungen werden Verletzungstiefe, Oberflächenausdehnung und Lokalisation herangezogen.

Die Verletzungstiefe wird mittels Gradeinteilung angegeben. Hierbei werden I.- bis IV.-gradige Verletzungen unterschieden. (Abb. 2.2)

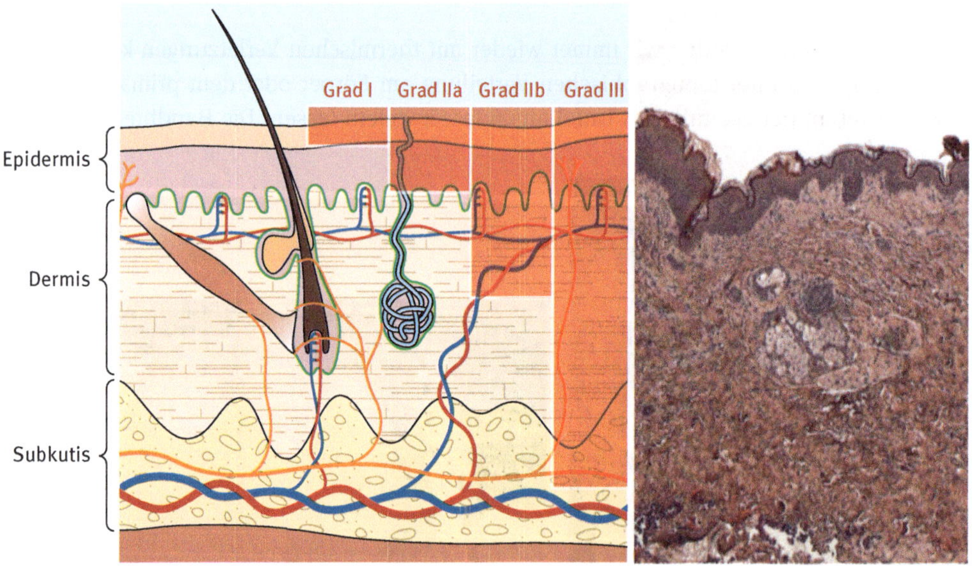

Abb. 2.2: Verletzungstiefe (Gradeinteilung): 1 Epidermis; 2 Dermis; 3 Subkutis.

Äquivalent zur Gradeinteilung werden die thermischen Verletzungen in neueren Nomenklaturen bezüglich der Tiefengrade in epidermale, oberflächlich dermale, tief dermale und komplett dermale Verletzungen unterteilt (Tabelle 2.1).

Tab. 2.1: Verletzungstiefe.

Klassifikation	Tiefenschädigung	Klinik
Grad I	epidermal	Rötung, Schwellung, starker Berührungsschmerz, intaktes Epithel
Grad IIa	oberflächlich dermal (oberes 1/3 der Dermis)	Blasenbildung (intakt, rupturiert), hyperämer feuchter Wundgrund, prompte Rekapillarisierung, Schwellung, starke Schmerzen
Grad IIb	tief dermal (bis untere 2/3 der Dermis)	große Heterogenität, Blasenbildung (meist rupturiert), rosiger bis heller feuchter Wundgrund, gestörte Rekapillarisierung, Schmerzempfinden reduziert
Grad III	komplett dermal	trockene, lederartige, gräulich-perlenweiße Nekrose, kein Berührungsschmerz, Verlust der Hautanhangsgebilde
Grad IV	komplett dermal plus Unterhautfettgewebe (eventuell Muskulatur, Sehnen, Knochen)	ausgeprägte Nekrosen bis zur Verkohlung

Erstgradige (epidermale) thermische Verletzungen zeichnen sich klinisch durch eine Rötung und Schwellung des betroffenen Hautareales aus. Die Epidermis der erstgradigen Verletzungen ist intakt mit ausgeprägter Berührungs- und Schmerzempfindlichkeit.

Die erstgradigen thermischen Verletzungen heilen nach ca. 3–5 Tagen narben- und komplikationslos ab.

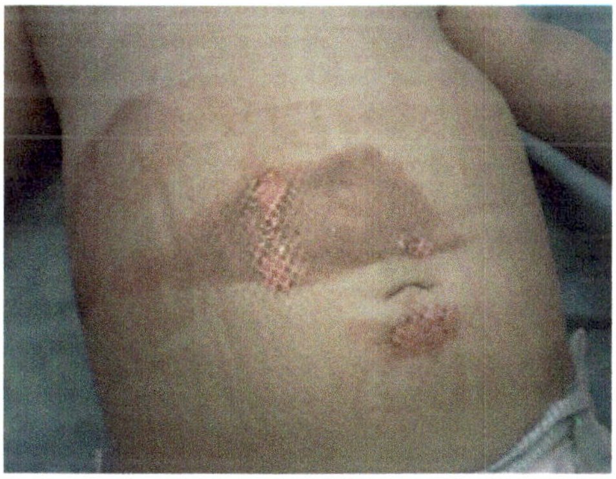

Abb. 2.3: Thermische Verletzung zeigen meist eine Kombination verschiedener Schweregrade: Verbrennung Grad 1 in den Randbereichen bei einem 7 Monate alten Säugling mit Verbrühung durch heißen Kaffee (Erythem und lokales Ödem, Epidermis intakt, erster Verbandswechsel)

Zweitgradige thermische Verletzungen werden unterteilt in oberflächlich dermale (Grad 2a) und tief dermale (Grad 2b) Verletzungen. Charakteristikum der zweitgradigen Verletzungen ist die epidermale Blasenbildung, die sich intakt-flüssigkeitsgefüllt oder rupturiert präsentiert. Die Hautanhangsgebilde sind bei 2.-gradigen thermischen Verletzungen intakt.

Der Wundgrund nach Ruptur oder Abtragung des Blasendaches zeigt sich bei Grad IIa-Verletzungen feucht und hyperäm mit einer raschen Rekapillarisierungszeit (1–2 Sekunden).

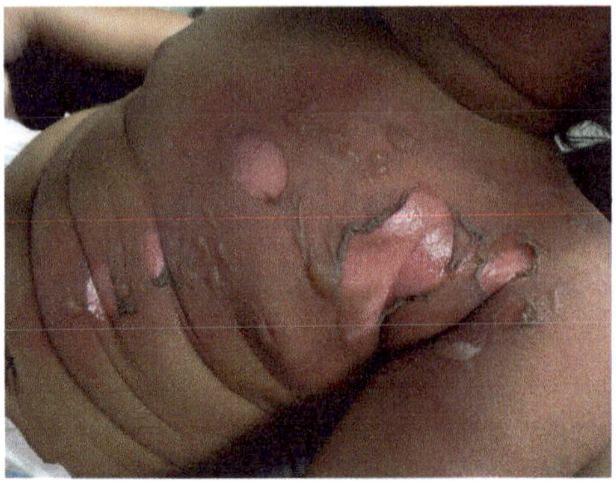

Abb. 2.4: Verbrühung Grad 2a bei einem 18 Monate alten Mädchen mit Verbrühung durch heißen Tee (rosiger Wundgrund und Blasenbildung – intakte flüssigkeitsgefüllte und rupturierte Blasen)

Grad IIb-Verletzungen zeigen hinsichtlich des Wundgrundes eine ausgeprägte Heterogenität. Der Wundgrund kann sich feucht bis leicht trocken, rosig bis perlweiß oder mit fixiertem Erythem präsentieren. Die Rekapillarisierungszeit des Wundgrundes zeigt sich mehrheitlich etwas verlängert (über 2 Sekunden).

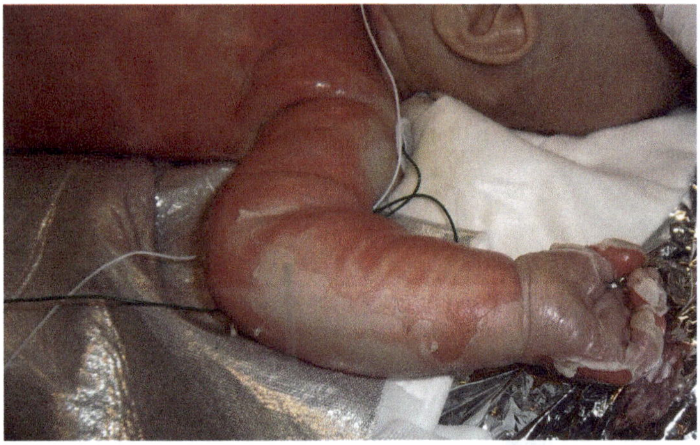

Abb. 2.5: Die Differenzierung zwischen Grad 2a und Grad 2b ist oft erst im Verlauf der Behandlung möglich: Verbrühung Grad 2b bei einem 11 Monate alten Knaben, der einen Wasserkocher heruntergezogen hat (heterogener Wundgrund rosa bis weißlich, teilweise konfluierend, zum Teil mit fixiertem Erythem, rupturierte Blasen und unverletzter Epidermis in den Beugefalten)

Aufgrund dieser weiten Befundbandbreite ist eine primäre Unterscheidung von Grad IIa- und Grad IIb-Verletzungen (insbesondere bei Verbrühungen) mitunter sehr schwierig und erfordert eine langjährige klinische Erfahrung. Häufig kommt es zu Unterschätzungen der Verletzungstiefe und Überschätzungen der Oberflächenausdehnung.

Grad IIa-Verletzungen heilen in der Regel rasch nach 10 bis 14 Tagen narbenlos ab. Nach vollständiger Epithelialisierung können längerfristig Hypopigmentationen in den ehemaligen Wundarealen zurückbleiben.

Grad IIb-Verletzungen zeigen gewöhnlich ab dem 10. bis 12. Tag eine Demarkierung zu oberflächlich dermalen Wundanteilen.

Entscheidend für die Fähigkeit zur Spontanheilung ist die Unversehrtheit der Basalmembran (kutane Stammzellen). Wird diese im Rahmen der thermischen Verletzung irreversibel geschädigt ist eine spontane Re-Epithelialisierung nur deutlich protrahiert und mit nachfolgend ausgeprägter Tendenz zur Narbenbildung möglich.

Drittgradige (komplett dermale) thermische Verletzungen sind durch eine komplette Zerstörung aller Hautschichten und der Hautanhangsgebilde gekennzeichnet. Eine Spontanheilung geht hier immer mit einer hypertrophen Narbenbildung einher. Drittgradige thermische Verletzungen stellen eine uneingeschränkte Indikation zur operativen Therapie dar.

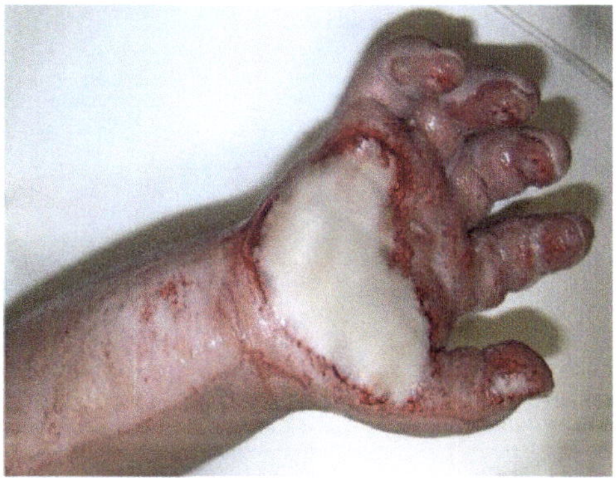

Abb. 2.6: Kontaktverbrennung Grad 3 bei einem 18 Monate alten Jungen nach Fassen auf die Herdplatte (weißlicher, lederartiger und trockener Wundgrund)

Viertgradige thermische Verletzungen umfassen neben der komplett dermalen Schädigung eine zusätzliche Schädigung des Subkutangewebes. Besonders bei Verbrennungen durch Feuer, Explosionen oder Stromverbrennungen kann es durch die hohen einwirkenden Energiemengen zu einer weiteren Tiefenausdehnung mit Schädigung der Muskulatur, Sehnen Knochen oder Gelenke kommen.

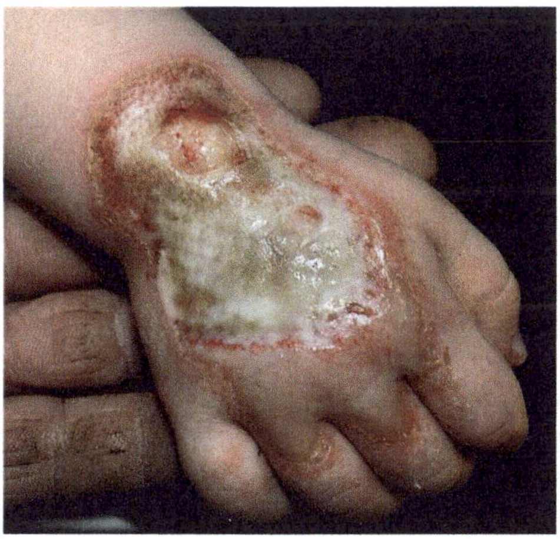

Abb. 2.7: Wachsverbrennung Grad 4 bei einem 3-jährigen Mädchen durch eine umgefallene Kerze (partiell vollständige Destruktion der Dermis bis in das Subkutangewebe reichend)

2.2.2 Oberflächenausdehnung

In Ergänzung zur Tiefeneinteilung der thermischen Verletzungen ist die Oberflächenausdehnung ein wichtiger prädikativer Faktor zur Abschätzung der Schwere einer thermischen Verletzung.

Zur Beurteilung der Oberflächenausdehnung bei pädiatrischen Verbrennungspatienten dient die Handflächenregel als Goldstandard. Wie in Abb. 2.8 gezeigt entspricht die Handinnenfläche einschließlich der Finger des Patienten ca. 1% der Körperoberfläche. In Abb. 2.8 zeigt sich gleichzeitig der große Oberflächenanteil des kindlichen Kopfes im Vergleich zur übrigen Körperoberfläche. Mit zunehmendem Alter nimmt der Oberflächenanteil des Kopfes im Verhältnis zur übrigen Körperoberfläche ab.

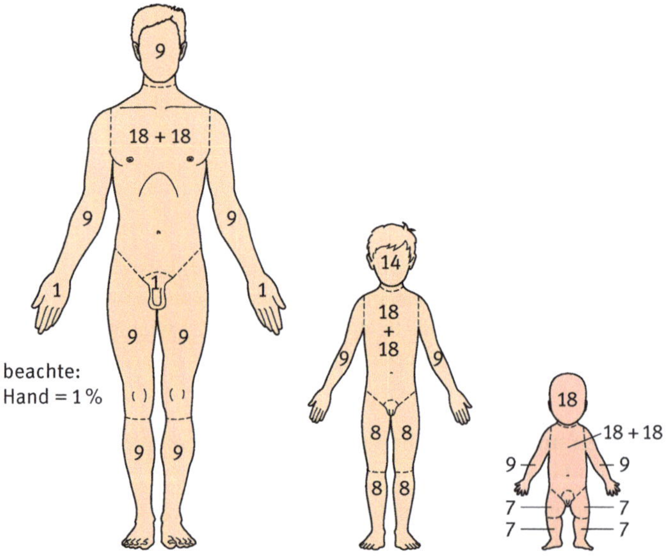

Abb. 2.8: Handflächen- und Neunerregel.

Abb. 2.9 zeigt die schematische Anwendung der Handflächenregel, um die Oberflächenausdehnung einer thermischen Verletzung zu bestimmen.

Im klinischen Alltag zeigt sich jedoch immer wieder die Schwierigkeit der exakten Bestimmung der Tiefen- und Oberflächenausdehnung. Hierbei spielt die klinische Erfahrung der beurteilenden Person eine entscheidende Rolle.

Unterstützend zur Beurteilung der Verbrennungstiefe sowie der Oberflächenausdehnung am Patienten gibt es seit einigen Jahren technische Hilfsmittel.

Etabliert im klinischen Alltag hat sich hierbei der Laser-Doppler. Hierbei wird die Wundfläche mittels Laser gescannt und gleichzeitig der Blutdurchfluss im Wundareal erfasst. Die Absorption und Reflektion des einfallenden Lichtes im Wundgebiet wird gemessen und vom Gerät detektiert sowie letztlich schematisch dargestellt.

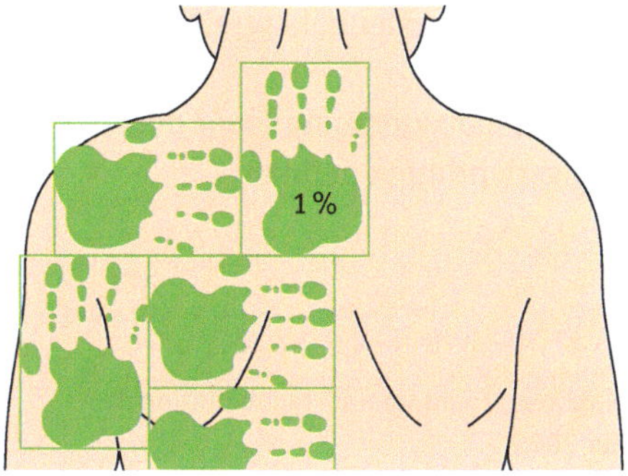

Abb. 2.9: Anwendung der Handflächenregel.

Ein wichtiges Kriterium in der Behandlung thermisch Verletzter ist die beständige und exakte Dokumentation. Abb. 2.10 zeigt das Schema nach Lund und Bowder, welches zur Kennzeichnung der Tiefen- und Oberflächenausdehnung einer thermischen Verletzung genutzt wird. Zusätzlich ist eine standardisierte Fotodokumentation der Wundverhältnisse in jedem Behandlungsstadium unverzichtbar.

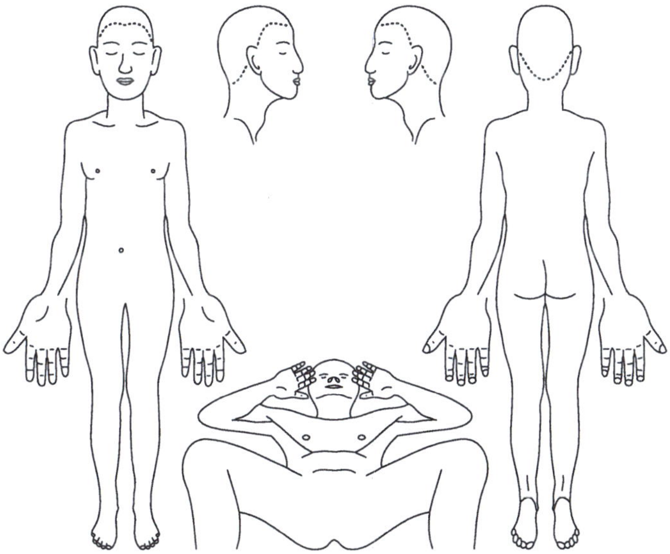

Abb. 2.10: Schema zur Oberflächenausdehnung nach Lund und Browder.

2.2.3 Lokalisation der thermischen Verletzung

Zur individuellen bedarfsgerechten Therapieplanung ist auch die Lokalisation der vorliegenden thermischen Verletzung zu berücksichtigen. Einige Körperregionen werden hierbei als Risikobereiche eingestuft. Hierzu zählen thermische Verletzungen im Gesichtsbereich, an den Händen oder Füßen und im Anogenitalbereich sowie alle gelenkübergreifenden Verletzungen und zirkulären Läsionen.

Entsprechend der vorliegenden Tiefen- und Oberflächenausdehnung sowie der Lokalisation einer thermischen Verletzung sind die Behandlungsrichtlinien definiert.

2.3 Weitere Literatur

[1] Jeschke MG, Kamolz L, Herndon DN. Verbrennungen – Diagnose, Therapie und Rehabilitation des thermischen Traumas, 1. Auflage Wien New York: Springer 2009.

[2] Jeschke MG, Gauglitz GG, Kulp GA, Finnerty CC, Williams FN, Kraft R, Suman OE, Mlcak RP, Herndon DN. Long-term Persistance oft he Pathophysiologic Response to Severe Burn Injury. PLoS ONE Volume 6, Issue 7, July 2011; e21245.

[3] Jeschke MG. Postburn Hypermetabolism: Past, Present and Future. Journal of Burn Care and Research, 2015.

[4] Orton E, Kendrick D, West J, Tata LJ. Persistence of Health Inequalities in Childhood Injury in the UK; A Population-Based Cohort Study of Children under 5. PLoS ONE Volume 9, Issue 10, October 2014; e111631.

[5] Thermische Verletzungen im Kindesalter (Verbrennung, Verbrühung), Behandlung. AWMF-Leitlinie, S2k, Registriernummer 006-128; Stand 30.04.2015.

[6] Williams FN, Branski LK, Jeschke MG, Herndon DN. What, ho wand how much should Burn Patients be fed? Surg Clin North Am. 2011 June; 91(3):609–629.

Gabriel Hundeshagen, Ludwik K. Branski

3 Prävention thermischer Verletzungen im Kindesalter

3.1 Prävention – Theorie

3.1.1 Geschichte

Prävention (lat. praevenire = zuvorkommen) von Krankheit und Unfällen ist keine Erfindung der Moderne. Bereits der spätantike Arzt Galen räumte der Verhinderung einer Krankheit einen höheren Wert ein als ihrer Heilung und stilisierte die Prävention damit zur idealen medizinischen Intervention. Trotz dieser frühen Erkenntnis verging lange Zeit bis zu ihrer mehr als sporadischen Umsetzung. Institutionalisierte, gesetzlich und zivilgesellschaftlich gesteuerte Prävention als öffentliche Aufgabe ist ein Phänomen, das seine Anfange im ausgehenden 18. Jahrhundert des aufstrebenden Merkantilismus hat [1]. Während zunächst allgemeine Maßnahmen zur Etablierung eines staatlichen Gesundheitssystems und zur Verbesserung der (Über-)Lebensbedingungen der Bevölkerung entstanden, um beispielsweise die Kindersterblichkeit zu senken oder verheerenden Auswirkungen häufiger Infektionskrankheiten zu mildern, entwickelten sich im 20. Jahrhundert zunehmend spezialisierte Konzepte zur gezielten Verhinderung von Erkrankungen und Förderung von Gesundheit. Das staatlich organisierte Konzept der Unfallprävention geht auf die Bismarck'schen Sozialreformen aus dem 19. Jahrhundert zurück und differenzierte sich über viele Jahrzehnte von einem Programm zum Schutz von Arbeitern zu einem komplexen Maßnahmenkatalog, der alle schutzbedürftigen Teile der Gesellschaft inkludiert [2].

3.1.2 Grundlagen der Unfallprävention

3.1.2.1 Die Haddon Matrix

Der Epidemiologe William Haddon legte 1968 mit einer bis heute gültigen Publikation den theoretischen Grundstein für das moderne Verständnis von Unfällen und den möglichen Ansatzpunkten ihrer Verhinderung. Seiner Theorie folgend ergibt sich die Schwere eines Unfalls bzw. einer Verletzung aus 1. dem Einwirken einer Energie (kinetisch, mechanisch, chemisch, thermisch, elektrisch, oder radioaktiv) mit einer bestimmten Intensität auf 2. ein bestimmtes Subjekt, das sich 3. in einer bestimmten Umgebung (physisch und sozial) befindet. Weiterhin lässt sich die zeitliche Abfolge eines Unfallereignisses in 1. Prä-Unfall, 2. Unfallereignis und 3. Post-Unfall einteilen. Aus dieser theoretischen Beschreibung eines Unfallherganges, wie zum Beispiel einer Verbrennung, lässt sich eine Matrix mit 9 Feldern generieren, mit deren Hilfe sich jede denkbare Präventionsmaßnahme klassifizieren und bewerten lässt [3]. Tab. 3.1 zeigt exemplarisch die Haddon-Matrix mit denkbaren Faktoren, die die Verletzung durch thermische Energie bei einem Hausbrand mindern können.

Tab. 3.1: Haddon Matrix – Einflussfaktoren auf Unfallschwere.

Thermische Energie (z. B. durch Hausbrand)	Subjekt	Umwelt	
		physisch	sozial
prä-	wach, kann Gefahr einschätzen	schwer entflammbare Kleidung und Matratzen	Brandschutzordnung
Unfallereignis	kurze Exposition, Mobilität, Flucht	Sprinkleranlage, FI-Schalter	Brandschutzübungen
-post	Eigenmaßnahmen (z. B. Notruf, Kühlung)	Erste Hilfe-Maßnahmen	Organisation von Akuttherapie und Rehabilitation

3.1.2.2 Arten der Prävention

Prinzipiell werden vier Arten der Prävention danach unterschieden, wann sie im zeitlichen Verhältnis zu einem Unfall oder einer Krankheit ansetzen.

Primärprävention zielt darauf ab, das ungewollte Geschehen von vornherein zu verhindern. Ein Beispiel aus der pädiatrischen Verbrennungsmedizin ist das Anbringen von Schutzvorrichtungen an Steckdosen oder einer Kindersicherung an Feuerzeugen.

Sekundärprävention hat zum Ziel, die schädliche Progredienz einer nicht mehr zu verhindernden Verletzung zu minimieren. Im Rahmen einer Verbrennung umfasst dies alle Maßnahmen der Akutbehandlung, so die notärztliche Erstversorgung, intensivmedizinische Stabilisierung und die chirurgische Wundversorgung.

Maßnahmen der Tertiärprävention schließen sich an die Akutbehandlung an und sollen Folgeschäden und Chronifizierung der erlittenen Verletzungen reduzieren. In der pädiatrischen Verbrennungsmedizin sind hierunter exemplarisch alle Maßnahmen der Rehabilitation, rekonstruktive chirurgische Eingriffe bei Narbenkontrakturen, sowie Interventionen zur Minderung psychologischer Folgeschäden zu nennen.

Quartärprävention ist darauf fokussiert, Patienten eine übermäßige Therapie und Medikation zu ersparen, wenn diese ihnen in Summe mehr schadet als nützt. Sie spielt in der pädiatrischen Verbrennungsmedizin eine untergeordnete, auf sehr seltene infauste Prognosen beschränkte Rolle. [4]

3.1.2.3 Verhaltensprävention und Verhältnisprävention

Eine Evaluationsstudie der Organisation für wirtschaftliche Zusammenarbeit und Entwicklung (OECD) schreibt Präventionsmaßnahmen einen höheren Anteil am Zugewinn an Lebenserwartung in den vergangenen 20 Jahren zu als durch die kurative Medizin erreicht wurde [5]. Um diese positive Entwicklung jedoch vollständig einordnen zu können, ist eine weitere theoretische Differenzierung nötig: die Unterscheidung zwischen aktiver und passiver Prävention.

Passive, oder Verhältnisprävention, beschreibt Maßnahmen, deren Wirksamkeit nahezu unabhängig vom Mitwirken, oder den persönlichen Gewohnheiten und Präferenzen des

Subjektes ist. Unter anderem aus diesem Grund gilt diese Form der Prävention als die effektivste, insbesondere über lange Zeiträume hinweg. Beispiele für passive Präventionsmaßnahmen gegen Verbrennungen von Kindern sind die gesetzliche Vorschrift zur Installation von Rauchmeldern, oder Bauvorschriften, die Sprinkleranlagen und Feuertreppen vorschreiben. Obwohl Verhältnispräventionsmaßnahmen auf eher allgemeine Ansatzpunkte zielen und ihre Erstellung und Inkrafttreten nicht selten aufgrund legislativer Prozesse langwierig sind, ist ihre Wirksamkeit prinzipiell zeitlich unbegrenzt, ihre kontinuierliche Umsetzung häufig staatlich überwacht und der erwünschte Effekt somit beständig.

Aktive Präventionsmaßnahmen bieten den Vorteil, dass sie auf sehr konkrete Risiken einwirken können, dabei jedoch, wie ihr Name suggeriert, auf individuelle Verhaltensänderung angewiesen sind. Verhaltensprävention ist ihrer Natur nach freiwillig und meist im Bereich von Bildung und Aufklärung angesiedelt. Hierbei soll das Bewusstsein für riskante Verhaltensweisen und Situationen geschärft und ihr Vorkommen aktiv vermieden werden. Beispiele für Verhaltensprävention sind Aufklärungskampagnen zum sicheren Kochen im Umfeld von Kleinkindern oder zur Einstellung ungefährlicher Badewassertemperaturen. Trotz (oder wegen) ihrer hehren Ziele gilt Verhaltensprävention als die am wenigsten wirksame Form der Vorbeugung, da individuelles menschliches Verhalten im Allgemeinen nur schwer nachhaltig zu ändern und von den sonstigen Lebensumständen praktisch nicht abzulösen ist [6, 7].

3.1.2.4 Besondere Herausforderungen

Organisierte aktive Verbrennungsprävention richtet sich in der überwiegenden Mehrzahl der Fälle nicht an die gefährdeten Kinder selbst, sondern an deren Eltern, Erziehungsberechtigte und Aufsichtspersonen. Allein durch diese naturgemäß indirekte Art der präventiven Aufklärung können wichtige Details verlorengehen. Weiterhin können Spannungen entstehen, wenn die erwachsenen Adressaten mit den ihnen entgegengebrachten Handlungsempfehlungen überfordert sind, oder ihnen das Kindeswohl nicht als ausreichende Motivation dient, fahrlässiges Verhalten zu ändern. In beiden Fällen ist ein multimodales Vorgehen unter Zuhilfenahme von ärztlichen, behördlichen und privaten Ressourcen zu wählen, um die Chancen für erfolgreiche Prävention zu maximieren.

3.1.2.5 Epidemiologie zur Identifikation von Risikogruppen

Bestimmte Präventionsmaßnahmen, besonders aus dem passiven Bereich, sind für alle Subjekte gleich effektiv. Gleichzeitig sind nicht alle Kinder in gleichem Maße von allen Arten der thermischen Verletzung bedroht. Studien zeigen beispielsweise, dass die Häufigkeit von Verbrühungen Ihren Altersgipfel im Vorschulalter hat, während andere Verletzungsmuster wie z.B. Feuerunfälle im Freien vorwiegend bei Teenagern anzutreffen sind [8]. Daher ist es für eine effiziente Präventionsstrategie unerlässlich, auf Basis ständig aktueller epidemiologischer Daten die Gruppen mit dem jeweils ungünstigsten Risikoprofil zu ermitteln und gezielt Präventionsstrategien zu entwickeln oder zu verbessern.

3.1.2.6 Epidemiologie zur Evaluation von Präventionsmaßnahmen

Erfolgreiche Präventionsprogramme gegen Verbrennungen von Kindern basieren auf der kontinuierlichen Sammlung, Analyse und Interpretation von Daten und Statistiken, die ihre Wirksamkeit bestätigen oder widerlegen. Datensammlungen wie der *Annual Burn Repository* der *American Burn Association* [6], oder das 2016 neu gegründete Verbrennungsregister der Deutschen Gesellschaft für Verbrennungsmedizin sind von unschätzbarem Wert um in der oft kostspieligen Präventionsarbeit evidenzbasierte Akzente zu setzen (American Burn Association, [13]). Mithilfe der gewonnenen Daten lassen sich Art, Größe und Schwere von Verbrennungen bestimmen, neue Unfallmechanismen identifizieren, und die Trends in der Inzidenz besonderer Verletzungen und ihrer Komplikationen verfolgen. Hierbei ist es entscheidend, bei der Evaluation bestimmter Maßnahmen wissenschaftliche Standards rigoros einzuhalten, um die jeweils geltenden Praktiken valide zu verändern und zu verbessern. Die tatsächliche Wirksamkeit vieler Präventionsprogramme der Verbrennungsmedizin ist aufgrund von zu kleinen Studiengruppen, fehlenden oder inadäquaten Kontrollgruppen, zu kurzen Studienzeiträumen und den fehlenden Endpunkten Morbidität und Mortalität nicht oder nicht ausreichend belegt [9].

3.1.2.7 Präventionsmaßnahmen

Konkrete Maßnahmen zur Prävention thermischer Verletzungen von Kindern können von verschiedenen Akteuren initiiert, betrieben, evaluiert und angepasst werden.

3.1.3 Gesetzliche Regelungen

Die Konzeption, Förderung und Umsetzung präventiver Maßnahmen zur Krankheitsverhinderung und Gesundheitsförderung ist ein zentrales Ziel politischer Willensbildung. Durch Gesetzgebung und Regulation können vor allem passive Präventionsmaßnahmen effektiv umgesetzt werden und die gesamtgesellschaftliche Weiterentwicklung der Prävention geplant werden (vgl. Präventionsgesetz, 2015). Für den Schutz vor Verbrennung von Kindern bedeutende gesetzliche Regelungen sind:

- Rauchmelderpflicht für Neu- und Bestandsbauten: Diese Regelung gilt auf Ebene der Bundesländer und ist in weiten Teilen Deutschlands bereits in geltendes Recht umgesetzt oder in Planung (Stand Mai 2016). Die Ausstattung von Haushalten mit Rauchmeldern zur Früherkennung von Bränden gilt als eine der am besten belegten Maßnahmen in der Verbrennungsprävention [10]
- Baulicher und Anlagentechnischer Brandschutz: Hierunter lässt sich ein Komplex von gesetzlichen Regelungen und Normen zusammenfassen, der die oft verheerenden Folgen eines Gebäudebrandes mildern oder bekämpfen soll. Enthalten sind z.B. Vorgaben zur Brennbarkeit von Baumaterialien oder dem Vorhandensein von Sprinkleranlagen, Feuerlöschern und Fluchtwegen.
- Brandschutzordnungen: Diese meist gesetzlich vorgegebenen Regelungen standardisieren richtiges Verhalten im Brandfall, sowie Maßnahmen zur Verhinderung von Bränden.

Besonders in Kindergärten und Schulen sind effektive Brandschutzordnungen von erheblicher Bedeutung.

3.1.4 Verbrennungsprävention im Haushalt

Die größte Gefahr einer thermischen Verletzung für Kinder besteht im häuslichen Umfeld unter alltäglichen Bedingungen. Aktive, primäre Präventionsmaßnahmen, die sich in Form von Aufklärung und Bildung an die Erziehungs- und Aufsichtsberechtigten der Kinder richten, sind essentiell. Der eingetragene Verein „Paulinchen“ (s. auch Kap. 12), der seit Jahrzehnten aktive Prävention in Deutschland fördert, bietet wertvolle Ressourcen zur Verhinderung der häufigsten Ätiologie der pädiatrischen Verbrennung und Verbrühung im Haushalt („Paulinchen e.V. – Informationsmaterial,“ [15]). Auch Bücher und Ratgeber zur Unfallprävention im Kindesalter, wie z.B. „Das Kindersicherheitsbuch“ (NFP, 2010) sind weitreichend verfügbar und enthalten wichtige zusätzliche Informationen zum Nachschlagen.

3.1.4.1 Allgemein

Kinder müssen frühzeitig für die Gefahren, die zu Verbrennungen oder Verbrühungen führen können, sensibilisiert werden. Hierbei ist kindgerechtes Erklären oft der bessere Weg als strikte Verbote, die häufig einen eigenen Reiz ausüben. Darüber hinaus ist es sinnvoll, Kinder, sobald es ihr Alter zulässt, in aktiver Sekundärprävention zu schulen: sie müssen oft erst lernen, vor Feuer zu fliehen und „Feuer“ zu rufen, da ihr natürlicher Reflex darin bestehen kann, sich zu verstecken und still zu sein. Auch das Erlernen von Fluchtwegen, sowie das grundlegende Alarmieren der Feuerwehr sollten frühzeitig eingeübt werden. Wenn Gefahrenquellen im Haushalt identifiziert sind, sollten sie möglichst zeitnah gesichert werden. Generell ist richtiges und beispielhaftes Verhalten von Erwachsenen in Gegenwart ihrer Kinder von nicht zu unterschätzender Wichtigkeit („American Burn Association,“ n.d., „Paulinchen e.V. – Informationsmaterial,“ n.d.).

3.1.4.2 In der Küche

Die Küche ist für Kinder ein gleichermaßen faszinierender wie gefährlicher Ort. Sowohl Kontaktverbrennungen als auch Verbrühungen sind hier häufig, besonders kleine Kinder bis 5 Jahre gehören zur Risikopopulation [8].

Besonders kleine Kinder greifen oft unbewusst nach heißen Gegenständen. Daher sollten Tassen und Kannen mit heißen Getränken nicht an Tischkanten stehen, keine herunterhängenden Tischdecken oder Kabel von Wasserkochern für Kinder erreichbar sein, und Töpfe und Pfannen immer mit dem Griff nach hinten auf dem Herd stehen. Aus dem gleichen Grund sollten Erwachsene mit einem Kind auf dem Schoß oder Arm niemals zeitgleich heiße Getränke zu sich nehmen – der flüssige Inhalt einer einzigen Tasse kann bis zu 30% der Körperoberfläche eines Säuglings oder Kleinkindes verbrühen („American Burn Association,“ n.d., „Paulinchen e.V. – Informationsmaterial,“ n.d.). Um Kontaktverbrennungen zu vermeiden, sollte, wenn möglich, nur auf den hinteren Herdplatten gekocht werden oder das Kochfeld mit einem Herdschutzgitter gesichert werden. Kinder sollten generell von Backofentüren oder Kaminöfen ferngehalten werden, bis sie alt genug sind, um ihre Gefahren zu kennen. Fläschcheninhalt und Brei, die in der Mikrowelle erhitzt wurden, fühlen sich äußerlich häufig nur lauwarm an, obwohl sie kochend heiß sind; hier sollte vor dem Füttern ausreichende Zeit gerührt und probiert werden.

Abb. 3.1: Magnete in Flammenform als Warnung vor Verbrennungsgefahr in der Küche. Mit freundlicher Genehmigung des Zentrum für schwerbrandverletzte Kinder Auf der Bult, Kinder- und Jugendkrankenhaus, Dr. Mechtild Sinnig.

3.1.4.3 Im Bad

Im Badezimmer besteht die größte Gefahr thermischer Verletzungen für Kinder durch Verbrühungen mit heißem Wasser. Der Schweregrad einer Verbrühung ist vorranging von zwei Faktoren abhängig: Temperatur der Flüssigkeit und Einwirkzeit. Bereits ab einer scheinbar niedrigen Temperatur von 52°C verursachen Flüssigkeiten Schäden der Haut. Wasser mit einer Temperatur von 68°C bewirkt nach einer Einwirkzeit von nur einer Sekunde eine drittgradige Verbrühung [11]. Diese Effekte sind für die dünneren dermalen Schichten bei Kindern umso bedeutsamer und sollten Erwachsenen bewusst sein. Im Bad sollten Mischbatterien nie auf „heiß“ belassen werden, da sich Kinder unmittelbar nach dem Aufdrehen des Wasserhahns unwissentlich verbrühen können. Falls eine maximale Wassertemperatur am Thermostat eingestellt werden kann, sollte sie 50°C oder weniger betragen. Badewassertemperaturen sollten immer überprüft werden, bevor das Kind hineingegeben wird – händisch oder mit Hilfe eines Badethermometers. Elektronische Geräte sollten nicht eingesteckt und immer außer Reichweite von Badewanne oder Waschbecken sein.

3.1.4.4 Offenes Feuer

Feuer kann auf Kinder jeden Alters eine magische Faszination und Anziehungskraft ausüben. Daher ist besondere erzieherische Um- und Vorsicht geboten, um schwerwiegende Verbrennungen zu verhindern. Kinder sollten nie mit Kerzen oder offenem Feuer alleingelassen werden und der Zugang zu Streichhölzern und Feuerzeugen unmöglich sein. Bestimmte Klebstoffe oder Sprühdosen sind leicht entzündlich und können erhebliche Verpuffungsreaktionen auslösen. Daher sollten auch sie unzugänglich verwahrt werden.

An Weihnachten sollten GS-geprüfte elektrische Lichterketten traditionelle Christbaumkerzen ersetzen. Kinder sollten keine Wunderkerzen in die Hand bekommen, da die Funken leicht entzündliche Kleidung in Brand setzen können. Gleichermaßen sollten Feuerwerkskörper gänzlich von Kindern ferngehalten werden.

Beim Grillen ist besondere Vorsicht geboten, besonders Erwachsene müssen hier mit gutem Beispiel vorangehen. Zum Anzünden sollte keinesfalls Spiritus oder Benzin verwendet werden, da Verpuffungsreaktionen drohen; Hände und Gesicht sind besonders exponiert. Generell sollten sich Kinder nicht ohne Aufsicht in der Nähe eines brennenden Grills aufhalten. Feuerstellen können deutlicher länger heiß sein, als man vermutet, und sollten deshalb nicht betreten werden. Sie sollten stets mit Wasser gelöscht und nicht nur – wie beispielsweise am Strand – mit Sand bedeckt werden.

3.1.4.5 Kontaktverbrennungen

Heiße Oberflächen können verheerende Wirkung auf die empfindliche Haut von Kindern haben, auch wenn sie für Erwachsene teilweise ungefährlich erscheinen. Wärmflaschen sollten nie mit Flüssigkeiten über 50°C befüllt werden. Heizdecken sind für Kinder generell ungeeignet, da automatische Temperaturregelungen fehlen und besonders kleine Kinder ihre subjektive Temperaturwahrnehmung nur eingeschränkt verbalisieren können. Oberflächen wie Kamintüren und Heizungsrohre sollten nach Möglichkeit isoliert werden und Bügeleisen niemals eingeschaltet bleiben, wenn sie nicht unter direkter Aufsicht sind.

3.1.4.6 Elektrische Verbrennungen

Wenn Säuglinge und Kleinkinder beginnen, ihre Umgebung zu erkunden, sind sie schnell in Reichweite von Steckdosen und Kabeln. Elektrische Verbrennungen im Haushalt können häufig ernste Verletzungen nach sich ziehen. Da Kleinkinder nicht selten Kabel in den Mund nehmen und darauf herumkauen, sollten defekt erscheinende Kabel sofort repariert werden.

Steckdosen, die gerade auf krabbelnde Kinder eine besondere Anziehungskraft ausüben, sollten mit Kindersicherungen versehen werden. Ein Fehlerstrom (FI)-Schutzschalter verhindert gefährlich hohe Stromstärken und sollte nach Möglichkeit in jedem Haushalt verbaut sein. Ein zweiter epidemiologischer Altersgipfel für Stromunfälle existiert in der späteren Kindheit und Jugendzeit. Drachen sollten nie in der Nähe von Strommasten steigen. Das Klettern auf Hochspannungsmasten und Züge oder das S-Bahn-Surfen sind lebensgefährlich und sollten unbedingt unterbleiben. Hierbei ist zu bedenken, dass auch ohne direkten Kontakt zu einer Hochspannungsleitung Spannungsbögen von bis zu 2 Metern entstehen können. Mehr dazu in Kapitel 2.1.3.

3.1.4.7 Chemische Verbrennungen

Ätzende Chemikalien können Verletzungen verursachen, die Verbrennungen sehr ähnlich sind. Putzmittel, Rohrreiniger und andere potentiell gefährliche Substanzen sollten generell für Kinder unzugänglich aufbewahrt werden. Außerdem sollten giftige oder ätzende Flüssigkeiten nie in harmlos aussehende Getränkeflaschen umgefüllt werden.

Abb. 3.2: Kühlschrankmagnet mit wichtigen Informationen zur primären und sekundären Prävention. Mit freundlicher Genehmigung des Zentrum für schwerbrandverletzte Kinder Auf der Bult, Kinder- und Jugendkrankenhaus, Dr. Mechtild Sinnig.

3.2 Internationale Präventionsmaßnahmen

Am 11. September 2012 verbrennen in der pakistanischen Hauptstadt Karatschi mehr als 250 Menschen in einer Textilfabrik – Kinderarbeit ist in solchen Fabriken keine Seltenheit [14]. Um den weltweiten Stand der Verbrennungsprävention realistisch einschätzen zu können, lohnt sich ein Blick über den Tellerrand der westlichen Industrienationen hinaus. Laut einer Übersichtsstudie der World Health Organization (WHO) ereignen sich 95% aller jährlichen weltweiten Verbrennungen in Ländern mit niedrigem oder mittlerem durchschnittlichen Einkommen (low- and medium-income countries, LMIC), in denen die Mortalität dieser Unfälle bis zu zehnmal höher ist als in weiter entwickelten Nationen mit hohem durchschnittlichen Einkommen [12]. In Entwicklungs- und Schwellenländern sind viele der diskutierten und als wirksam etablierten Präventionsstrategien gar nicht oder nur rudimentär implementiert, was zu besorgniserregenden Häufigkeiten vermeidbarer Unfälle führt. So mangelt es auf Seiten der passiven Primärprävention beispielsweise an Gesetzgebungen zum brandschutzgerechten Haus- und Wohnungsbau, oder dem flächendeckenden Einsatz von Rauchmeldern und Sprinkleranlagen. Gleichzeitig sind aktive Maßnahmen der Primär- und Sekundärprävention, wie die Aufklärung über Risiken für Kinder im Umgang mit Elektrizität oder über Erste-Hilfe-Maßnahmen nach Verbrennungen aufgrund mangelnder Alphabetisierung und Bildung der am meisten gefährdeten Bevölkerungsschichten unzureichend. Schließlich kommen zu den allgemeingültigen Risiken weitere länder- und kulturspezifische Gefahren hinzu, wie zum Beispiel das Kochen auf dem Boden mit offenem Feuer, oder das Tragen traditioneller, weit geschnittener leicht entzündlicher Baumwollgewänder [12].

In der Absicht, die Diskrepanz zwischen den Präventionserfolgen von industrialisierten und Entwicklungsländern zu verringern, hat die WHO 2008 einen weltweiten 10-Jahres-Aktionsplan zur Verbesserung der Verbrennungsprävention und -behandlung initiiert. Im Mittelpunkt der Kampagne stehen die Implementierung von politisch legitimierten, flächendeckend organisierten „Verbrennungsstrategien" in möglichst vielen Staaten, die Förderung von wirksamen Präventionsinterventionen, die Standardisierung der Behandlung von Verbrennungen und die zentrale Sammlung und Analyse der gewonnenen Daten zur Weiterentwicklung der Bemühungen. Auch öffentliche und private Hilfsorganisationen wie die Kindernothilfe, Ärzte ohne Grenzen, oder Interplast haben sich zum Ziel gesetzt, die Sekundär- und Tertiärprävention in den armen Teilen der Welt aktiv zu verbessern und bedürfen der aktiven Unterstützung.

www.who.int
www.kindernothilfe.de
www.aerzte-ohne-grenzen.de
www.interplast-germany.de

3.3 Literatur

[1] Kuhn, J., 2013. Prävention in Deutschland – eine Sisyphosgeschichte. G G Wiss. 3, 13.

[2] Lengwiler, M., 2006. Risikopolitik im Sozialstaat: die schweizerische Unfallversicherung 1870–1970. Böhlau Verlag Köln Weimar, 179.

[3] Haddon, W., 1968. The changing approach to the epidemiology, prevention, and amelioration of trauma: the transition to approaches etiologically rather than descriptively based. Am. J. Public Health Nations Health 58, 1431–1438. doi:10.2105/AJPH.58.8.1431

[4] Hurrelmann, K., Altgeld, T. (Eds.), 2009. Lehrbuch Prävention und Gesundheitsförderung, 2., überarb. Aufl., 1. Nachdr. ed, Lehrbuch Gesundheitswissenschaften. Huber, Bern.

[5] Joumard, I., Andre, C., Nicq, C., Chatal, O., 2010. Health Status Determinants: Lifestyle, Environment, Health Care Resources and Efficiency (SSRN Scholarly Paper No. ID 1616544). Social Science Research Network, Rochester, NY.

[6] American Burn Association, n.d. 2015 ABA Annual Burn Repository [WWW Document]. URL http://www.ameriburn.org/NBR.php (accessed 4.18.16a).

[7] Lüngen, P.-D.D.M., Schröer-Günther, M.-A., Passon, A.M., Gerber, A., Lauterbach, K.W., 2009. Evidenz der Wirksamkeit internationaler Präventionsmaßnahmen und Auswirkungen auf ein deutsches Präventionsgesetz. Med. Klin. 104, 101–107. doi:10.1007/s00063-009-1021-y

[8] Kemp, A.M., Jones, S., Lawson, Z., Maguire, S.A., 2014. Patterns of burns and scalds in children. Arch. Dis. Child. 99, 316–321. doi:10.1136/archdischild-2013-304991

[9] Wards, L., Tenebein, M., Moffatt, M.E.K., 1999. House fire injury prevention update. Part II. A review of the effectiveness of preventive interventions. Inj. Prev. 5, 217–25.

[10] Haddix, A.C., Mallonee, S., Waxweiler, R., Douglas, M.R., 2001. Cost effectiveness analysis of a smoke alarm giveaway program in Oklahoma City, Oklahoma. Inj. Prev. 7, 276–281.

[11] Moritz, A.R., Henriques, F.C., 1947. Studies of Thermal Injury. Am. J. Pathol. 23, 695–720.

[12] Mock, C., Peck, M., Peden, M., Krug, E., (WHO), W.H.O., others, 2008. A WHO plan for burn prevention and care. Geneva World Health Organ.

[13] American Burn Association [WWW Document], n.d. URL http://www.ameriburn.org/preventionNews.php (accessed 5.9.16b).

[14] Brände in pakistanischen Textilfabriken: Mehr als 300 Tote – Ermittlungen wegen Terrorismus, 2012. sueddeutsche.de.

[15] Paulinchen e.V. – Informationsmaterial [WWW Document], n.d. URL http://www.paulinchen.de/Informationsmaterial.169.0.html (accessed 4.25.16).

Mechthild Sinnig

4 Strukturvoraussetzung

4.1 Das thermisch verletzte Kind im Krankenhaus

Thermische Verletzungen im Kindesalter gehören zu den folgenschwersten Traumen. Zum einen hinterlassen Verbrennungen seelische Narben, nicht nur bei den betroffenen Patienten sondern auch bei deren Familien [1, 2, 3], zum anderen resultieren oft lebenslang sichtbare Hautnarben. Diese Narben und andere Verletzungsfolgen können zu Wachstumsverzögerungen oder Fehlwachstum am wachsenden Organismus führen und damit die physische und psychische Entwicklung des Kindes negativ beeinflussen [3, 1]. Wegen der Komplexität und den schwerwiegenden Folgen dieser Verletzungen ergeben sich hohe Anforderungen an Erstversorgung, Intensivtherapie, chirurgische Versorgung und Nachsorge. Derartige gebündelte Kompetenzen können nur in spezialisierten Zentren vorgehalten werden [4, 5, 6].

Im deutschen Gesundheitswesen wird mittlerweile die Bezeichnung „Zentrum“ stark strapaziert. Grund ist die Assoziation, dass durch eine Konzentration der Fälle einer bestimmten Erkrankung oder Verletzung und die Fokussierung darauf ein verbessertes Ergebnis der Behandlung erreicht werden kann [7]. Diese Verbesserung der Behandlungsqualität soll einerseits durch eine Bündelung sämtlicher Therapieoptionen für ein bestimmtes medizinisches Problem und andererseits durch eine Fallkonzentrierung möglichst vieler betroffener Patienten erreicht werden.

Ziel der Zentrumsbildung für schwerbrandverletzte Erwachsene und Kinder war, nicht nur das Überleben von Patienten mit schweren Verbrennungen zu sichern, sondern die qualifizierte Gesamtbehandlung dieser Patienten. Dazu gehört vor allem ein differenziertes Flüssigkeitsmanagement, Stadiengerechte Wundbeurteilung, zeitgerechte Nekrosen-Abtragung und Deckung mit einem geeigneten, dem aktuellen Stand der Wissenschaft entsprechenden Hautersatz, ein spezielles Ernährungsregime, Infektionsprophylaxe und Sepsis-Behandlung, Temperaturmanagement und medikamentöse Behandlung des Hypermetabolismus. Daraus resultiert ein optimales funktionelles und ästhetisches Ergebnis und eine Minimierung der psychischen und physischen Traumafolgen [6, 5, 4]. Die Zentrumsbildung hat auch die Mortalität schwerbrandverletzter Patienten beeinflusst. Untersuchungen aus den USA haben gezeigt, dass sich die Überlebensrate von schwerbrandverletzten Patienten mit einer verbrannten Körperoberflächen über 50 %, die in Zentren behandelt wurden, in den letzten 40 Jahren verdoppelt hat. [6]

An die Behandlung brandverletzter Kinder sind ganz besondere Anforderungen zu stellen. Auch wenn der Satz „Kinder sind keine kleinen Erwachsenen“ zuweilen schon etwas abgegriffen erscheint, hat er doch nichts von seiner Berechtigung verloren. Erkrankungen und Bedürfnisse von kranken Kindern unterscheiden sich grundlegend von denen des Erwachsenen und sind abhängig vom Kindesalter. Bei jedem Kind ist je nach Alter die individuelle Wachstums- und Entwicklungsprognose bei der Wahl des Therapieverfahrens zu kennen und mit ein zu beziehen. Außerdem bestehen bei Kindern gravierende somatische und anatomische Unterschiede zu Erwachsenen vor allem in der Physiologie der Atmung, beim Sauerstoffverbrauch und Energiebedarf, beim Wasserumsatz, der Immunabwehr und im Bereich der Kognition. Anders als ein Erwachsener kann ein Kind nach einem Unfall anfangs die ungewohnte und oft bedrohliche Atmosphäre eines Krankenhauses weder begreifen noch verarbeiten. Das heißt, das brandverletzte Kind befindet sich nicht nur in einer physischen Ausnahmesituation, sondern auch in einem psychischen Schockzustand, bedingt durch den gerade erlebten Verbrennungsunfall und die ungewohnte Umgebung eines Krankenwagens und der Klinik [8]. Um die psychische Traumatisierung des brandverletzten Kindes möglichst gering zu halten, sind diese in spezialisierten Kinderkliniken zu behandeln. Nur Kinderkliniken halten die kindgerechte medizinische Versorgung, Betreuung und das Ambiente vor, auf die jedes kranke Kind ein Anrecht hat (Abb. 4.1).

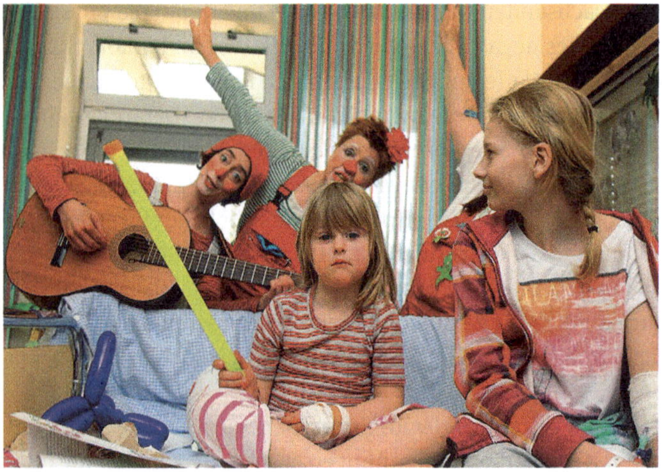

Abb. 4.1: Klinik-Clowns helfen, die psychische Ausnahmesituation zu überwinden.

Die erste Europäische „Kind im Krankenhaus"-Konferenz (European Association for Children in Hospital, EACH) hat 1988 in Leiden/Niederlade ein 10-Punkte-Programm verbschiedet [9], das eine Klinik, die Kinder behandelt, unbedingt erfüllen sollte:

1. Die bestmögliche Wahrnehmung der Interessen des Kindes, ist die wichtigste Aufgabe in der Gesundheitsversorgung.
2. Kinder sollten nur dann in ein Krankenhaus aufgenommen werden, wenn die medizinische Behandlung, die sie benötigen, nicht ebenso gut zu Hause oder in einer Tagesklinik erfolgen kann.
3. Kinder im Krankenhaus haben das Recht, ihre Eltern oder eine andere Bezugsperson jederzeit bei sich zu haben. Es sollten alle Anstrengungen unternommen werden, damit die Eltern bei ihrem stationär behandelten Kind sein können; falls erforderlich, sollten ihnen im oder ganz in der Nähe des Krankenhauses kostenlos, bzw. zu sehr geringen Kosten eine Übernachtungsmöglichkeit zur Verfügung gestellt werden. Darüber hinaus sollten sie auch Arbeitsbefreiung in Anspruch nehmen können, ohne dabei Nachteile für ihren Arbeitsplatz in Kauf nehmen zu müssen. Um an der Pflege ihres Kindes teilneh-

men zu können, sollten Eltern über die Grundpflege und den Stationsalltag informiert werden. Ihre aktive Teilnahme daran soll unterstützt werden.
4. Kinder und Eltern haben das Recht, in angemessener Art ihrem Alter und ihrem Verständnis entsprechend informiert zu werden, um körperlichen und seelischen Stress zu mildern.
5. Kinder und Eltern haben das Recht, in alle Entscheidungen, die ihre Gesundheitsfürsorge betreffen, einbezogen zu werden. Jedes Kind soll vor unnötigen medizinischen Behandlungen und Untersuchungen geschützt werden.
6. Kinder sollen gemeinsam mit Kindern betreut werden, die von ihrer Entwicklung her ähnliche Bedürfnisse haben. Kinder sollen nicht in Erwachsenenstationen aufgenommen werden. Es soll keine Altersbegrenzung für Besucher von Kindern im Krankenhaus geben, wenn keine medizinischen Gründe dagegen sprechen.
7. Kinder haben das Recht auf eine Umgebung, die ihrem Alter und ihrem Zustand entspricht und die ihnen umfangreiche Möglichkeiten zu spielen, zur Erholung und Schulbildung gibt. Die Umgebung soll für Kinder geplant, möbliert und mit Personal ausgestattet sein, das den Bedürfnissen von Kindern entspricht.
8. Ärzte und andere mit der medizinischen Betreuung von Kindern betrauten Personen müssen über eine spezielle Ausbildung und besondere Fähigkeiten verfügen, um in geeigneter Weise den medizinischen, physischen, emotionalen und psychologischen Bedürfnissen der Kinder und ihrer Familien gerecht werden zu können.
9. Die Kontinuität in der Pflege kranker Kinder soll durch ein Team sichergestellt sein.
10. Kinder sollen mit Takt und Verständnis behandelt werden, und ihre Intimsphäre soll jederzeit respektiert werden. Es sollten alle Anstrengungen unternommen werden um dem Kind Schmerzen und/oder Leid zu ersparen.

Wenn also diesen Anforderungen an die Behandlung kranker und verletzter Kinder Rechnung getragen wird und gleichzeitig das brandverletzte Kind eine qualifizierte Gesamtbehandlung seiner komplexen Verletzung erfahren soll, ist es nicht nur folgerichtig sondern zwingend notwendig, dass Kinder mit thermischen Verletzungen ausnahmslos in Zentren für schwerbrandverletzte Kinder bzw. in spezialisierten Kliniken für brandverletzte Kinder behandelt werden.

4.2 Zentren für schwerbrandverletzte Kinder

Im Jahr 1964 wurde in Deutschland die erste Abteilung für Schwerbrandverletzte und Plastische Chirurgie an den Berufsgenossenschaftlichen Krankenanstalten Bergmannsheil in Bochum gegründet [4]. Ziel war es, in diesem Zentrum eine hochspezialisierte medizinische Behandlung schwerbrandverletzter Patienten anzubieten, die die spezielle Intensivmedizin, die aseptische Wundpflege, sämtliche modernen Hautersatzverfahren und die Verfahren der plastisch-rekonstruktiven Medizin vereinte, sozusagen die ganzheitliche Verbrennungsbehandlung „aus einer Hand". Weitere Gründungen von Brandverletztenzentren für Erwachsene folgten, zumeist an berufsgenossenschaftlichen Kliniken. Die Behandlung von brandverletzten Kindern etablierte sich sowohl in Erwachsenenzentren in Zusammenarbeit mit den jeweiligen kooperierenden Kinderkliniken oder überwiegend in kinderchirurgischen Abteilungen von Kinderkliniken. Während die Brandverletztenzentren für Erwachsene in Deutschland im Schnitt zwischen 4 und 8 Intensivbetten vorhalten – was wenig ist im Vergleich zu den großen Zentren beispielsweise in den USA mit 20 Betten pro Zentrum – sind die Kinderzentren kleine Einheiten mit im Schnitt 2 Intensivbetten. Diese kleinen Einheiten reichen aber völlig aus für die Behandlung brandverletzter Kinder, denn die Anzahl der schwerbrandverletzten Kinder, mit verbrannten Körperoberflächen über 20% und längerer Intensivpflichtigkeit ist im Vergleich zu den Erwachsenen deutlich geringer [10]. Der überwiegende Anteil der pädiatrischen Verbrennungspatienten sind Säuglinge und Kleinkinder unter 5 Jahre mit kleinflächigen Verbrühungen unter 10% der Körperoberfläche [11]. Diese Kinder haben eine kurze stationäre Verweildauer, können überwiegend konservativ therapiert werden und beanspruchen wenig OP-Kapazität; und sie benötigen kein Intensivbett [12]. Gleichwohl profitiert jedes Einzelne dieser Kinder von der Expertise eines Zentrums für schwerbrandverletzte Kinder.

In Deutschland gibt es 38 Kliniken mit einem Brandverletztenzentrum (Stand 2015), mit nominell 183 Betten für Schwerbrandverletzte Patienten. Davon stehen 43 Betten ausschließlich Kindern in 19 Zentren für schwerbrandverletzte Kinder zur Verfügung [13]. Zwölf Betten (Unfallkrankenhaus Berlin) stehen sowohl für Kinder als auch für Erwachsene bereit. Alle andern Zentren für schwerbrandverletzte Kinder sind in Kinder- und Jugendkrankenhäusern lokalisiert. Die Aufnahme in eines dieser Betten wird überregional über die zentrale Anlaufstelle für die Vermittlung von Krankenhausbetten für Schwerbrandverletzte der Feuerwehr Hamburg koordiniert (Abb. 4.2).

Anders als in anderen Ländern wie z. B. der Schweiz, wo die Kriterien für die Aufnahme von Kindern mit schweren Verbrennungen in ein Verbrennungszentrum gesetzlich geregelt und vorgeschrieben sind [14], wurden diese in Deutschland von den Fachgesellschaften, allen voran der Deutschen Gesellschaft für Verbrennungsmedizin (DGV), formuliert. Diese Kriterien wurden zunächst für alle brandverletzten Patienten erstellt aus Parametern, die das Verbrennungsausmaß, die Lokalisation, patientenspezifische Parameter und Begleitverletzungen beschreiben [4]. Die Kriterien gleichen jenen, die in den USA durch die American Burn Association (ABA) für die Leitlinien zur strukturellen und personellen Ausstattung von Brandverletztenzentren formuliert wurden, sind jedoch an die strukturellen Verhältnisse in Deutschland angepasst [15].

Für brandverletzte Kinder wurden spezielle Kriterien für die Aufnahme oder Verlegung in ein Zentrum für schwerbrandverletzte Kinder in einer Leitlinie [16] erstellt, die 2015 in überarbeiteter Form neu verabschiedet wurde, unter Mitwirkung der folgenden Fachgesellschaften und Verbände:
- Deutsche Gesellschaft für Kinderchirurgie
- Deutsche Gesellschaft der Plastischen, Rekonstruktiven und Ästhetischen Chirurgen
- Deutsche Gesellschaft für Verbrennungsmedizin
- Arbeitsgemeinschaft das schwerbrandverletzte Kind
- Deutsche Gesellschaft für Kinder- und Jugendmedizin
- Deutsche Gesellschaft für Anästhesie
- Deutsche Gesellschaft für Chirurgie
- Paulinchen – Initiative für brandverletzte Kinder e.V.

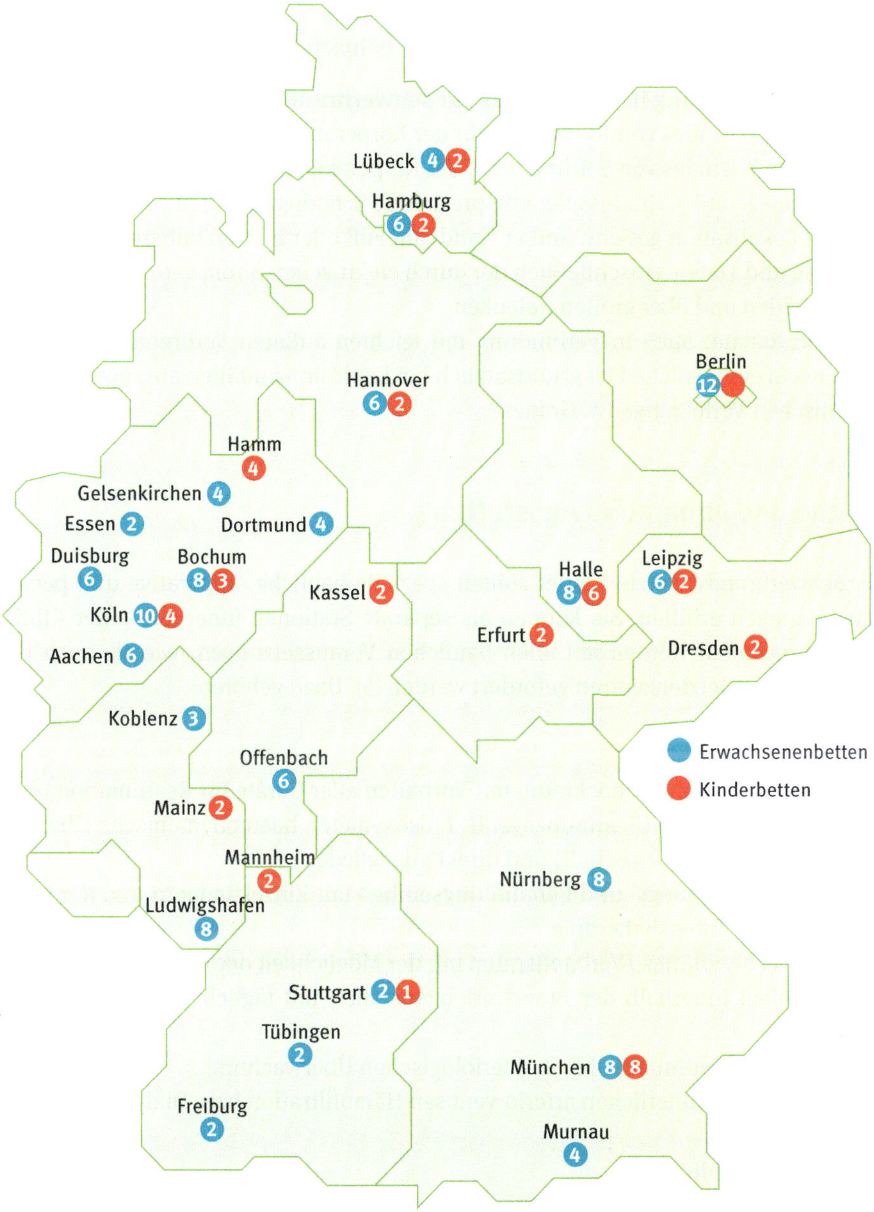

Abb. 4.2: Betten für Schwerbrandverletzte in Deutschland (Stand 2015).

- Deutschsprachige Gesellschaft für Psychotraumatologie
- Deutscher Verband der Ergotherapeuten e.V.
- Bundesinnungsverband für Orthopädietechnik
- Deutscher Verband für Physiotherapie
- Bundesarbeitsgemeinschaft mehr Sicherheit für Kinder e.V.

Entsprechend dieser Leitlinie sind thermisch verletzte Kinder nach den folgenden Kriterien in ein Zentrum für schwerbrandverletzte Kinder auf zu nehmen bzw. zu verlegen.

Kriterien für die Einweisung in ein Zentrum für schwerbrandverletze Kinder:
- Verbrennungen 2. Grades von 10% und mehr der Körperoberfläche
- Verbrennungen 3. Grades von 5% und mehr der Körperoberfläche
- Verbrennungen 2. und 3. Grades oder entsprechende Schädigung durch chemische Substanzen mit Lokalisation gesicht, and er Hand, am Fuß oder im Genitalbereich mit relevanter Größe und Tiefe – einschließlich der durch elektrischen Strom verursachten thermischen Schäden und über großen Gelenken
- Inhalationstraumata, auch in Verbindung mit leichten äußeren Verbrennungen; vom Vorhandensein eines solchen ist grundsätzlich bei Explosionsunfällen auszugehen
- alle thermischen Verletzungen 4. Grades

4.3 Bauliche und apparative Ausstattung

Zentren für schwerbrandverletzte Kinder sollten spezielle bauliche, apparative und personelle Voraussetzungen erfüllen. Sie können als separate Stationen innerhalb einer Klinik errichtet und vorgehalten werden mit allen baulichen Voraussetzungen, wie sie auch für Erwachsenen-Brandverletztenzentren gefordert werden [5]. Dazu gehören:
- Personenschleuse
- Material- und Bettenschleuse
- heizbarer Aufnahme- und Schockraum mit Vorhalten aller Geräte für Reanimation oder sofortige Intensivtherapie (Beatmungsgerät, Pulsoxymeter, haemodynamische Überwachung, Bronchoskopie, Ultraschall) und direkt angegliedert
- eine Intensivüberwachungs- und Behandlungseinheit mit Einzelzimmern und der Möglichkeit maximaler Intensivtherapie
- chirurgischer Behandlungs-/Verbandsraum mit der Möglichkeit der Hydrotherapie
- Operationseinheit innerhalb der Brandverletztenstation mit täglicher Operationsmöglichkeit
- Möglichkeiten der kontinuierlichen bakteriologischen Überwachung
- Einrichtung zur kontinuierlichen arterio-venösen Hämofiltration bzw. Dialyse
- Fotodokumentation
- Verfügbarkeit von Kulturhaut

Diese Voraussetzungen erfüllen zur Gänze allerdings nur wenige Zentren für schwerbrandverletze Kinder in Deutschland [15]. Da die Auslastung einer derartigen separaten Station im Kinderbereich wegen der schon erwähnten geringen Fallzahlen schwerbrandverletzter Kinder äußerst gering ist, ist es sinnvoller, die Intensivbetten für schwerbrandverletzte Kinder in die allgemeine Kinder-Intensivstation zu integrieren um sie bedarfsgerecht belegen zu können. Auch können in Zeiten knapper Personalressourcen so die personellen Kapazitäten besser gebündelt werden. Selbstverständlich unterliegen diese interdisziplinären Kinder-Intensivstationen im Prinzip den gleichen baulichen und apparativen Anforderungen wie eine separate Brandverletztenstation wobei der heizbare Aufnahme- und Schockraum im Kinderkrankenhaus auch für die anderen kleinen Patienten benötigt wird und sich in der Regel im Bereich der Notaufnahme befindet.

Neben den baulichen und apparativen Anforderungen soll ein kindgerechtes Ambiente und ausreichend Platz und Aufenthaltsmöglichkeiten für die begleitenden Eltern in das Zentrum integriert sein.

Auch die Nachsorgestationen sind entsprechend kindgerecht auszurüsten – im Kinder- und Jugendkrankenhaus eine Grundvoraussetzung – und die Mitaufnahme eines Elternteils sollte selbstverständlich sein und entsprechend baulich berücksichtigt werden. Auch sollte die Möglichkeit bestehen, verschiedene Altersgruppen zusammen zu legen, um so die Kommunikation der Kinder untereinander zu fördern. Spielzimmer, Aufenthaltsräume für Eltern und Warteräume für Eltern, deren Kinder gerade operiert werden oder an denen invasive Maßnahmen auf der Intensivstation durchgeführt werden komplettieren die bauliche Ausstattung.

4.4 Personelle Ausstattung

Schwere Verbrennungen im Kindesalter gehören zu den komplexesten Verletzungen überhaupt und so erfordert ihre Behandlung immer auch ein multidisziplinäres Team.

Der Leiter oder die Leiterin eines Zentrums für schwerbrandverletzte Kinder sollte mindestens eine mehr als zweijährige Weiterbildung in einem Zentrum für schwerbrandverletzte Kinder absolviert haben. Darüber hinaus sollte die Leitung eines Zentrums für schwerbrandverletzte Kinder von einem Kinderchirurgen, Pädiater oder Plastischen Chirurgen erfolgen [16]. Da das Zusammenspiel eines multidisziplinären Behandlungsteams abhängig ist von einer guten Kommunikationsstruktur, sollte der oder die Leiter/in des Zentrums in der Lage sein, die Kommunikation zwischen den einzelnen Berufsgruppen zu koordinieren ohne dabei das eigentliche Ziel, die optimale Behandlung des Patienten aus den Augen zu verlieren. Das erfordert Erfahrung in der Teamführung, Durchsetzungskraft und soziale Kompetenz [6]. Die Intensivstation sollte geführt werden von einem in der pädiatrischen Notfall- und Intensivmedizin erfahrenen Arzt, der ebenso erfahren ist in der Intensivbehandlung schwerbrandverletzter Kinder, da diese sich in wesentlichen Punkten unterscheidet von der Intensivtherapie anderer Unfallverletzter oder internistisch kranker Kinder [6, 10]. Als weitere ärztliche Spezialisten sind Neuropädiater, Kinderneurochirurgen, Kinderorthopäden, HNO-Ärzte und Augenärzte mit in das Behandlungsteam einzubeziehen und bei Bedarf jederzeit hinzu zu ziehen. Eine große Bedeutung kommt den Anästhesisten zu, die alle Narkose- und Anästhesieverfahren vom Säugling bis zum Jugendlichen beherrschen müssen. Sie sollten langjährige Erfahrung in der speziellen Kinderanästhesie aufweisen [17] und darüber hinaus in der Lage sein, adäquat auf die spezielle Pathophysiologie des schwerbrandverletzten Kindes zu reagieren. In enger Zusammenarbeit mit dem Chirurgen, wird das intraoperative Management festgelegt, die postoperative Nachbeatmung und eventuelle Lagerungs-Besonderheiten besprochen und das postoperative Schmerzregime geplant. Ebenfalls wichtige Partner sind die in der Kinderdiagnostik erfahrenen Radiologen, idealerweise Kinderradiologen. Die Röntgendiagnostik muss unter besonderer Berücksichtigung des Strahlenschutzes und der Besonderheiten des kindlichen Organismus und Skelettes erfolgen.

Das ärztliche Team wird ergänzt durch die größte Gruppe des Behandlungsteams, die Gesundheits- und Kinderkrankenpfleger/innen mit der Fachweiterbildung pädiatrische Intensivpflege. Die Pflege und Versorgung eines schwerbrandverletzten Kindes ist eine große Herausforderung, sowohl in physischer als auch in psychischer und emotionaler Hinsicht. Die Pflegenden müssen einerseits vertraut sein mit der Versorgung kritisch kranker Kinder einschließlich deren Beatmung, andererseits müssen sie spezialisiert sein in der Versorgung komplexer Wunden. Gleichzeitig sind sie oft erste Ansprechpartner für die Nöte und Sorgen der Eltern und müssen nicht selten als Krisenmanager und Beschwerdeempfänger fungieren. Um diese enormen Anforderungen und Belastungen durchzuhalten und die erforderliche pflegerische Qualität langfristig zu sichern, hat sowohl die ABA als auch die DGV eine eins zu eins-Pflege für schwerbrandverletzte Patienten [18, 5] in ihrem Anforderungskatalog an die personelle Ausstattung eines Verbrennungszentrums aufgelistet.

Weitere Team-Mitglieder sind Physio- und Ergotherapeuten, die bereits bei der Aufnahme eines brandverletzten Kindes in die Behandlung involviert sind. Sie sollen Erfahrung mit Verbrennungsnarben und ihrer Dynamik haben und alle Behandlungs-Techniken beherrschen, die zur Narben- und Kontrakturprophylaxe beitragen. Während der Intensivphase ist der Fokus auf Lagerungstechniken, Atemtherapie und Muskelaufbau gerichtet, in der post-intensiv-Phase auf Narbentherapie, Kontrakturprophylaxe und Elternanleitung.

Idealerweise gehören zum Team eines Zentrums für schwerbrandverletzte Kinder auch Kinder- und Jugend-Psychotherapeuten mit Erfahrung in Traumatherapie. Brandverletzungen stellen eine große psychische Belastung für das betroffene Kind und seine Familie dar. Es erfordert einige Anstrengungen um das Geschehene zu verarbeiten und sich den oft radikal veränderten Zukunftsaussichten zu stellen. Dies gelingt nicht immer ohne professionelle Hilfe und hieraus ergibt sich die Notwendigkeit, einen Kinder- und Jugend-Psychotherapeuten in das Team zu integrieren. [1, 2, 3, 6, 27]. Orthopädietechniker, Seelsorger, Klinik-Clowns und Sozialarbeiter ergänzen das multiprofessionelle Team. Eine frühe Zusammenarbeit mit der Selbsthilfegruppe für brandverletzte Kinder, Paulinchen e.V. ist hilfreich für die betroffenen Familien und komplettiert die ganzheitliche Behandlung eines brandverletzten Kindes.

4.5 Qualitätssicherungssystem

Analog zu den Zentren für schwerbrandverletzte Erwachsene wird von den Kinderzentren Jahr für Jahr eine umfangreiche Datensammlung über die Anzahl der stationär behandelten Patienten, die Altersverteilung der Patienten, das Ausmaß der thermischen Verletzung (Tiefe, Ausdehnung), Begleitverletzungen, die Ursachen der Verbrennung, die Erstversorgung, die Dauer des stationären Aufenthaltes und die Mortalität erhoben. Die Daten werden bei den regelmäßigen Treffen unter den teilnehmenden Zentren kommuniziert und diskutiert. Die Datenerfassung eignet sich durch die Möglichkeit, flexible Statistiken zu erstellen zum Qualitätsmanagement und Qualitätssicherung [12].

4.6 Rehabilitation

Nach der Akutbehandlung schließt sich die Frührehabilitation an, die schon im Zentrum für schwerbrandverletzte Kinder durchgeführt wird. Die weiterführende stationäre Rehabilitation wird – wenn nötig – noch während des stationären Erstaufenthaltes vom Brandverletztenzentrum organisiert und eingeleitet. Schon während der Akutbehandlung, spätestens aber während der Früh-Reha-Phase werden schulpflichtige Kinder im Rahmen ihrer Möglichkeiten und gemäß ihrer Belastbarkeit durch den/die Krankenhauslehrer/in unterrichtet.

Neben den konservativen Möglichkeiten der Narbenbehandlung während der Rehabilitationsphase sollten alle Möglichkeiten der operativen Narbenkorrekturen, sofern sie für die erfolgreiche Rehabilitation eines brandverletzten Kindes nötig sind, durch das Team des Zentrums für schwerbrandverletzte Kinder durchgeführt werden können.

4.7 Nachsorge

Das Zentrum für schwerbrandverletzte Kinder bietet eine regelmäßige multiprofessionelle Nachsorgesprechstunde an. Dort werden die eventuell noch vorhandenen Wunden behandelt, die Narben und deren Entwicklung beurteilt und mit den kleinen Patienten und deren Eltern besprochen. Die Narbentherapie wird optimiert und ggf. werden operative Korrekturmaßnahmen geplant und besprochen. Außerdem werden psychische Probleme besprochen und entsprechende Hilfestellungen gegeben oder Therapien vermittelt. In der Nachsorgesprechstunde sind neben Ärzten des Zentrums für schwerbrandverletzte Kinder regelmäßig Physio- und Ergotherapeuten und Bandagisten bzw. Orthopädietechniker anwesend. Bei Bedarf sind Kinder- und Jugend-Psychotherapeuten und Kinderorthopäden hinzu zu ziehen.

Die Nachsorge in dieser Sprechstunde wird bei allen Kindern mit relevanten Narben in der Regel bis zum Wachstumsabschluss durchgeführt, um eventuelle Narbenkontrakturen, die am wachsenden Organismus auch noch Jahre nach dem Verbrennungstrauma auftreten können, rechtzeitig zu erkennen und entsprechende therapeutische Maßnahmen einzuleiten.

4.8 Spezialisierte Kliniken für brandverletzte Kinder

Bei thermisch verletzten Kindern, die keine Zentrumsindikationen gemäß der Leitlinie haben, sollte die Vorstellung und Behandlung in einer spezialisierten Klinik für brandverletzte Kinder erfolgen. Die Definition der „spezialisierten Kliniken“ ist relativ neu und wurde erst im Jahr 2015 als Begriff in die Leitlinien zur Behandlung thermischer Verletzungen im Kindesalter aufgenommen und definiert [16]. Noch immer werden lediglich ca. 27 % aller Kinder bis zum vollendeten 14. Lebensjahr, die eine thermische Verletzung erlitten haben, in einem Zentrum für schwerbrandverletzte Kinder behandelt [12, 19]. Die Mehrzahl der Kinder, die aufgrund einer Brandverletzung stationär in einem Krankenhaus behandelt werden müssen, werden in Kliniken oder Abteilungen aufgenommen, die nicht spezialisiert sind für diese Therapie [15, 20]. Mit der Einführung der Bezeichnung „spezialisierte Klinik für brandverletzte Kinder" und der Etablierung derartiger Abteilungen soll die fachgerechte und kindgerechte, flächendeckende Versorgung von brandverletzten Kindern in Deutschland verbessert und sicher gestellt werden.

Nach der Leitlinie sind an die spezialisierten Kliniken spezielle Anforderungen zu stellen:
- persönliche Expertise in der langjährigen Behandlung brandverletzter Kinder von mindestens zwei Fachärzten der Abteilung
- kindgerechte Versorgung durch Kinderkrankenschwestern, Kinderärzte und/oder Kinderchirurgen sowie Kinderanästhesisten
- eine enge und strukturierte Kooperation mit einem Zentrum für Schwerbrandverletzte Kinder
- die Behandlung von mindestens 50 Patienten pro Jahr
- regelmäßige Beteiligung an der jährlichen statistischen Datenerfassung
- regelmäßige Teilnahme von Mitarbeitern der Verbrennungsteams an den jährlichen Fortbildungsveranstaltungen
- eine etablierte Spezialsprechstunde für die Nachbehandlung
- Verfügbarkeit einer pädiatrischen Intensivstation
- Verfügbarkeit von Kinderpsychologen
- Mitbetreuung und Einleitung von Reha-Maßnahmen durch Sozialdienst / Case-Management
- Versorgung durch Physio- und Ergotherapeuten im Hause während des stationären Aufenthalts
- etablierte Zusammenarbeit mit einer Orthopädie Technik für Schienen- und Kompressionsversorgung

Es ist erwiesen, dass die zahlreichen Kinder mit kleineren Verbrennungen, die nicht in ein Zentrum für schwerbrandverletzte Kinder verlegt werden müssen, besser versorgt sind in Kinder- und Jugendkrankenhäusern mit Erfahrung in der Verbrennungsbehandlung als in Krankenhäusern ohne diese Kompetenz [11, 24]. Langwierige Behandlungsverläufe und sekundäre Traumatisierungen der betroffenen Kinder bei ausbleibender Heilung oder unnötiger Narbenbildung ohne adäquate Nachbehandlung, wie sie aus der Behandlung in Kliniken ohne diese Kompetenz resultieren, sind weder für das betroffene Kind akzeptabel noch für unser Gesundheitssystem, das dadurch zusätzlich belastet wird [20]. Die Etablierung spezialisierter Kliniken für brandverletzte Kinder ermöglicht flächendeckend eine adäquate Verbrennungsbehandlung und bildet die Realität der vielen kleinen Verbrennungsverletzungen bei Kindern am besten ab.

4.9 Transition

Mehr als zwei Drittel aller kindlichen Verbrennungen ereignen sich bei Kindern unter 5 Jahre [19]. Das bedeutet, dass die Behandelnden aus den Zentren für schwerbrandverletzte Kinder viele dieser Kinder – nämlich alle mit relevanten Narben – bis zum Abschluss des Wachstums, also bis etwa zum 16. Lebensjahr, oft aber bis zur Volljährigkeit betreuen.

Kinder- und Jugendkrankenhäuser dürfen in der Regel ihre Patienten nur bis zum vollendeten 18. Lebensjahr behandeln. Danach gilt der junge Mensch als erwachsen und die Kostenträger fordern die Weiterbehandlung durch die Erwachsenenmediziner.

Der Schritt von der Jugend- in die Erwachsenenmedizin misslingt oft bei chronisch kranken Heranwachsenden, zu denen auch Jugendliche mit Verletzungsfolgen wie Verbrennungsnarben gehören [21]. Die „Transition" bezeichnet den zielgerichteten und vor allem geplanten Übergang von Jugendlichen und jungen Erwachsenen mit chronischen Erkrankungen von einer Kind-zentrierten zu einer sich an Erwachsenenbedürfnissen orientierenden Medizin. Dieser Prozess hat das Ziel, die Sicherstellung einer kontinuierlich guten medizinischen Versorgung in dieser Lebensphase zu erreichen [22].

In der Adoleszenz kommt bei einigen der Patienten neben der medizinischen Indikation zur operativen Narbenkorrektur z. B. bei funktionell behindernden Narben noch der Wunsch der Patienten nach ästhetischen Verbesserungen hinzu. Dieser Wunsch nach einer operativen Verbesserung des Narbenbildes fällt häufig in die Phase des Überganges vom Jugendalter in das junge Erwachsenenalter und betrifft also genau die Zeit in der eine gut vorbereitete und begleitete Übergabe von der Kinder- und Jugendmedizin in die Erwachsenenmedizin erfolgen muss.

Eine misslungene Transition kann schwerwiegende Folgen haben: Kommen die jungen Erwachsenen – nach dem letzten Besuch im Kinderkrankenhaus – erst nach Jahren in die Nachsorgesprechstunde eines Zentrums für schwerbrandverletzte Erwachsene, sind die narbenbedingten Probleme oft weit fortgeschritten. Das bedeutet für die Patienten einen Verlust an Lebensqualität, Unterbrechungen der Schul- oder Berufsausbildung und oft einen Behandlungsmehraufwand und höhere Behandlungskosten in der Folge. Das heißt, eine misslungene Transition belastet nicht nur den Patienten, sondern auch das Gesundheitssystem [21, 22].

Es ist also sinnvoll, dass vor allem die Zentren für schwerbrandverletzte Kinder, die in Kinder- und Jugendkrankenhäusern lokalisiert sind und nicht auch gleichzeitig erwachsene Patienten behandeln, mit Erwachsenenzentren kooperieren und so die Möglichkeit schaffen, ihre Patienten rechtzeitig und geplant in die Erwachsenenbehandlung überführen zu können.

4.10 Finanzielle Situation

Die Behandlung schwerbrandverletzter Kinder und Erwachsener gehört zu den kostenintensivsten Trauma-Therapien überhaupt [23]. Das ergibt sich aus der sehr aufwändigen Intensivtherapie mit hohem Personalaufwand, den zahlreichen Operationen mit hohen Materialkosten und der – bei Kindern nicht selten über viele Jahre lang notwendigen – Nachbehandlung der Narben und wiederholten Krankenhausaufenthalten für Korrekturoperationen. Das bedeutet, dass angesichts des Kostendruckes die Behandlungsstrategie bei schwerbrandverletzten Kindern auch die Kosteneffizienz im Fokus haben muss. Studien haben gezeigt, dass nur ein hochspezialisiertes Zentrum in der Lage ist, sowohl die Mortalität zu senken und das physische und psychische Outcome zu optimieren, und gleichzeitig die Behandlungskosten zu senken [24, 25]. Standardisierte Behandlungsprotokolle minimieren septische Komplikationen und ermöglichen die zeitgerechte Deckung der Verbrennungswunden. Das wiederum vermindert sekundäre Komplikationen wie extreme Kontrakturen, deren Behandlung neue Kosten verursachen. Andererseits ist nur das erfahrene Team eines Zentrums in der Lage, zu erkennen, wann der individuelle Verlauf ein Abweichen vom standardisierten Protokoll erfordert.

Dennoch überschreiten die Behandlungskosten schwerbrandverletzter Kinder die Erlöse, die ein Zentrum von den Kostenträgern erhält, oft um ein Vielfaches [15, 26]. Das liegt einerseits daran, dass Kinder- und Jugendkrankenhäuser in der Regel kostenintensiver sind als Erwachsenenkliniken – bedingt durch höheren Personalbedarf, verlängerte Untersuchungs- und Interventionszeiten beim nicht kooperierenden kleinen Patienten und die Vorhaltung teurer Technologien mit geringerer Nutzungsfrequenz – [24]. Andererseits geht die verbesserte Behandlungs- und Ergebnisqualität, die die Anwendung innovativer und in der Regel sehr hochpreisiger Hautersatz-Materialien mit sich bringt, nicht einher mit der entsprechenden Refinanzierung durch die Kostenträger. Damit die Expertise in der Behandlung komplizierter Wunden und die Ressourcen eines Zentrums für schwerbrandverletzte Kinder optimal ausgenutzt werden können, ist es folgerichtig, in diesen Zentren auch Kinder mit exfoliativen und bullösen Hauterkrankungen – wie toxischer epidermaler Nekrolyse (TEN) oder Epidermolysis bullosa – und nekrotisierender Fasziitis zu behandeln. Bei diesen Erkrankungen erfolgt die Wundbehandlung, die systemische und chirurgische Therapie nach denselben Prinzipien wie bei Verbrennungen.

Durch die Konzentrierung einer großen Anzahl thermisch verletzter Patienten, von denen der überwiegende Anteil in den Händen eines erfahrenen Teams unkompliziert zur Ausheilung gebracht werden kann, plus Patienten mit großflächigen Hautwunden anderer Genese in einem Zentrum für schwerbrandverletzte Kinder, ist es möglich, einerseits die kostenintensiven Schwerbrandverletzten finanziell zu subventionieren und andererseits allen Patienten eine optimale Behandlung mit sinnvollem Ressourceneinsatz zu bieten [11].

4.11 Literatur

[1] Pellatt RAF, Williams A, Wright H, Young AER. The cost of a major paediatric burn. Burns 2010;36(8):1208–1214.

[2] Yu BH, Dimsdale JE. Posttraumatic stress disorder in patients with burn injuries. J Burn Care Rehabil. 1999 Sept–Oct;20(5):426–433; discussion 422–5.

[3] Pardo GD, Garcia IM, Miralles Marrero FR, Cia TG. Psychological impact of burns on children treated in a severe burns unit. Burns 2008;34(7):986–993.

[4] Vogt PM, Mailänder P, Jostkleigrewe F, Reichert B, Hartmann B, Adams HA. Zentren für Schwerbrandverletzte in der Bundesrepublik Deutschland. GMS Verbrennungsmedizin. 2008;2:Doc03.

[5] Empfehlungen der Deutschen Gesellschaft für Verbrennungsmedizin e.V. zur strukturellen und personellen Ausstattung von Brandverletztenzentren. http://www.verbrennungsmedizin.de

[6] Al-Mousawi AM, Mecott-Rivera GA, Jeschke MG, Herndon DN. Burn teams and burn centers: The importance of a comprehensive team approach to burn care. Clin Plast Surg. 2009;36(4):547–554.

[7] Bühren V, Josten C (Hrsg.). Struktur und Organisation eines Wirbelsäulenzentrums. Chirurgie der verletzten Wirbelsäule. Springer-Verlag Berlin Heidelberg 2013.

[8] Siegl LJ. Measuring childrens adjustment to hospitalisation and to medical procedures. In: Handbook of Child health Assessment. Wiley Series on health psychology. 1988, 265–302 Wiley, New York.

[9] Fachverbände von Kinderärzten und Kinderkrankenschwestern (Hrsg.): Die Charta für Kinder im Krankenhaus. Erläuterte Fassung. Der Kinderarzt 1990;21(12):1807–1810.
[10] Adams HA, Suchodolski K, Ipaktchi R, Vogt PM. Die notfall- und intensivmedizinische Grundversorgung des Schwerbrandverletzten. Anästh Intensivmed 2015;56:391–417.
[11] Vercruysse GA, Ingram WL, Feliciano DV. Overutilization of regional burn centers for pediatric patients–a healthcare system problem that should be corrected. The American Journal of Surgery 2011;202:802–809.
[12] Jahresstatistik 2012 des Arbeitskreises „Das schwerbrandverletzte Kind".
[13] Krankenhausbetten für Schwerbrandverletzte. http://www.hamburg.de/contentblob/108056/data/brandbetten-pdf-liste.pdf
[14] Entscheid zur Planung der hochspezialisierten Medizin (HSM) im Bereich der Behandlung von schweren Verbrennungen bei Kindern. Gestützt auf Artikel 39 Absatz 2 des Bundesgesetzes über die Krankenversicherung (KVG) sowie über Artikel 3 Absätze 3–5 der Interkantonalen Vereinbarung über die hochspezialisierte Medizin (IVHSM), Schweiz, 11. September 2011.
[15] Vogt PM, Busche MN. Evaluation of infrastructure, equipment and training of 28 burn units/burn centers in Germany, Austria and Switzerland. Burns 2011;37(8):257–264.
[16] Thermische Verletzungen im Kindesalter (Verbrennung, Verbrühung), Behandlung.S2k-Leitlinie, AWMF-Register Nr. 006/128.
[17] Beschlussprotokoll des 107. Deutschen Ärztetages vom 18.–21. Mai 2004 in Bremen. www.bundesaerztekammer.de/aerztetag/beschlussprotokolle
[18] American College of Surgeons Committee on Trauma: Guidelines for the Operation of Burn Units: Resources for Optimal Care of the Injured Patient. Chicago: American College of Surgeons; 1990.
[19] Statistisches Bundesamt: Unfälle, Gewalt, Selbstverletzung 2014. Verletzungsbedingte Krankenhausfälle bei Kindern und Jugendlichen.
[20] Carter JE, Neff LP, Holmes IV JH. Adherence to burn center referral criteria: Are patients appropriately being reffered? J Burn Care Res 2010;31:26–30.
[21] Hepburn CM, Cohen E, Bhawra J, Weiser N, Hayeems RZ, Guttmann A. Health system strategies supporting transition to adult care. Arch Dis Child 2015;100:559–564.
[22] Blum RW, Garell D, Hodgman CH, et al. Transition from child-centered to adult health-care systems for adolescents with chronic conditions: a position paper for the Society for Adolescent Medicine. J Adolsc Health 1993;14:570–576.
[23] Hop MJ, Polinder S, van der Vlies CH, Middelkoop E, van Baar ME. Costs of burn care: A systematic review. Wound Rep Reg. 2014;22:436–450.
[24] Myers J, Lehna C. Where are lengths of stay longer and total charges higher for pediatric burn patients? J Burn Care Res. 2015;35(5):382–387.
[25] Stavrou D, Weissman O, Winkler E et al. Managing the relationship between quality and cost-effective burn care. Burns 2011;37(3):367–376.
[26] Lv KY, Zhu SH, Tang HT et al. The direct hospitalisation costs of paediatric scalds: 2-year results of a prospective case series. Burns 2009;35(5):738–745.
[27] Landolt M. Psychologische Aspekte bei schweren Brandverletzungen im Kindes- und Jugendalter. Praxis der Kinderpsychologie und Kinderpsychiatrie 1995;45(1):47–56.

Thomas Kosk, Guido Fitze

5 Pathophysiologie der thermischen Verletzungen

Thermische Verletzungen nehmen in der traumatologischen Behandlung von Kindern und Jugendlichen einen großen Stellenwert ein. Aktuellen Studien zufolge konnte in den letzten 25 Jahren eine maßgebliche Reduktion der stationären Aufnahmen, eine Senkung der Hospitalisationszeiten brandverletzter Kinder und Jugendlicher sowie eine deutliche Verbesserung der Gesamt-Überlebensrate in dieser Patientenpopulation erreicht werden.

Ein wesentlicher Grund hierfür sind die deutlich verbesserten Präventionsstrategien, durch die die Anzahl und der Schweregrad der thermischen Verletzungen bei Kindern und Jugendlichen deutlich gesenkt werden konnte.

Ein besseres Verständnis der pathophysiologischen Mechanismen im Rahmen eines thermischen Traumas hat zu erheblichen Fortschritten in den chirurgischen und intensivmedizinischen Therapiestrategien geführt.

5.1 Anatomie und Physiologie der Haut

Zum Verständnis der pathophysiologischen Gegebenheiten bei einer Brandverletzung ist es notwendig mit der Anatomie und der Physiologie der Haut vertraut zu sein.

Die menschliche Haut ist in Schichten aufgebaut, der Oberhaut (Epidermis), der Lederhaut (Dermis) und der Unterhaut (Subcutis) (Abb. 5.1).

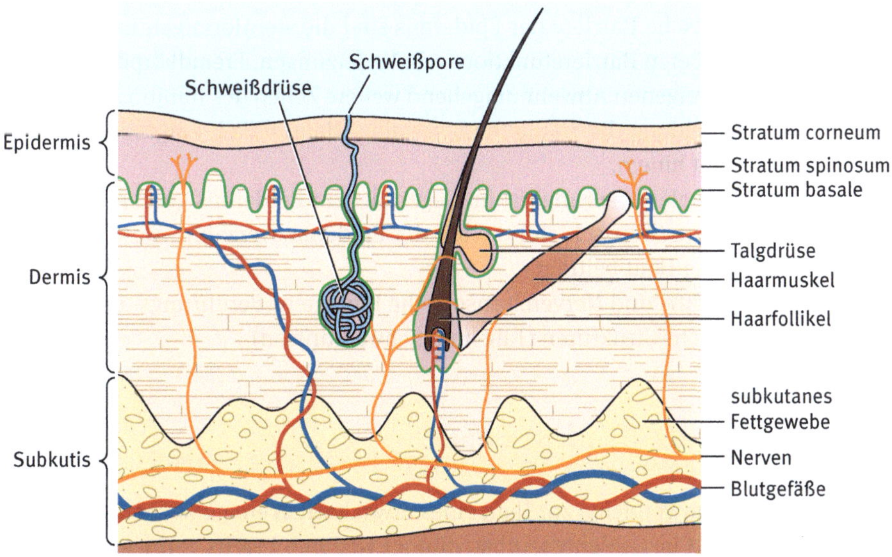

Abb. 5.1: Schichtenaufbau der menschlichen Haut.
1 Epidermis, 2 Dermis, 3 Subkutis, 4 Schweißpore, 5 Stratum corneum, 6 Stratum spinosum, 7 Stratum basale, 8 Haarfollikel, 9 Haarmuskel, 10 Talgdrüse, 11 Schweißdrüse, 12 Nerven, 13 Blutgefäße, 14 subkutanes Fettgewebe.

Die menschliche Haut besitzt eine Vielzahl an unterschiedlichen Funktionen. Als Grenzorgan des menschlichen Organismus zur Umwelt besitzt sie sowohl Kontakt- als auch Schutzfunktionen. Desweiteren spielt sie eine wesentliche funktionelle Rolle im Stoffwechsel, der Regulation des Wärmehaushaltes und der Immunologie.

Die Epidermis (ektodermaler Ursprung) bildet die äußere Grenzschicht. Die oberste Hornschicht (azelluläres Stratum corneum) wird kontinuierlich und unbemerkt abgestoßen. In der Keimschicht werden ständig Keratinozyten nachgebildet. In einem Zeitraum von ca. 4 Wochen werden regelmäßig sämtliche Zellen der Epidermis erneuert.

Die Verbindung zur Dermis wird durch papillenförmige Fortsätze (Reteleisten) erreicht. Epidermis und Dermis werden durch die Basalmembran voneinander abgegrenzt. Oberhalb der Basalmembran liegt die Basalzellschicht. Sie übernimmt die Neubildung von Keratinozyten, welche im weiteren Verlauf durch die stetige Neubildung in der Basalzellschicht an die Körperoberfläche gelangen. Für die Regenerationsfähigkeit der Haut ist die Basalzellschicht maßgeblich.

Kommt es im Rahmen einer thermischen Verletzung zur irreversiblen Schädigung der Basalzellschicht, ist die spontane Regenerationsfähigkeit des betroffenen Areales durch den erneuten Aufbau einer intakten physiologischen Hautstruktur nicht mehr möglich.

Bei punktuell erhaltenen Basalzellschichtstrukturen ist auch bei größerflächigen Wundarealen eine Regenerationsfähigkeit zu beobachten, was hypothetisch durch eine Migration dieser Hautstammzellen aus der epidermalen Auskleidung von Haarfollikeln und Talgdrüsen zu erklären ist.

Außerdem finden sich hier die baumartig verzweigten Melanozyten, die für die Pigmentierung der Hornzellen verantwortlich sind. Durch Anzahl, Größe und Verteilung der Melanozyten wird die Pigmentierung der Haut bestimmt.

Eine erste immunologische Barriere der Epidermis sind die sternförmigen Langerhans-Zellen. Bei Störung der äußeren Barrierefunktion (z.B. Verletzungen, Fremdkörper) alarmieren diese Zellen der körpereigenen Abwehr umgehend weitere Zellen des Immunsystems.

Die epidermale Auskleidung der Hautanhangsgebilde (Haarfollikel, Talgdrüsen) reicht weit in die dermale Schicht hinein.

Die Dermis (mesodermaler Ursprung) ist im Gegensatz zur Epidermis geschmeidig und besitzt eine äußere papilläre Grenzschicht, die mit der Epidermis verzahnt, wesentlich zur mechanischen Stabilität der Haut beiträgt.

Sie beherbergt Blutgefäße und Nerven, sensorische Einheiten (Berührungs- und Drucksensoren) sowie sekretorische Strukturen (Talg- und Schweißdrüsen).

5.2 Besonderheiten der kindlichen Haut

Die kindliche Haut bietet im Vergleich zur Haut eines Erwachsenen einige wesentliche strukturelle Unterschiede. Sie ist im Schichtenaufbau dünner wodurch bereits geringere Energiemengen ausreichen um einen größeren thermischen Schaden zu erzeugen.

Im Gegensatz dazu weist die Kinderhaut strukturelle und funktionelle Besonderheiten auf. Sie hat ein deutlich höheres Regenerationspotential, was wir uns vor allem bei Verbrühungsverletzungen mit zunächst noch unklarer Tiefenschädigung der Haut zu Nutze machen.

Darüber hinaus ist die Kinderhaut durch eine größere Thermolabilität mit der Gefahr eines stärkeren Flüssigkeitsverlustes gekennzeichnet.

5.3 Das thermische Trauma

Mit Einwirken der thermischen Energie kommt es zu einer Störung der epidermalen Barrierefunktion.

Dies bedeutet eine erhöhte Infektionsneigung, den Verlust von Wärme, einen Flüssigkeitsverlust durch Verdunstung und eine Veränderung der interaktiven Hautfunktionen (Sensorik).

Abhängig von der primären Temperatur der einwirkenden Hitzequelle sowie der Dauer der Hitzeeinwirkung, sind die einzelnen Hautschichten in unterschiedlichem Ausmaß betroffen.

Beim Einwirken von thermischer Energie auf Zellebene kommt es zu einer Denaturierung der Proteine und zu Schäden an der Zellmembran.

Die thermische Verletzung der Haut wird in 3 Zonen gegliedert (nach Jackson, 1953) und beschreibt den zwiebelschalenförmigen Aufbau der Verbrennungswunde in Koagulations- (Nekrose-), Stase- und Hyperämiezone (Abb. 5.2).

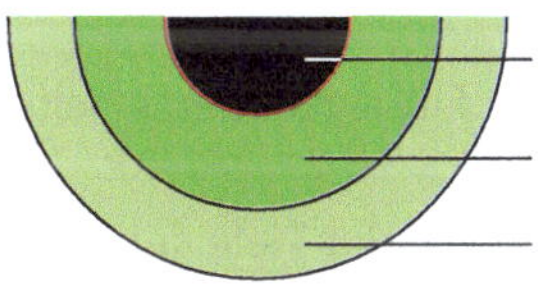

Abb. 5.2: Zonen der thermischen Schädigung.

Die Koagulationszone befindet sich im Zentrum der Wunde. Sie ist die Zone mit maximaler Gewebeschädigung, im Sinne einer vollschichtigen dermalen Koagulation. Angrenzend zeigt sich die Stasezone als dynamisches Areal mit kritischer Schädigung. Gewebe in dieser Zone ist noch vital und kann sich in Abhängigkeit von der initialen Therapie regenerieren oder fortschreitend untergehen.

Die peripherste und biologisch aktivste Zone, ist die Hyperämiezone. Es kommt zur Freisetzung von Entzündungsmediatoren und zur Granulozytenaktivierung.

Im Rahmen der thermischen Verletzung kommt es zunächst zu einem lokalen Wärmestau. Die körpereigene Gegenregulation führt zur Dilatation der Hautgefäße, um einen höheren Blutfluss zu erreichen und die betroffene Körperstelle durch den erhöhten Blutdurchfluss indirekt zu kühlen. Klinisch zeigt sich dieses Phänomen in der Rötung der betroffenen Hautstelle.

Steigt die Temperatur über einen kritischen Schwellenwert, kommt es zur irreversiblen Schädigung der äußeren Epithelschichten, mit lokaler Ödembildung durch Erhöhung der Kapillarpermeabilität und dem Übertritt osmotisch wirksamer Plasmaproteine in den Extrazellularraum mit dem nachfolgenden Effekt des Wassereinstromes. Zusätzlich kommt es zur Zerstörung der interzellulären Strukturen mit lokaler epidermaler Blasenbildung.

Die thermische Schädigung der physikochemischen Hautbarriere bedingt in der Verbrennungswunde die Aktivierung inflammatorischer Mediatoren, die den Zusammenbruch mikrovaskulärer Endothelbarrieren mit Ödembildung sowie eine inflammatorische Organschädigung begünstigen und verstärken.

Die Primärbehandlung beinhaltet die Aufrechterhaltung der zellulären Oxygenierung durch zielorientierte Volumensubstitution und die Stabilisierung des pulmonalen Gasaustauschs.

Inflammation und verbrennungsassoziierte Immunsuppression begünstigen die Keiminvasion und Entwicklung der Verbrennungssepsis – ein Krankheitsbild, das trotz moderner Therapie die Haupttodesursache auf Schwerbrandverletztenstationen bleibt.

Ein frühes chirurgisches Débridement und die Deckung der Verbrennungswunde minimieren die Wundinfektion und bakterielle Invasion, außerdem minimieren sie Flüssigkeits- und Hitzeverluste.

Diese lokal ablaufenden Prozesse haben unterschiedlich starke lokale sowie systemische Aus- und Wechselwirkungen.

5.4 Flüssigkeitsverlust und Ödembildung

5.4.1 Flüssigkeitsverlust

Über die Wunden der thermischen Verletzungen verliert der Körper Flüssigkeit, einerseits durch das Exsudat andererseits durch das Phänomen der Evaporation.

Der Flüssigkeitsverlust ist sowohl von der Ausdehnung als auch von der Tiefe der thermischen Verletzung abhängig.

Das Exsudat passiert die zerstörte Epidermis und entspricht in der Zusammensetzung dem Plasma. Oberflächliche II.-gradige thermische Verletzungen exsudieren mit dem gut perfundierten Kapillarnetz mehr Flüssigkeit als tiefere Läsionen, bei denen Koagulationsnekrosen die Gewebeperfusion deutlich mindern.

Zusätzlich wird die thermisch geschädigte Haut durch die Denaturierung von Lipoproteinen vermehrt feuchtigkeitsdurchlässig, was zu einer gesteigerten Evaporation führt. Es kommt nur zur Verdunstung von Wasser über die Wundoberfläche. Auskristalisierte Salze und Proteine bleiben schorfartig auf der Wundoberfläche zurück. Sie wirken hygroskopisch und führen über das osmotische Gefälle zu weiteren Flüssigkeitsverlusten.

Die Notwendigkeit eines sofortigen Flüssigkeitsersatzes nach einem thermischen Trauma ist unumstritten. Umstritten sind immer wieder Menge und Art der zu infundierenden Lösungen.

5.4.2 Ödem

Zu den Flüssigkeitsverlusten nach außen, kommt der Flüssigkeitsverlust ins Interstitium. Dieser wird als Ödem (sowohl in thermisch geschädigter als auch nicht thermisch geschädigter Haut) sichtbar.

Eine Besonderheit der thermischen Verletzungen ist die rasche Ödembildung nach Trauma.

Die Schwere des Ödems ist wesentlich von der Ausdehnung und der Tiefe der thermischen Verletzung abhängig.

Durch den unmittelbaren Zellschaden in der Verbrennungswunde einerseits und das posttraumische Kapillarleck andererseits, kommt es zum Über- und Austritt osmotisch aktiver Plasma- und Zellbestandteile ins Interstitium. Diese erhöhen den onkotischen Druck und ziehen damit intravasale Flüssigkeit ins Interstitium.

5.5 Systemische Reaktionen

Die durch Flüssigkeitsverlust und Ödembildung bedingte Hypovolämie sowie lokale Freisetzung von Zytokinen und Entzündungsmediatoren, kann insbesondere bei großflächigen und schweren thermischen Verletzungen auch einen umfassenden systemischen Effekt hervorrufen. Sie führen primär zu schweren kardiovaskulären Veränderungen, die bei thermischen Verletzungen in der Akutphase als Verbrennungsschock bezeichnet werden.

Aber auch andere Organsysteme werden in ihrer Funktionsweise empfindlich gestört und tragen somit zu einer generalisierten Dysfunktion des gesamten Organismus bei. Bei entsprechender Schwere des thermischen Traumas sowie der Ausgeprägtheit der funktionellen Veränderungen in einzelnen Organsystemen, kann dies zu massiven akuten aber auch langfristig relevanten Veränderungen in den einzelnen Organsystemen führen. Diese vielschichtigen Veränderungen einzelner Organsysteme werden auch unter dem Begriff der Verbrennungskrankheit zusammengefasst.

5.5.1 Verbrennungsschock

Im Schockgeschehen zeigt sich eine gestörte Gewebeperfusion, bei der es zu einer Minderversorgung des Gewebes mit Sauerstoff und Nährstoffen kommt. Die Unterversorgung des Gewebes wird aber hierbei nicht nur durch den Volumenmangel allein bedingt, vielmehr ist es eine zusätzliche Freisetzung von Mediatoren (z.B. Katecholamine, Glukokortikoide, Histamin, Serotonin, Interleukine, Prostaglandine, Sauerstoffradikale, Thromboxan) die eine systemische Gesamtreaktion auf das initiale thermische Trauma generieren.

Heutzutage gilt es als erwiesen dass der Verbrennungsschock ein komplexer Prozess von unterschiedlichsten Fehlfunktionen ist.

Das komplexe Zusammenspiel von Hypovolämie und die Freisetzung verschiedenster Mediatoren führen zu massiven systemischen pathophysiologischen Störungen, die auch durch einen erfolgreichen und bedarfsgerechten Volumenersatz nur schwer zu beherrschen sind.

Eine Reihe weiterer systemischer Veränderungen sind ursächlich für das Entstehen eines Verbrennungsschocks bei schwer brandverletzten Patienten.

Trotz adäquater Volumensubstitution mit adäquater Vorlast im kardiovaskulären System, zeigte sich in mehreren klinischen Studien ein signifikanter Anstieg des Lungen-

und des gesamten peripheren Gefäßwiderstandes sowie eine myokardiale Depression. Diese massiven kardiovaskulären Veränderungen können nachfolgend zu weiteren Organfehlfunktionen führen oder diese massiv verschlechtern.

Eine klinische Studie (1) zeigte für Kinder mit Zustand nach schweren thermischen Verletzungen ein langfristig signifikant erhöhtes Risiko bezüglich der Entwicklung kardiovaskulärer Erkrankungen.

Wichtige klinische Kontrollparameter in der Therapie des Verbrennungsschocks sind die Urinausscheidung und die regelmäßige Kontrolle des Hämatokritwertes.

5.5.2 Stoffwechsel

Der posttraumatische Metabolismus unterteilt sich in zwei Phasen. Die erste hypodyname Phase wird auch Aggressions-Stoffwechsel genannt. Daran schließt sich die hyperdyname Phase an, welche auch als Postaggressions-Stoffwechsel bezeichnet wird.

Im Unterschied zu anderen Traumata, ist die metabolische Antwort nach einem thermischen Trauma weitaus intensiver und länger andauernd. Verschiedene klinische Studien haben hierbei metabolische Veränderungen bis 3 Jahre nach initialen thermischem Trauma nachgewiesen.

Der Aggressions-Stoffwechsel beginnt zum Zeitpunkt des thermischen Traumas. In diese Phase fällt der Verbrennungsschock, welcher bedingt durch das Kapillarleck von Flüssigkeits-, Elektrolyt- und Proteinverlusten gekennzeichnet ist.

Diese erste hyperdyname Stoffwechselphase zeigt durch die Ausschüttung von Adrenalin und Corticosteroiden sowie eine Inhibition der Insulinproduktion eine katabole Stoffwechsellage mit signifikanter Hyperglycämie, die zur Aufrechterhaltung des Kreislaufes dient. Die Dauer des Aggressions-Stoffwechsels variiert von ca. 24 bis 48 Stunden nach akutem thermischem Trauma.

Der Postaggressionsstoffwechsel resultiert aus endokrinen und mediatorgesteuerten Veränderungen. Diese Phase ist gekennzeichnet durch Hypermetabolismus sowie Katabolie mit Glucoseverwertungsstörungen, ausgeprägter Proteo- und Lipolyse.

Die Dauer und Intensität dieser Phase ist abhängig von der Ausdehnung und Tiefe der thermischen Verletzung sowie vom allgemeinen Gesundheitsstatus und dem Alter des Patienten. Sie kann Tage bis Wochen andauern und erst nach definitivem Wundverschluss geht die katabole in die anabole Phase über.

5.5.3 Hypermetabolismus

Der Hypermetabolismus ist gekennzeichnet durch massive Störungen des Glucose-, Protein- und Fettstoffwechsels. Durch stressinduzierte endokrine und inflammatorische Prozesse wird dieser komplexe Zustand unterhalten. Die Ursache dieser Veränderungen ist aktuell noch nicht hinreichend geklärt. Patienten mit schweren thermischen Verletzungen zeigen massiv und langfristig erhöhte Plasmaspiegel von Katecholaminen, Glucocorticoiden und Glucagon. Weitere umfassende Veränderungen der Plasmakonzentrationen von Zytokinen,

Endotoxinen, Sauerstoffradikalen und Stickoxiden, sowie Veränderungen in der Gerinnungs- und Komplementkaskade scheinen hierbei ebenfalls eine wichtige Rolle zu spielen.

Glukose- und Fettstoffwechselstörungen thermisch verletzter Patienten sind eng miteinander verknüpft. Sie korrelieren signifikant mit der Insulinsensitivität und dem daraus resultierenden Glukose- und freien Fettsäureumsatz. Die freigesetzten Fettsäuren werden aber nur zu 30% verstoffwechselt. Die verbleibenden 70% werden ungenutzt als Lipoproteine in der Leber gespeichert.

Ein weiterer Bestandteil des Hypermetabolismus ist die massive Proteolyse. Um den hohen Energiebedarf der schwer traumatisierten Patienten zu decken, erfolgt der Abbau von Proteinen und Aminosäuren hauptsächlich durch den Abbau von Muskelproteinen.

Ein Verlust von ca. 10 bis 15% der fettfreien Körpermasse (lean body mass – LBM) geht signifikant mit einer erhöhten Infektionsrate und verzögerter Wundheilung einher. Ein weiterer Verlust der LBM führt zu einer massiven Erhöhung der Morbidität. Übersteigt der Verlust 40% der LBM steigt die Mortalität signifikant an.

Bei Kindern und Jugendlichen mit schweren thermischen Verletzungen und prolongierter Protein-Stoffwechselstörung konnte zudem ein deutlich reduziertes Körperlängenwachstum für einen Zeitraum von 2–3 Jahren nach Trauma gezeigt werden. Außerdem wird eine Reduktion der Muskelmasse als Folge einer prolongierten Insulin-Resistenz mit gestörter Glukoseaufnahme ins Gewebe diskutiert.

Um den Hypermetabolismus zu minimieren und den hohen Energiebedarf schwer brandverletzter Patienten zu decken, ist eine suffiziente und bedarfsgerechte Ernährung des Patienten unerlässlich. Diese sollte wenn immer möglich enteral erfolgen und so früh wie möglich begonnen werden. Nur in Ausnahmefällen (Sepsis, Ileus) sollte auf eine parenterale Ernährung zurückgegriffen werden.

Die Vorteile der enteralen Ernährung sind die bessere Absorption hydrolysierter Peptide und Aminosäuren nach der Proteinhydrolyse über die Darmmukosa. Außerdem bietet die intakte aktive Mukosa eine intestinale Barriere mit natürlichem Schutz vor Keimen und Toxinen.

Umstritten ist in der Literatur immer wieder der Einsatz hochkalorischer Nahrungen, verbunden mit der idealen nutritiven Zusammensetzung.

5.6 Infektionen

Aufgrund der für die thermischen Verletzungen oft großflächigen Wundflächen ist ein mikrobiologisches Monitoring unerlässlich.

Die Wundheilung nimmt oft mehrere Wochen in Anspruch, was eine Besiedlung durch Bakterien und Pilze trotz Wundprotektion nicht verhindert.

Bei Besiedlung der Wundareale mit Problemkeimen und gleichzeitiger Schwächung der zellulären und humoralen Immunfunktionen, kann es zur Bakteriämie oder Toxikämie und folglich zur Sepsis oder zum Toxic shock-Syndrom kommen. Diese sind mit über 50% die nach wie vor häufigste Todesursache schwer brandverletzter Patienten.

Mikrobiologische Keimnachweise zeigen am häufigsten folgende Erreger:
- Staphylokokkus aureus (besonders gefährlich der MRSA)
- Enterokokken
- Pseudomonas aeruginosa
- Eschericha coli
- Klebsiellen
- Acitenobacter
- Proteus
- Candida albicans

In jeder Phase der lokalen Wundversorgung sowie der bedarfsgerechten intensivmedizinischen Betreuung des schwerbrandverletzten Patienten ist eine Wundprotektion die Basis der Infektprophylaxe.

Weitere Maßnahmen im Sinne einer effektiven Infektprophylaxe sind die sterile Wundversorgung, die frühzeitige tangentiale Nekrektomie mit dem Ziel des raschen Wundverschlusses, die gezielte systemische antibiotische Therapie (keine Prophylaxe), eine enterale Ernährung zur Stärkung der humoralen Abwehr sowie eine suffiziente sterile Katheter- und Zugangspflege.

Die klinischen Zeichen und laborchemischen Infektparameter sind bei Patienten mit thermischen Verletzungen oft nur sehr schwierig zu interpretieren. Viele klinische Veränderungen wie Fieber, Tachypnoe und auffällige laborchemische Parameter (hohes CrP, Leukozytose) sind traumabedingt und bei allen brandverletzten Patienten auch ohne Sepsis vorhanden.

Die Diagnose einer Sepsis wird mit dem Keimnachweis in der Blutkultur sowie dem klinischen und laborchemischen Befund gestellt.

Ist ein septisches Geschehen diagnostiziert, zielt das therapeutische Vorgehen daraufhin, ein Multiorgan-Dysfunktionssyndrom (MODS) zu vermeiden. Das MODS hat seinen Ursprung meist in einer Sepsis und hat eine Mortalität von ca. 80%.

5.7 Weitere Literatur

[1] Duke MJ, Randall SM, Fear MW, Boyd JH, Rea S, Wood FM. Long-term Effects of Pediatric Burns on the Circulatory System. Pediatrics Volume 136, number 5, November 2015; 136; e1323–30.

[2] Jeschke MG, Kamolz L, Herndon DN. Verbrennungen – Diagnose, Therapie und Rehabilitation des thermischen Traumas, 1. Auflage Wien New York: Springer 2009.

[3] Jeschke MG, Gauglitz GG, Kulp GA, Finnerty CC, Williams FN, Kraft R, Suman OE, Mlcak RP, Herndon DN. Long-term Persistance oft he Pathophysiologic Response to Severe Burn Injury. PLoS ONE Volume 6, Issue 7, July 2011; e21245.

[4] Jeschke MG. Postburn Hypermetabolism: Past, Present and Future. Journal of Burn Care and Research, 2015.

[5] Orton E, Kendrick D, West J, Tata LJ. Persistence of Health Inequalities in Childhood Injury in the UK; A Population-Based Cohort Study of Children under 5. PLoS ONE Volume 9, Issue 10, October 2014; e111631.

[6] Thermische Verletzungen im Kindesalter (Verbrennung, Verbrühung), Behandlung. AWMF-Leitlinie, S2k, Registriernummer 006-128; Stand 30.04.2015.

[7] Williams FN, Branski LK, Jeschke MG, Herndon DN. What, ho wand how much should Burn Patients be fed? Surg Clin North Am. 2011 June; 91(3):609–629.

Verena Ellerkamp

6 Erst- und Akutversorgung

6.1 Erstmaßnahmen durch Angehörige und Laienhelfer

6.1.1 Beendigung der Hitzezufuhr und Empfehlungen zur Kühlung

Die wichtigste Erstmaßnahme besteht in der Unterbrechung der Hitzezufuhr unter Beachtung des Eigenschutzes. Bei den seltenen Flammenunfällen ist ein Löschen mithilfe von Feuerlöschern, Feuerdecken oder anderem Hilfsmaterial erforderlich. Wenn keine Hilfsmittel zu Verfügung stehen, kann auch das Ausrollen des Kindes die Flammen zum Löschen bringen. Hitzespeicher wie verbrannte oder mit heißen Flüssigkeiten durchdrungene Kleidungsstücke, Schmuck und Uhren sollten entfernt werden. Eingebrannte Textilien müssen dabei umschnitten werden. Eine Überbrückung der oft sehr starken Schmerzen ist durch eine Kühlung zu erreichen. So wird z.B. in Großbritannien bei der Entgegennahme des Notrufes bereits empfohlen, bis zum Eintreffen der Rettungskräfte unter laufendem Wasser zu kühlen [1]. Wichtig ist, zur Vermeidung von Unterkühlung hierzu handwarmes (ca. 20°C) Wasser zu verwenden. Auf keinen Fall sollten Coolpacks oder Eiswürfel zum Einsatz kommen, da diese den Schaden im Gewebe weiter verschlimmern können.

Bei Eintreffen der Rettungskräfte erfolgt nach Sichtung des Unfallortes (unter Eigensicherung!) die Beendigung einer eventuell noch andauernden Kühlung. Eine weitere Kühlung durch das Notfallteam ist nicht sinnvoll, da bei pädiatrischen Patienten mit einer betroffenen VKOF über 10% ein deutlich höheres Risiko für eine Hypothermie mit resultierend hoher Letalität besteht [2, 3]. Häufig wurde im Rahmen der Laienhilfe bereits zu intensiv gekühlt [4]. Daher sollte während des Transports der Körper unbedingt warm gehalten werden, die verletzten Areale können mit einer sterilen Metallinefolie bedeckt werden und das Kind in eine wärmende Decke gehüllt werden [1]. Die AWMF-Leitlinie rät von einer Kühlung bei Verletzungen über 15% KOF, bei Kleinkindern, Säuglingen, Neugeborenen und bei intubierten und beatmeten Patienten ab. Im Vergleich zu den Effekten der innerhalb der ersten zwei Minuten begonnen Kaltwasserkühlung gibt es keine Evidenz für die Anwendung von kühlenden Hydrogelauflagen, bei Kindern werden sie daher nicht empfohlen [5–7].

6.2 Qualifizierte Erstmaßnahmen

6.2.1 Modifiziertes ABCDE Schema

Häufig sieht sich das Notfallteam nicht nur mit dem aufgeregten und schmerzgeplagten Patienten konfrontiert, sondern auch mit entsprechend belasteten Elternteilen. In dieser Extremsituation ist die strukturierte Notfallanamnese durch den Leitstellendisponenten häufig erschwert, die unvollständige Notfallmeldung führt zu zusätzlichem Stress für das Notfallteam. Um in dieser Situation dennoch strukturiert vorzugehen, ist ein modifiziertes ABCDE-Schema empfehlenswert [8]:

- **A**temwege und **A**nalgesie
- (**Be**)Atmung und **B**eurteilung
- **C**irculation (i.v.Zugang? Volumengabe?)
- **D**isposition (Zielklinik? Zentrumsindikation?) und **D**okumentation
- **E**rhalt der Körpertemperatur und Re-**E**valuation

6.2.2 Atemwege und Atmung

Verbrennungen und Verbrühungen im Gesichtsbereich können ein Hinweis für eine Hitzeeinwirkung bis in den Bereich der oberen Luftwege, insbesondere der Stimmritze sein (Abb. 6.1). Weitere klinische Hinweise für ein beginnendes Hitze-bedingtes Ödem im Kehlkopfbereich ist ein beginnender Stridor.

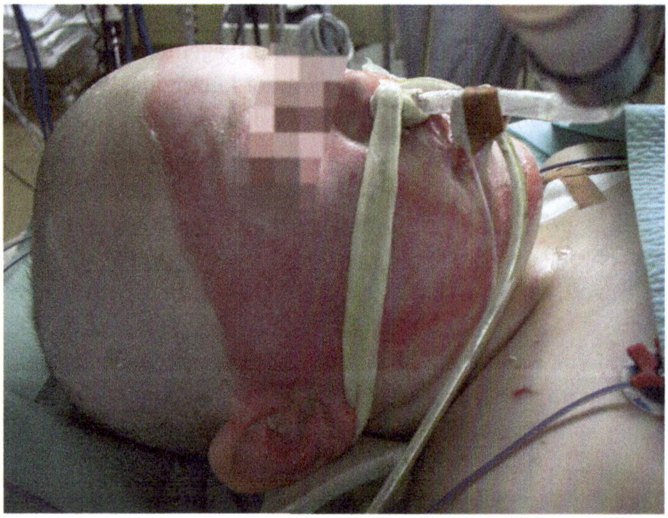

Abb. 6.1: 6-jährige Patientin nach Verpuffungsunfall mit Verbrennungen im Gesichtsbereich, nach Intubation.

Bei Feuer-Verbrennungen ist darüber hinaus ein Inhalationstrauma möglich, eine entsprechende Rauchgasvergiftung muss ausgeschlossen und ggf. therapiert werden. Klinische Hinweise sind Schwindel, Benommenheit, bis hin zur Bewusstlosigkeit, Erbrechen, livide Verfärbungen von Haut und Schleimhäuten. Die Therapie besteht in der Aufrechterhaltung einer suffizienten Ventilation und Sauerstoffgabe.

6.2.3 Analgesie

Eine rasche und adäquate Analgesie führt in dieser Situation am schnellsten zu einer relativen Entspannung. Demgegenüber steht die Schwierigkeit, bei einem möglicherweise kleinen, abwehrenden Kind einen intravenösen Zugang zu etablieren. Eine gute Möglichkeit zur Deeskalation bietet hier die nasale Applikation von Analgetika mittels Zerstäuber (Tab. 6.1). Hinsichtlich der Effektivität und dem Wirkungsbeginn ist diese mit einer intravenösen Analgesie vergleichbar [9]. Je kleiner und unruhiger das Kind ist, umso eher sollte eine Analgosedierung mit Esketamin und Midazolam erfolgen; bei größeren, ruhigeren Kindern ist eine Analgesie mit Fentanyl sinnvoll. Bei stabilen Parametern für A und B kann der Transport in Analgosedierung unter engmaschiger Überwachung und Dokumentation durchgeführt werden.

Tab. 6.1: Analgetika – Dosierungsempfehlungen.

	intravenös / intraossär	**intranasal**
Fentanyl	1 µg/KG	2 µg/KG
Midazolam	0,1 mg/KG	0,25 mg/KG
Ketamin	2–4 mg/KG	4–6 mg/KG
Esketamin	0,25 mg/KG	2 mg/KG
Piritramid	0,1 mg/KG	

6.2.4 Kreislauf

Neben dem Monitoring von Pulsfrequenz, Blutdruck und Sauerstoffsättigung, die beim aufgeregten Kleinkind mitunter schwierig zu erheben sind, bietet die Kontrolle der Rekapillarisierungzeit eine einfache Methode, das Risiko für einen beginnenden Kreislaufschock abzuschätzen. Nach einfachem Druck auf den Fingernagel sollte die Rekapillarisierung nicht länger als 1–2 Sekunden dauern. Bei zirkulären thermischen Verletzungen an den Extremitäten kann dieses Zeichen natürlich entsprechend verfälscht sein.

6.2.5 Volumensubstitution

Durch den thermisch bedingten Verlust des Epithels kommt es neben dem Wärmeverlust auch zu einem Verlust von Flüssigkeit und Körpertemperatur mit resultierender Gefahr einer Hypovolämie. Bei einer geschädigten VKOF von mehr als 10 % (bei Säuglingen auch schon < 10 %) kommt es darüber hinaus zur Freisetzung von Mediatoren und Toxinen mit der Gefahr eines Schockgeschehens. In Abhängigkeit von der Größe des Befundes entwickelt sich dieser Schock innerhalb der ersten 30 bis 60 Minuten nach dem Trauma. Eine Indikation für eine intravenöse oder intraossäre Volumengabe während des Transports besteht etwa ab einer VKOF über 10 %, vor allem wenn der Transport zur weiterbehandelnden Klinik mehr als

30 Minuten beträgt oder wenn Begleitverletzungen ein Schockgeschehen verstärken können. Darüber hinaus ist bei unzureichender nasaler Analgesie und bei Intubationspflichtigkeit ein invasiver Zugang unerlässlich. Unter nasaler Analgosedierung ist die intravenöse Punktion beim Kleinkind erheblich erleichtert. Bei Nichtgelingen muss auf eine intraossäre Punktion zurückgegriffen werden, die aufgrund der Schmerzhaftigkeit unter Analgosedierung durchgeführt werden sollte. Bevorzugte Punktionsstelle ist die Tibia; verletzungsbedingte Hautschädigungen in diesem Bereich stellen keine Kontraindikation dar.

Die Kalkulation des Volumenbedarfs eines schockgefährdeten thermisch verletzten Kindes basiert auf der Gabe balancierten Vollelektrolytlösung als Basisinfusion mit 10 ml/kg/h. Bei Zeichen einer Hypovolämie ist eine Bolusgabe von 20 ml/kg adäquat. Verbrennungsspezifische Infusionsregimes, die in Abhängigkeit zur betroffenen VKOF stehen, wie das Parklandschema, sind für den Transport bis zur erstversorgenden Klinik nicht erforderlich, da sie häufig zu einer Überinfusion führen. Unbalancierte Volumentherapie direkt nach dem Trauma ist assoziiert mit einer signifikant höheren Mortalitäts- und Komplikationsrate und in der Akutsituation [10, 11]. Dies liegt nicht zuletzt daran, dass in der Notfallsituation die VKOF in der Mehrzahl der Fälle überschätzt wird [12].

6.2.6 Einschätzung von betroffener Körperoberfläche (VKOF) und Verbrennungstiefe

Zur leitliniengerechten Zuweisung in ein *Zentrum für Schwerbrandverletzte Kinder* oder eine *Spezialisierte Klinik für Brandverletzte Kinder* ist eine Beurteilung der Vitalgefährdung anhand der Abschätzung von Ausdehnung und Tiefe immanent.

Zur Beurteilung der VKOF stehen dem Erstbehandler in erster Linie die Handflächenregel, die besagt, dass die Handfläche eines Patienten in etwa 1% VKOF entspricht oder die für Kinder modifizierte Neunerregel nach Wallace zur Verfügung [13, 14]. Das Körperschema nach Lund und Bowder in dem detailliert für einzelne Altersgruppen zu einzelnen Körperarealen zugehörige VKOF angegeben werden, wird in der Regel erst nach Eintreffen in der weiterbehandelnden Klinik durchgeführt werden [15]. Etliche Studien konnten zeigen, dass in der Notfallsituation die VKOF in bis zu 70% deutlich überschätzt wird [16]; dies beruht nicht auf der Unerfahrenheit des Notfallteams, sondern vielmehr auf der situativen Belastung und der perifokalen Hyperämie direkt nach dem Trauma, die nach Kühlung durch die Laienhelfer möglicherweise noch verstärkt wird. Interessanterweise kommt es aber auch durch erfahrene Verbrennungsmediziner im Rahmen einer stressfreien Beurteilung noch zu signifikanten Fehlkalkulationen; im klinischen Bereich geht daher der Trend zu computerbasierten 3D-Evaluationen, die eine genauere Kalkulation der VKOF und damit sichere Kalkulation des erforderlichen Flüssigkeitsbedarfs ermöglichen [17]. Aufgrund der aktuell noch relativ hohen Anwendungskosten steht diese Methode aber nur wenigen Zentren zur Verfügung.

Die Einschätzung der Verbrennungstiefe erfolgt durch Beurteilung des Wundgrundes. Hierbei spielen Blasenbildung, Feuchtigkeit und Farbe des Wundgrundes und ggf. auch die Sensibilität eine Rolle (Tab. 6.2). Insbesondere die Diskrimination zwischen oberflächlich dermalen Grad IIa und tief dermalen Grad IIb Verletzungen erlaubt eine Prognose hinsichtlich voraussichtlicher Heilungsdauer, erforderlichen chirurgischen Maßnahmen, sowie der zu erwartenden Narbenbildung. Studien konnten zeigen, dass in der Verbrennungsmedizin unerfahrenen Chirurgen eine korrekte Einschätzung der Tiefe und voraussichtlichen Heilungschance in nur ca. 50% der Fälle gelingt [18]. Da zudem die Abgrenzung tief dermaler Anteile erst im Verlauf von Tagen stattfindet, ist eine frühe Festlegung des Narbenrisikos nicht möglich. In der Kommunikation mit den besorgten Eltern sollten Bagatellisierungen ebenso wie Übertreibungen vermieden werden.

Tab. 6.2: Beurteilung der Tiefe thermischer Verletzungen.

Tiefe	Ursache	Oberfläche	Farbe	Schmerz
I° epidermal	Sonne	trocken	rot	schmerzhaft
IIa° oberflächl. dermal	heißes Wasser	Blasen, feucht	rot	schmerzhaft
IIb° tief dermal	heißes Wasser	Blasen, trocken	rosa-weiß	schmerzhaft
III° subdermal	heißes Wasser Flammen	trocken	weiß	schmerzlos
IV° subdermal	Flammen	trocken	verkohlt	schmerzhaft

6.3 Zentrumsindikationen und Spezialisierte Kliniken

Im Gegensatz zu Erwachsenen erfolgt bei Kindern der Großteil der thermischen Verletzungen durch heiße Flüssigkeiten. Diese Verbrühungen weisen typischerweise inhomogene Verletzungsmuster auf. Somit entfällt die Möglichkeit, die Verletzungstiefe allein anhand der Schmerzhaftigkeit zu beurteilen. Weiterhin ist der Reflexbogen bei Kindern altersabhängig deutlich langsamer als bei Erwachsenen, so dass bei Verbrennungen nicht sicher davon ausgegangen werden kann, dass ein reflektorisches Wegziehen der betroffenen Körperstelle eine tiefe Verbrennung verhindern konnte. Darüber hinaus muss bei der Beurteilung einer thermischen Verletzung im Kindesalter der Unfallmechanismus bezüglich seiner Plausibilität analysiert werden. Ca. 10% (2–20%) aller nachgewiesenen Kindesmisshandlungen werden durch Verbrennungen oder Verbrühungen verursacht [19, 20]. Aufgrund dieser Besonderheiten wird eine großzügige und frühzeitige Vorstellung thermisch verletzter Kinder in einem Zentrum für Brandverletzte Kinder oder einer spezialisierten Klinik für Brandverletzte Kinder auch bei kleineren Verletzungen empfohlen. Darüber hinaus gelten die bekannten Indikationen zur Behandlung in einem Zentrum für Schwerbrandverletzte Kinder wie folgt [21]:

- Verletzungen 2. Grades von 10% und mehr der Körperoberfläche
- Verletzungen 3. Grades von 5% und mehr der Körperoberfläche
- Verletzungen 2. und 3. Grades oder entsprechende Schädigung durch chemische Substanzen mit Lokalisation im Gesicht, an der Hand, am Fuß oder im Genitalbereich mit relevanter Größe und Tiefe – einschließlich der durch elektrischen Strom verursachten thermischen Schäden und über großen Gelenken

- Inhalationstraumata, auch in Verbindung mit leichten äußeren Verbrennungen; vom Vorhandensein eines solchen ist grundsätzlich bei Explosionsunfällen auszugehen
- alle thermischen Verletzungen 4. Grades

Insgesamt gibt es in Deutschland derzeit 43 Betten für schwerbrandverletzte Kinder. Informationen über das nächstgelegene Zentrum für Schwerbrandverletzte gibt es durch die „Zentrale Anlaufstelle für die Vermittlung von Betten für Schwerbrandverletzte" der Zentralen Feuerwehr Hamburgs (http://www.hamburg.de/feuerwehr/108006/brandbettenvermittlung-feuerwehr-hamburg/). Darüber hinaus stehen derzeit mindestens 9 Spezialisierte Kliniken für Brandverletzte Kinder zur Verfügung.

6.4 Ambulante Therapie

Entfällt die Notwendigkeit einer sofortigen Vorstellung in einem Zentrum oder einer spezialisiertn Klinik, kann die Erstbehandlung ambulant erfolgen. Bei unzureichendem Tetanusimpfschutz muss nach den Richtlinien der STIKO aufgefrischt werden [22]. Bei sicher erstgradigen Verletzungen kann eine Behandlung mit Dexpanthenol-Creme in Kombination mit einem leichten Schutzverband ausreichend sein. Alternativ führt bei sicher intakter Hautoberfläche auch die Anwendung von lokalanästhetischen Cremes mit Lidocain-Prilocain Kombinationen zu einem raschen Abklingen des Brennschmerzes. Bei tieferen Läsionen sollte eine unter guter Analgesie durchgeführte Abtragung von Blasen durchgeführt werde. Die Versorgung der Wunden sollte mit Verbandmaterialien erfolgen, die beim Verbandwechsel eine unproblematische Beurteilung des Wundgrundes ohne vorheriges schmerzhaftes und traumatisches Ablösen von Salbenbelägen oder Wundauflagen ermöglichen [23]. Dies ist zum Beispiel bei der Verwendung von nicht-haftenden, mit Paraffin oder Vaseline beschichteten Gazen in Kombination mit desinfizierenden Wundgelen, die z.B. Octenidinhydrochlorid 0,1–0,2% oder Polihexanid 0,02–0,04% enthalten, möglich. Aufgrund der starken Sekretion von Verbrennungen während der ersten ein bis drei Tage ist bei dieser Kombination ein zunächst täglicher Verbandwechsel erforderlich. Alternativ kann auch in der Akutphase mit saugenden, nicht haftenden Wundauflagen, wie z.B. Polyurethanschaumverbänden gearbeitet werden, um die Frequenz der Verbandwechsel zu reduzieren. Ab dem zweiten oder dritten Tag kann umgestiegen werden z.B. auf nicht haftende Hydrokolloid- oder Silikongazen, die dann nur noch alle 3–6 Tage gewechselt werden müssen. Eine Verwendung von biosynthetischem, alloplastischem temporärem Hautersatzmaterial ohne ausgiebiges Debridement bis in vitale, kapillär blutende Gewebsschichten ist nicht sinnvoll, da ein Anhaften dieser kostenintensiven Materialen auf der nicht debridierten Wunde nicht gewährleistet ist. Bei jedem Verbandwechsel muss der Wundgrund kritisch beurteilt werden. Gerade bei den inhomogenen Verbrühungen kommt es innerhalb der ersten Woche zur Demarkierung initial rosiger Areale zu weißlichen, trockenen Arealen. Hierbei handelt es sich um tief dermale (IIb) Verletzungen, welche möglicherweise eine Eskalation der Therapie erforderlich machen.

Weitere Hinweise auf eine erforderliche Therapieerweiterung ist eine lange Abheilungszeit: bei einer Reepithelisierungszeit über 21 Tage steigt das Risiko für die Entwicklung hypertropher Narben deutlich an [24, 25]. Spätestens jetzt sollte eine zeitnahe Vorstellung in einer

Spezialisierten Klinik für Brandverletzte Kinder oder einem Zentrum für Schwerbrandverletzte Kinder erfolgen.

6.5 Stationäre Übernahme und Therapie in der Klinik

Fällt die Entscheidung, das verletzte Kind in eine Klinik zu transportieren, erfolgt die Kommunikation und Anmeldung bei der in Frage kommenden Klinik über die Leitstelle. Die Weitergabe des Alters des Patienten, der geschätzten VKOF und Tiefe sowie möglicher Begleitverletzungen sollte neben der Information über eine eventuelle bereits erfolgte Intubation und die Transportart (Luftgebunden, etc.) selbstverständlich sein. Die Indikation zur Aufnahme über den Schockraum mithilfe des Teams aus Chirurgen und Anästhesisten sollte eher großzügig gestellt werden, um eine rasche und stressarme Versorgung zu gewährleisten. Nicht selten besteht die Problematik, dass eine Weiterleitung in das nächstgelegene Zentrum für Schwerbrandverletzte Kinder aus dortigen kapazitären Gründen abgelehnt wird. Hilfreich ist hier die Kenntnis über mögliche Zentren in der jeweiligen Umgebung sowie die lokoregionären Gegebenheiten mit Traumanetzwerken und Klinikkooperationen; diese kann eine qualifizierte Erstversorgung und Stabilisierung des Kindes mit sekundärer Weiterleitung in ein Zentrum beinhalten.

Nach qualifizierter Übergabe des Kindes erfolgt eine Reevaluation der Befunde. Nicht selten liegt die jetzt veranschlagte VKOF deutlich unter dem angekündigten Verletzungsausmaß, da die perifokale Rötung meist abgeklungen ist (s.o.). In Abhängigkeit vom Gesamtausmaß der Verletzungen erfolgt die Erstversorgung in Analgesie, Analgosedierung oder Narkose unter sterilen Kautelen. Zum Wärmeerhalt vor allem bei schwerbrandverletzten Kindern muss der Schockraum zur Übernahme auf Temperaturen über 35°C geheizt sein. Falls noch nicht geschehen, erfolgt jetzt die vollständige Entkleidung des Patienten und eine Reinigung der gesamten betroffenen Hautareale mit Octenidinhydrochlorid-Lösung. Dabei werden sämtliche Blasen entfernt im Sinne eines oberflächlichen Debridements. Der erste Verband sollte in Kombination mit einem antimikrobiellen Gel erfolgen. Geeignet sind Kombinationen auf Paraffin-Gaze und Octenidinhydrochlorid-Gel oder Polyhexanid-Gel (s.o.). Färbende und/oder Belagbildende Salben wie Silbersulfadiazin- oder Polyvidon-Jod-haltige Salben sind hier eher von Nachteil, da zur Beurteilung des Wundgrundes die Salbenreste jeweils abgewischt werden müssen. Dies ist zum einen schmerzhaft und führt zum anderen zu überflüssigen mechanischen Irritationen des Wundgrundes. Darüber hinaus besteht bei Säuglingen und Kleinkinder die Gefahr einer transdermalen Jod-Resorption und damit Auslösung einer Hyperthyreose.

Bei allen thermischen Verletzungen in der Genitalregion sollte ein transurethraler Blasenkatheter unter den üblichen sterilen Kautelen angelegt werden. Bei flächigen Verletzungen im Gesichts- und Nackenbereich sollte eine Rasur des Kopfhaares durchgeführt werden, da auf der behaarten Kopfhaut Verbrennungen und Verbrühungen etliche Tage übersehen werden können und durch die natürliche Keimbesiedlung des Kopfhaares Wundinfektionen begünstigt werden. Bei tiefen Läsionen perianal muss im weiteren Verlauf die Etablierung von Darmverweilkathetersystemen (die allerdings nicht für Kleinkinder zur Verfügung stehen) oder alternativ die Etablierung eines protektiven Colostomas diskutiert werden.

6.5.1 Debridement

Ein ausreichendes Debridement bedeutet die Abtragung nekrotischer Hautschichten bis in vitale, kapillär blutende Gewebsschichten. Die Vorteile des frühen Debridements sind seit den frühen 1970'er Jahren bekannt, seit durch Fr. Jancekovic das chirurgische Debridement mittels Weckmesser, Dermatom, Humby-Messer oder ähnlichen Instrumenten als ein Meilenstein in der Verbrennungsbehandlung eingeführt wurde [26]. Auf dem Wundgrund verbliebener Eschar ist ein Nidus für bakterielles Wachstum, er verhindert eine genaue Beurteilung des Wundgrundes und damit die Tiefeneinschätzung und induziert unspezifische inflammatorische Reaktionen [27, 28]. Darüber hinaus verzögert er die Wundheilung und führt zum Verlust von biosynthetischen Hautersatzmaterialien oder Hauttransplantaten.

Der ideale Zeitpunkt für das Debridement ist abhängig von VKOF und Tiefe der Läsion. Die allgemeinen Empfehlungen propagieren ein frühes Debridement nach 48h bei Kindern mit einer VKOF von 30–40%, während bei deutlich kleinflächigeren Läsionen durchaus 5–7 Tage abgewartet werden kann [29].

Keine Zeit zu verlieren ist bei semi- bis zirkulären tiefen thermischen Verletzungen. Hierbei kommt es aufgrund der nicht mehr dehnungsfähigen Nekrose in Kombination mit dem sich entwickelnden Verbrennungsödem zu Perfusionsstörungen bis hin zum Vollbild des Kompartmentsyndroms an den Extremitäten oder auch zur gestörten Thoraxexkursion bei entsprechenden Verbrennungen am Rumpf (Abb. 6.2). In diesen Fällen ist eine Durchtrennung der Nekrosen im Rahmen einer Escharotomie erforderlich. Die Tiefe der Escharotomie richtet sich nach der Tiefe der Nekrose, eine komplette Durchtrennung des gesamten subkutanen Fettgewebes bis auf die Muskulatur ist nicht zwingend erforderlich.

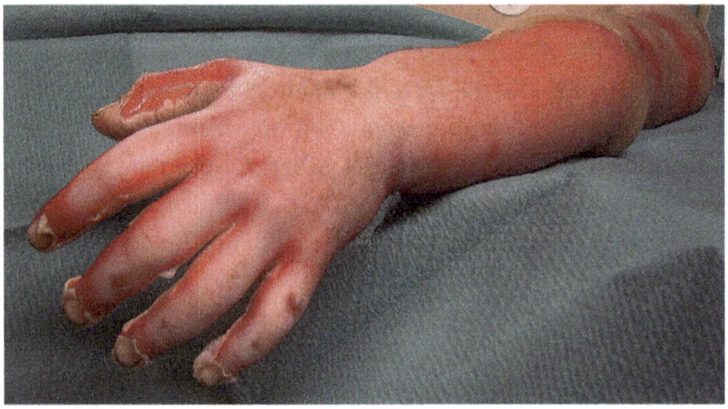

Abb. 6.2: Semizirkuläre, drittgradige Verbrennung des Unterarms mit beginnendem Kompartmentsyndrom, Befund vor der Escharotomie.

Bei Kindern vor allem mit Verbrühungen birgt ein scharfes, chirurgisches Debridement jedoch immer ein signifikant hohes Risiko für eine weitere Vertiefung der Verletzungen. Dies beruht zum einen auf der verbrühungs-typischen Inhomogenität der Tiefenausdehnung, zum anderen auf der deutlich dünneren Hautdicke im Vergleich zu Erwachsenen [30]. So wird in mehr als 70% bei einem scharfen Debridement nicht nur der Eschar sondern auch vitales Gewebe reduziert [31].

Um dieses Risiko zu minimieren, sollten bei Kindern schonendere Verfahren des Debridements zur Anwendung kommen. Die einfachste Art der Blasenabtragung besteht in einem Abreiben mit feuchten Mullkompressen. Bei tieferen Schädigungen, bei denen dies nicht ausreichend ist, kann mit chirurgischen Schwämmen schonend die oberflächliche Nekrose in Narkose abgerieben werden. Tief-dermale und gemischt zweit- bis drittgradige thermische Verletzungen mit derbem Eschar sind dem Schwamm-Debridement häufig nicht zugänglich und können mit Hilfe von Hydrochirurgie-Systemen Schicht für Schicht bis in vitale Anteile abgetragen werden (Abb. 6.3).

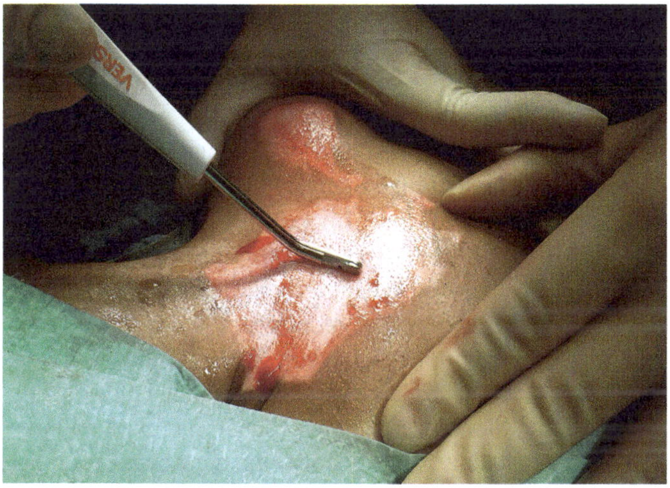

Abb. 6.3: Debridement mit dem Hydrochirurgie-System bei kleinflächiger, gemischt oberflächlicher bis tief-dermaler Verbrühung am Hals.

Zum Vergleich: während mit dem chirurgischen Debridement mit Dermatomen oder zum Beispiel dem Weckmesser Schichten in einer konstanten Dicke von 150 bis 200 µm abgetragen werden, kann die Hydrochirurgie in definierten Arealen Schichten um 50 µm schrittweise abtragen. Darüber hinaus sind mit Hydrochirurgie-Systemen auch Bereiche besser zugänglich, die mit den scharfen Instrumenten schlechter erreicht werden wie Fingerzwischenräume, der Hals, etc. Da vitale Gewebsanteile bei niedriger Einstellung des Hydrochirurgie Systems langsamer als nekrotische Gewebsanteile abgetragen werden, ist hier eine Diskrimation zwischen oberflächlich und tief dermalen zweitgradigen Verletzungen erleichtert. Dies führt letztlich zum Erhalt vitaler Hautschichten samt Anhangsgebilden und damit zu einer besseren Narbenkosmetik und geringeren Rate an erforderlichen Spalthauttransplantationen [32].

Eine weitere Form des schonenden Wunddebridements besteht in der Anwendung enzymatisch aktiver okklusiver Verbände. Diese werden über einen definierten Zeitraum auf dem Wundgrund belassen und hinterlassen nach einer anschließenden Rehydratationsphase von Nekrosen gereinigte Wundflächen ohne Gefahr der Läsionsvertiefung [33]. Da die Anwendung schmerzhaft ist, muss während der gesamten Dauer des Okklusivverbandes eine wirksame Analgesie, Analgosedierung oder auch leichte Narkose sichergestellt sein. Diese Anwendung ist derzeit in einigen Zentren für pädiatrische Patienten noch in der Erprobungsphase, erste Auswertungen der Ergebnisse sind jedoch vielversprechend.

6.5.2 Wundauflagen

Aufgrund der Fülle an verfügbaren Materialien von unterschiedlichsten Firmen mit teilweise regionären Unterschieden ist eine komplette Aufstellung und Beschreibung an dieser Stelle nicht möglich oder sinnvoll. Andererseits ist gerade der Neuling in der Verbrennungsmedizin häufig genug verwirrt von der Auswahl an Materialien und Verbandregimes. Da bekanntermaßen viele Wege nach Rom führen, sind bei einer unkomplizierten zweitgradigen Verletzung auch viele Möglichkeiten der Behandlung richtig, so dass eine apodiktische Beschränkung nicht zielführend ist.

Grundsätzlich folgt die Lokaltherapie der thermischen Verletzungen den seit den 1960iger Jahren evidenten Behandlungsempfehlungen einer feuchten Wundbehandlung nach Winter [34]. Diese löste die bis dahin gängige „Trockene" Wundbehandlung ab. In einem feuchten Milieu finden autolytische Prozesse, die Fibrin und Nekrosen auflösen wesentlich schneller und besser statt, als in einem trockenen, verkrusteten Wundbett. Durch die Feuchtigkeit und Körperwärme werden Granulozyten, Monozyten, Makrophagen, etc. besser aktiviert und können direkt in den Wundgrund einwandern. Darüber hinaus wird die Einwanderung regenerativer Fibroblasten und Basalzellen aus der umgebenden unverletzten Epidermis ermöglicht, Kollagen und Granulationsgewebe kann gebildet werden, Kapillaren sprossen ein. Daher erfolgt die Anlage semiokklusiver Verbände, die ein Austrocknen der Wunde verhindern sollen. Bei Auslaufen von Wundsekret aus dem Verband ist der Erhalt von Feuchtigkeit und Temperatur nicht mehr gesichert und die Gefahr der Wundinfektion steigt. Deshalb sollte in den ersten Tagen bei oft starker Sekretion der Verband täglich gewechselt oder mit Polyurethanschaumverbänden gearbeitet werden. Die Wundreinigung erfolgt bei nicht infizierten Wunden mit warmer, physiologsicher Kochsalzlösung; alternativ kann, v.a. bei Hinweisen für Infektionen mit Polyhexanid- oder Octenilinhydrochloridlösungen gereinigt werden. Hydrokolloidauflagen haben möglicherweise einen Reepithelisierungsfördernden Effekt, wichtig ist, dass Gazen und nicht die klebenden Pflaster verwendet werden [35]. Ähnlich positive Auswirkungen werden für Silikonfolien beschrieben. Interessanterweise ist neben der trockenen Wundbehandlung als einzige feuchte Wundauflage im Vergleich mit anderen Auflagen lediglich Silbersulfadiazin nachteilig in Bezug auf die Reepithelisierungszeit und Vermeidung einer chirurgischen Eskalation [36].

6.5.3 Biosynthetischer Hautersatz

Gemischt oberflächlich und tief-dermale, zweitgradige Verletzungen können nach Abtragen der Hautblasen mit einem Erstverband aus nicht-haftenden, mit Paraffin- oder Vaseline-Gazen in Kombination mit desinfizierenden Octenidin- oder polihexanidhaltigen Wundgelen (s.o.) versorgt werden. Alternativ kann auch eine primäre Versorgung mit temporären, biosynthetischen Hautersatzmaterialen erfolgen. Die am besten in der in der Literatur belegten Materialien sind zum einen Kollagen-durchsetzte Silikonfilm – Nylon Netze, die v.a. im angloamerikanischen Raum zur Anwendung kommen; zum anderen gibt es die in der Anwendung vergleichbaren Membranen aus Polylactid, Trimethylencarbonat und e-Caprolacton, die im deutschsprachigen Raum bevorzugt werden. Für beide Materialien ist eine verbesserte Reepithelisierungssrate bei zweitgradigen Läsionen, eine Verminderung mechanischer Irritationen durch Vermeidung einer Eröffnung des Wundgrundes bei den Verbandwechseln und somit resultierender Schmerzreduktion bei vergleichbaren Kosten nachgewiesen [37]. Eventuelle Nachteile der kollagen-durchsetzen Matrix ist die definierte Auflageseite, die nicht verwechselt werden sollte, sowie die Notwendigkeit, diese Membran an wenig flächigen Arealen ggf. mit situativen Nähten primär fixieren zu müssen, während die Anhaftung der Polylactid-Membran von beiden Seiten keiner weiteren Fixierung bedarf.

Aufgrund der in den ersten Tagen stärkeren Wundsekretion wird in einigen Kliniken die Versorgung mit biosynthetischem Hautersatz erst ab dem zweiten oder dritten Tag nach dem Trauma durchgeführt, da bei früher aufgebrachten biosynthetischen Hautersatzmaterialien ein Abschwimmen beobachtet wurde. Nach einem gründlichen Debridement in kapillär blutende Dermisanteile können die Membranen auf den Wundgrund aufgebracht werden, ein Überlappen der Folien oder Kontakt zur gesunden Haut sind unproblematisch. Der biosynthetische Hautersatz wird in der sog. Sandwich-Technik mit einer doppelten Lage Fettgaze bedeckt und ein Schutzverband aus Mull angelegt. Bei den nachfolgenden Verbandwechseln alle 3–6 Tage wird dann nur noch die obere Fettgazelage gewechselt. Bei zunehmender Epithelisierung der Wundbereiche löst sich die Kunsthaut an den Rändern sukzessive ab und kann bei jedem VW entsprechend reduziert werden (Abb. 6.4).

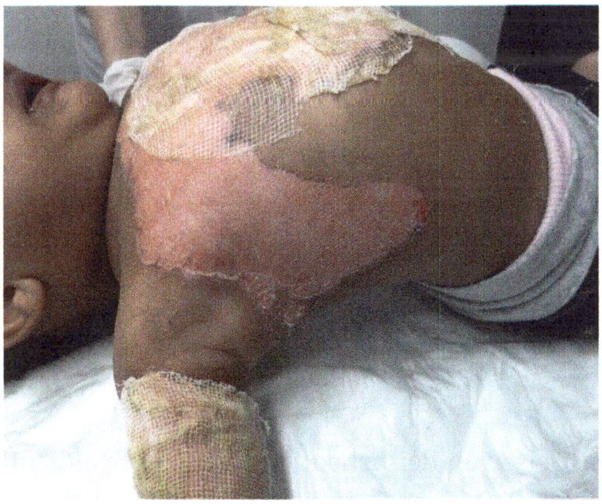

Abb. 6.4: Kleinkind mit Verbrühungen, Befund 8 Tage nach Versorgung mit biosynthetischem Hautersatzmaterial. Befund nach partieller Reepithelisierung und begonnener Reduktion der Wundauflagen.

Eine frühzeitige Ablösung der Kunsthaut ohne erfolgte Epithelisierung ist Hinweis auf ein nicht ausreichendes Debridement des Wundgrundes (s.o.) oder auf eine tiefergehende Verletzung und sollte dann einer weiteren Eskalation der Therapie mittels Spalthauttransplantation zugeführt werden (Abb. 6.5).

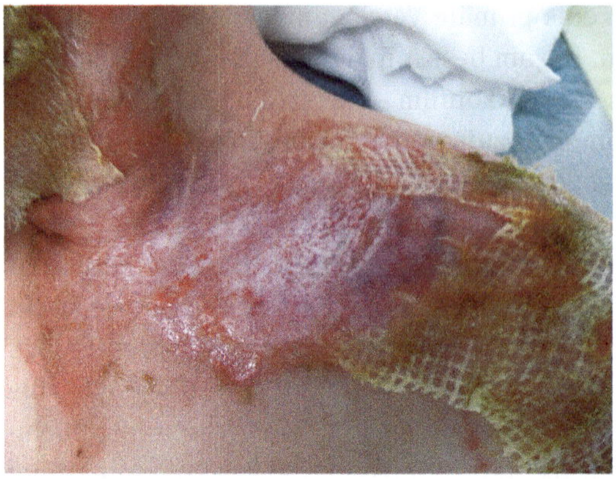

Abb. 6.5: Zweitgradige Verbrühung mit relevanten tief-dermalen Anteilen am Hals mit Verlust des biosynthetischen Hautersatzmaterials.

6.5.4 Spalthauttransplantation

Aufgrund der geringeren Hautdicke bei Kindern (s.o.) gibt es auch bei der Entnahme von Spalthauttransplantaten Besonderheiten im Vergleich zu Erwachsenen. So sind die in der Erwachsenen Verbrennungschirurgie gängigen Spenderareale wie Oberschenkel, Gesäß, etc. bei Kindern in Abhängigkeit vom Alter des Kindes, Dermatomeinstellung und Anpressdruck gefährdet, narbig abzuheilen (Abb. 6.6).

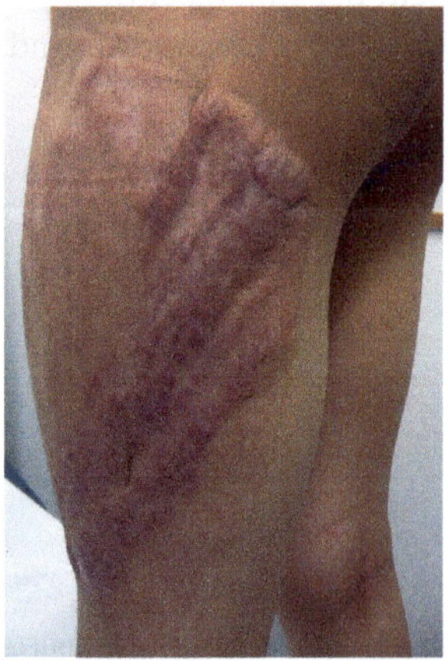

Abb. 6.6: Hypertrophe Narben am Oberschenkel einer 11-jährigen Patientin ein Jahr nach Spalthauttransplantation mit Entnahme vom Oberschenkel. Entwicklung therapiebedürftiger, hypertropher (zusätzlicher!) Narben.

Aus diesem Grund sollte bei Kindern vorzugsweise von der behaarten Kopfhaut Spalthaut gewonnen werden. Hierzu wird nach elektrischer Rasur und Desinfektion des Entnahmebereiches die Kopfschwarte mit niedrig konzentrierter Adrenalinlösung (1:250.000 – 1:500.000) unterspritzt (Abb. 6.7a). Hierdurch wird zum einen die Elastizität des Skalps reduziert und somit die Entnahme selbst vereinfacht, zum anderen wird der Blutverlust durch das Adrenalin reduziert. Die Hautentnahme erfolgt am einfachsten mit einem Dermatom in einer Schichtdicke von 0,2 mm, oder weniger, bei älteren Kindern und Adolszenten bis max. 0,3 mm (Abb. 6.7b).

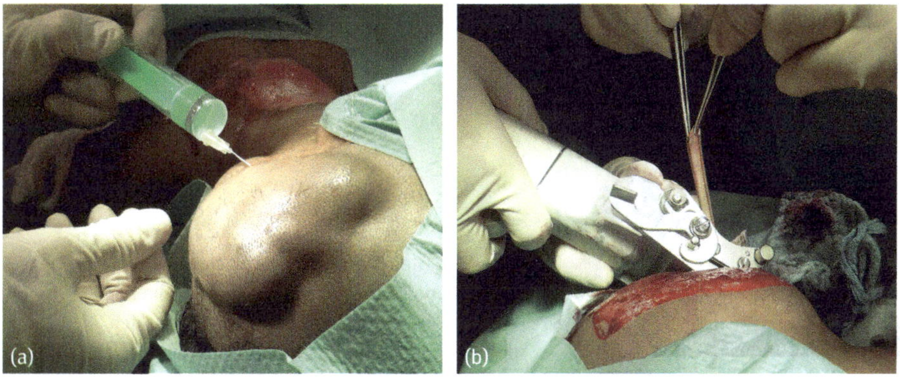

Abb. 6.7: Situs vor Spalthautentnahme am Kopf beim subgalealen Unterspritzen (links). Spalthautentnahme vom Kopf mit dem Dermatom (rechts).

Die Entnahmestelle kann bis zur Abheilung wiederum mit biosynthetischem Hautersatz, Polyurethanschaumverbänden oder anderen modernen Wundauflagen versorgt werden (Abb. 6.8a). Es empfiehlt sich, den entsprechenden Verband erst bei Ende der Operation am Kopf anzulegen, damit die Flüssigkeit, die unterspritzt worden ist, noch herauslaufen kann. Bei durch Fehleinstellung des Dermatoms oder zu starken Anpressdruck resultierender zu tiefer Entnahme fehlen im Spenderareal die Haarwurzeln. In diesen Fällen muss zur Vermeidung der lokalen Alopezie das Transplantat wieder in die Entnahmestelle eingenäht werden und an anderer Stelle neu entnommen werden. Die so gewonnen Hautsteifen sollten in feuchten Kompressen zwischengelagert werden. Eine zeitweise Aufbewahrung in Schälchen mit steriler Kochsalzlösung kann zum Auswaschen von Wachstumsfaktoren führen. Je nach Größe des Empfängerareals, das im Übrigen entweder frisch debridiert bzw. am Wundgrund angefrischt wurde, kann die Spalthaut ungemesht, gemesht oder gemeekt werden, bevor sie aufgelegt wird. Zum Meshen kommen spezielle Meshgeräte und Meshplatten zur Anwendung. Hierzu wird die Spalthaut auf einer dem gewünschten Mesh-Grad entsprechenden Schablone glatt aufgebracht und dann durch eine Walze mit einer speziellen Anordnung von parallelen Messern gezogen. Es resultiert eine definierte maschenartige Perforation der Spalthaut, die zu einer relativen Flächenvermehrung des Transplantats führt. Die möglichen Expansions-Verhältnisse reichen von 1:1,5 bis 1:4. Bei der Meek-Technik wird die Spalthaut in kleine, gleich große, quadratische Inseln zerteilt und kann bis auf ein Verhältnis 1:9 expandiert werden. Dies bietet den Vorteil der einzeitigen Deckung eines deutlich größeren Empfängerareals als bei der Mesh-Technik. Alternativ kann aber auch aus Gründen der besseren Kosmetik ein sequentielles Decken der Areale mit weniger stark expandierter Spalthaut erfolgen, da wiederholte Spalthautentnahmen vom Kopf alle 14 Tage ohne relevantes Narben- oder Allopezierisiko möglich sind (Abb. 6.8b) [38].

Entsprechend erfolgt dann auf die primär nicht mit Spalthaut gedeckten großen Defekte eine temporäre Deckung mit biosynthetischen Folien, mit allogener Spalthaut oder in Form der Vakuumversiegelung. Im Gesicht, Decolleté und weiblicher Brust, über großen Gelenken, Händen und Füßen sollte nach Möglichkeit nicht-expandierte Spalthaut, die lediglich zum besseren Sekretabfluss gestichelt werden kann, verwendet werden (Abb. 6.9).

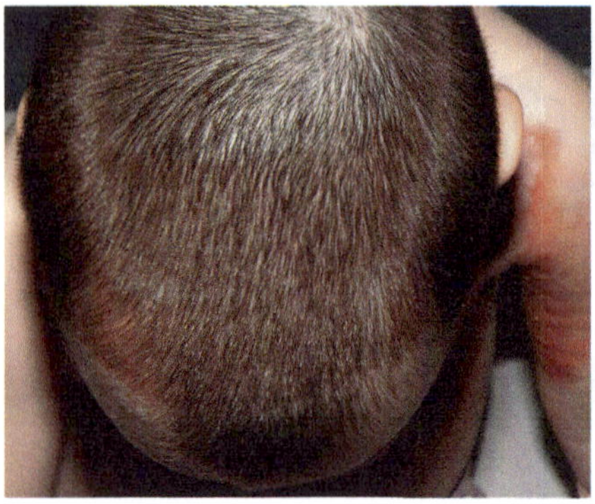

Abb. 6.8: Gleichmäßiges Haarwachstum bei Zustand nach Spalthautentnahme vom Kopf vor 6 Wochen. Noch leichte Rötung im Bereich der Entnahmestellen sichtbar.

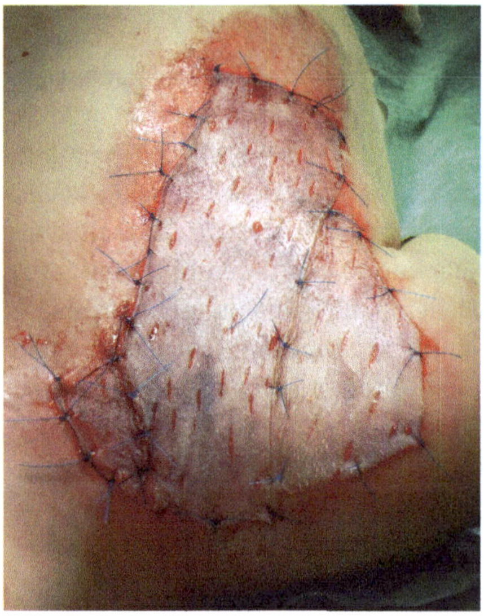

Abb. 6.9: Gestichelte, ungemeshte Spalthauttransplantate bei Verbrühung Grad IIb- III am Decolleté rechtsseitig.

Die zusätzliche Versorgung mit biosynthetischen Dermisersatz-Matrices, die in unterschiedlichen Dicken erhältlich sind, soll das fehlende dermale Gewebe ersetzen und zu einer besseren Kosmetik führen [39, 40]. Dermisersatz-Matrices bestehen aus Kollagen-Elastin Netzen, in die körpereigenen Zellen einsprossen, so dass letztlich eine Art dermale Verschiebeschicht entsteht, die einer besseren Elastizität ermöglicht. Dermisersatz-Matrices gibt es in unterschiedlichen Dicke. Bei den dünneren Matrices ist eine einzeitige Versorgung möglich, indem der Dermisersatz zusammen mit der Spalthaut auf dem Wundgebiet fixiert wird. Dickere Matrices verfügen über eine zusätzliche Silikonschicht; bei dieser Verwendung wird zunächst 5–7 Tage abgewartet, bis das Kollagennetz kapillarisiert und angewachsen ist und dann, nach Entfernung der Silikonfolie in einem zweiten Schritt die Spalthaut transplantiert.

Bei tiefgradigen Verletzungen an den Fingern, Handflächen, Fußsohlen, Gesicht und teilweise über großen Gelenke bieten Vollhauttransplantate, die neben der Epidermis die komplette Dermis umfassen, kosmetisch-funktionelle Vorteile. Diese beruhen auf einer deutlich geringeren Schrumpfungsneigung und besseren mechanischen Belastbarkeit im Vergleich zu Spalthauttransplantaten. Eine Entnahme von Vollhauttransplantaten ist vor allem in Regionen möglich, in denen ein ovalärer Hautdefekt spannungsarm primär verschlossen werden kann, oder der kosmetische Nachteil durch eine Spalthautdeckung als weniger nachteilig erscheint. Typische Entnahmestellen sind die volaren Handgelenke, die Ellenbeugen, der laterodorsale Oberarm, die retroaurikuläre Haut, die Leistenregion, etc. Da nach Gewinnung eines Vollhauttransplantates dieses aufgrund der hohen Gewebeelastizität scheinbar schrumpft, sollte vor der Entnahme mithilfe einer Schablone von der zu deckenden Empfängerstelle die Spenderhaut maßgerecht mit Stift oder Skalpell markiert werden. Der Wundgrund im Empfängerbereich muss gut konditioniert, vaskularisiert und blutgestillt sein, um eine Transplantatnekrose durch Sickerblutungen in diesem Bereich zu verhindern. Perforationen von größeren Vollhauttransplantaten sollen ein Abheben durch Wundsekret und Blutungen verhindern. Die Vollhaut wird dann in leichter Spannung in die Empfängerstelle eingenäht; je nach Lokalisation kann bei konkaven Empfängerarealen ein Überknüpfpolsterverband zur besseren Anhaftung und Einheilung beitragen.

Eine zeitnahe primäre Deckung ist nur bei ausreichend vorhandenen gesunden Spenderarealen zu leisten. Eine zu langandauernde sequenzielle Deckung erhöht das Risiko für Infektionen des Wundgrundes, Hypergranulationen und kosmetisch ungünstige Narben. Bei unzureichenden Spenderarealen muss ggf. auf Alternativen zu autologen Hauttransplantaten zurückgegriffen werden. So kann vorübergehend mit allogenen Spalthauttransplantaten gedeckt werden, bis Spenderareale geheilt und wieder verfügbar sind.

Eine weitere, vielversprechende Alternative sind Methoden mit autologem, (kultiviertem) Hautersatz. Am einfachsten in der Anwendung ist die Verwendung eines Fertig-Kits, das nach Entnahme eines kleinen gesunden Spalthautareals eine Suspension aus Keratinozyten, Melanozyten, Langerhans Zellen und dermalen Fibroblasten generiert, die ohne weitere Kultivierung direkt auf das zweitgradig geschädigte Empfängerareal, bei tieferen Läsionen ggf. in Kombination mit einem hoch-expandiertem Mesh- oder Meekgraft, ggf. auf einem Dermis-Ersatz zu einer verbesserten Kosmetik führen sollen [41]. Ohne die Kombination mit Spalthauttransplantaten ist bei Behandlung zweitgradiger Areale mittels dieser Hautzellsuspension eine Expansion um den Faktor 80 möglich [42]. Unter Ausnutzung der parakrin sezernierenden Aktivität der Keratinozyten kommt es in den so behandelten Arealen schneller zur Abheilung welche somit ggf. schneller wieder als Spenderareale für tiefere Läsionen zu Verfügung stehen können.

Darüber hinaus können aus autologen kulitvierten Keratinozyten (CEA – cultured epithelial autograft) Epidermis-Transplantate aus drei bis fünf Zelllagen innerhalb eines Zeitraumes von mehreren Wochen gezüchtet und dem Patienten transplantiert werden. Diese allerdings sehr fragilen Häutchen enthalten keine dermalen Anteile. In Langzeitstudien sind die kosmetischen Ergebnisse enttäuschend [43]. Die Entwicklung kombinierter autologer Haut-Analoga aus moderner Gewebetechnik mit relevanten Anteilen dermaler Komponenten ist seit einigen Jahren in prä- und klinischer Erprobung [44].

6.5.5 Vakuum assistierte Verschlussbehandlung

Sowohl die Konditionierung von (infizierten) Wundgründen vor einer Transplantation als auch die Fixierung frischer Spalthauttransplantate kann durch eine Vakuumtherapie, Vakuumversiegelung, oder vacuum assisted closure (VAC) positiv beeinflusst werden. Durch den am Wundgrund erzeugten negativen Druck resultiert eine schnellere, bessere Vaskularisierung, die Einheilung von Transplantaten wir beschleunigt. Darüber hinaus werden das lokale Gewebsödem sowie ggf. entzündliche Exsudate, Gewebstrümmer und Keime rasch aus dem Wundgebiet abtransportiert und damit die Heilung begünstigt [45, 46]. In Narkose wird nach dem Debridement ein durchlässiger Schwamm auf den Defekt aufgelegt und mit einem Folienverband fixiert. Die umgebende gesunde Haut sollte durch Hydrokolloidpflaster oder Folien gegen direkten Kontakt mit dem Schwamm geschützt werden, um hier Mazerationen zu verhindern. Bei VAC-Therapie auf einem frischen Transplantat sollte dieses mit einer Fettgaze belegt werden, bevor der Schwamm aufgebracht wird. Das Vakuum wird dann mit einem kontinuierlichen Sog von 75–120 mmHg realisiert. Die VAC-Verbände sollten ca. alle 4 Tage gewechselt werden, sowie möglichst sofort bei Verdacht auf eine frische Wundinfektion oder Blutung im Wundbereich (Abb. 6.10).

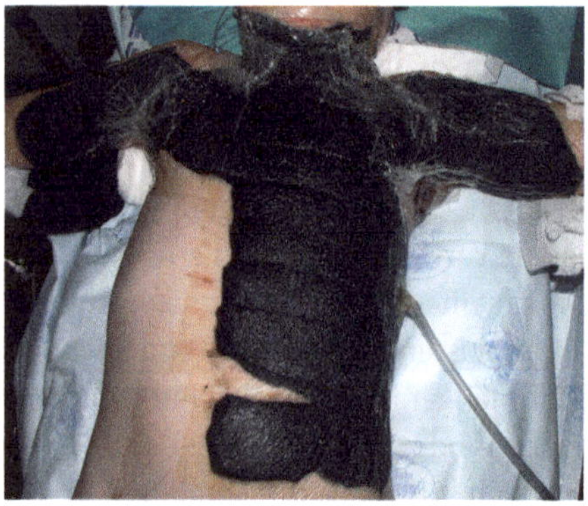

Abb. 6.10: Befund nach Spalthauttransplantation und VAC-Anlage bei Zustand nach drittgradiger Verbrennung des ventralen Rumpfes.

6.5.6 Allgemeine Anmerkungen zu Verbandswechseln

Grundsätzlich sollten Verbandswechsel bei thermisch verletzten Kindern in warmen Räumen und die Desinfektion und Reinigung der Wundflächen unter sterilen Bedingungen mit vorgewärmten, keinesfalls mit gekühlten Antiseptika bzw. Spüllösungen erfolgen, um durch die kältebedingte Gefäßkonstriktion die Heilung nicht zu beeinträchtigen. In Abhängigkeit vom Verletzungsausmaß sollten die Manipulationen grundsätzlich schmerz- und stressfrei für das Kind verlaufen. Um wiederholte Sedierungen mit Midazolam oder Propofol zu vermeiden, hat bei Verbandswechseln, die nicht im OP durchgeführt werden müssen, die Lachgassedierung in den letzten Jahren eine zunehmende Bedeutung erlangt. Lachgas ist ein geschmack- und farbloses, nicht reizendes Gas mit leicht süßlichem Geruch. Es ist mit einer Dichte von 1,97 kg/m^3 etwa 1,5 mal schwerer als Luft und liegt mit einem Dampfdruck von 51 Bar bei 20°C in der Gasdruckflasche in flüssiger Form vor. Zur Sedierung bei Kindern ab ca. 6 Jahren stehen sog. Demand-Systeme zur Verfügung, bei denen durch forcierte Einatmung Lachgas über die Maske an den Patienten abgegeben wird. Dabei merken die Patienten sehr schnell, dass sie über ihre Einatmung eine gewisse Kontrolle über die Sedierungtiefe erlangen. Lachgas zeichnet sich durch eine rasche An- und Abflutungszeit aus – nach ca. drei Minuten Inhalation besteht eine gute anxiolytische, analgetische und leicht sedierende Wirkung, welche nach Beenden der Gaszufuhr innerhalb von Minuten komplett abklingt. Aufgrund der äußerst geringen dämpfenden Wirkung auf Herzfrequenz, Blutdruck und Atemantrieb ist die Lachgassedierung ohne weiteres Monitoring möglich. Mögliche Nebenwirkung sind eine verstärkte Emesis sowie die Beeinflussung des Methionin- und des Folsäurestoffwechsels bei Langzeit- und häufiger Anwendung. Aus letzteren Gründen ist eine Lachgassedierung aus arbeitsschutzrechtlichen Gründen nur bei paralleler Anwendung einer suffizienten Absaugung möglich.

6.5.7 Antibiotika Therapie und Wundinfektionen

Eine generelle antibiotische Prophylaxe bei thermisch verletzten Kindern ist nicht empfohlen. Im Rahmen des mikrobiologischen Monitorings sind je nach klinischem Befund Wundabstriche sinnvoll, dazu gehören auch Nasen-Rachenabstriche bei Aufnahme der Patienten. Bei lokalen oder systemischen Entzündungszeichen sollte nach Möglichkeit erst nach Erhalt eines Keimnachweises mit Antibiogramm balanciert systemisch behandelt werden. Hierbei muss von einer asymptomatischen bakteriellen Kolonisierung der Wundflächen, die nicht behandlungsbedürftig ist, unterschieden werden. Durch Abstrichentnahme nach sterilem Abwaschen der Wundflächen sind solche falsch positiven Keimnachweise vermeidbar.

Zur Prophylaxe wird in einigen Kliniken von Anfang an mit silberhaltigen Wundauflagen gearbeitet. Silberionen haben eine nachgewiesene antibakterielle Wirkung [47]. Aufgrund der teilweise erheblichen transdermalen systemischen Resorption mit relevanten Silber-Serum- und Organspiegeln vor allem durch Verbandmaterialien mit nanokristallinem Silber und Silbernitrat, weniger auch von Silbersalzen und metallischem Silber mit Symptomen einer möglicherweise irreversiblen Argyrie muss eine rein prophylaktische, großflächige und andauernde Behandlung kritisch diskutiert werden [48].

Bei nachgewiesener Wundinfektion sollte zusätzlich zur balancierten systemischen Antibiotikatherapie topisch therapiert werden, da die äußersten Gewebeschichten häufig nur wenig von den therapeutischen Antibiotikaspiegeln im Serum profitieren. Je nach Keimart kann dabei die VAC-Therapie ein wichtiger Baustein der Lokaltherapie sein (s.o.). Problematisch bei der topischen Behandlung sind vor allem die durch die Bakterien gebildeten Biofilme, durch die sich die Keime gegen antibakterielle Wundauflagen z.B. mit Silber gut schützen können. Besonders gefürchtet in der Verbrennungsmedizin sind Infektionen mit Pseudomonas aeruginosa, da diese Keime besonders widerstandsfähige Biofilme aufbauen und häufig mulitple Resistenzen aufweisen. Am wirksamsten bei diesen Besiedelungen sind tägliche gründliche Waschungen mit Octenidinhydrochlorid-Lösung und Verbände mit Polyhexanid-Gel getränkten Paffin-Gazen [49].

6.6 Literatur

[1] Allison K, Porter K. Consensus on the pre-hospital approach to burns patient management. Injury 2004;35:734–738.

[2] Steinemann S, Shackford SR, Davis JW. Implications of admission hypothermia in trauma patients. J Trauma 1990;30:200–202.

[3] Lonnecker S, Schoder V. [Hypothermia in patients with burn injuries: influence of prehospital treatment]. Chirurg 2001;72:164–167.

[4] McCormack RA, La Hei ER, Martin HC. First-aid management of minor burns in children: a prospective study of children presenting to the Children's Hospital at Westmead, Sydney. Med J Aust 2003;178:31–33.

[5] Cuttle L, Kempf M, Kravchuk O, George N, Liu PY, Chang HE, Mill J, et al. The efficacy of Aloe vera, tea tree oil and saliva as first aid treatment for partial thickness burn injuries. Burns 2008;34:1176–1182.

[6] Jandera V, Hudson DA, de Wet PM, Innes PM, Rode H. Cooling the burn wound: evaluation of different modalites. Burns 2000;26:265–270.

[7] Fein M, Quinn J, Watt K, Nichols T, Kimble R, Cuttle L. Prehospital paediatric burn care: New priorities in paramedic reporting. Emerg Med Australas 2014;26:609–615.

[8] Eich C, Sinnig M, Guericke H. Akutversorgung des brandverletzten Kindes – Rettung, Transport, Schockraum, Anästhsie, OP. Notfall Rettungsmed 2014;17:113–122.

[9] Landsleitner B, Keil J. [Burns and scalds in children]. Med Klin Intensivmed Notfmed 2015;110:346–353.

[10] Kraft R, Herndon DN, Branski LK, Finnerty CC, Leonard KR, Jeschke MG. Optimized fluid management improves outcomes of pediatric burn patients. J Surg Res 2013;181:121–128.

[11] Gore DC, Hawkins HK, Chinkes DL, Chung DH, Sanford AP, Herndon DN, Wolf SE. Assessment of adverse events in the demise of pediatric burn patients. J Trauma 2007;63:814–818.

[12] Parvizi D, Kamolz LP, Giretzlehner M, Haller HL, Trop M, Selig H, Nagele P, et al. The potential impact of wrong TBSA estimations on fluid resuscitation in patients suffering from burns: things to keep in mind. Burns 2014;40:241–245.

[13] Nagel TR, Schunk JE. Using the hand to estimate the surface area of a burn in children. Pediatr Emerg Care 1997;13:254–255.

[14] Knaysi GA, Crikelair GF, Cosman B. The role of nines: its history and accuracy. Plast Reconstr Surg 1968;41:560–563.

[15] Lund C, Browder N. The estimation of the areas of burn. Surgery, Gynecololgy, and Obstetrics 1944;79:352–358.

[16] Chan QE, Barzi F, Cheney L, Harvey JG, Holland AJ. Burn size estimation in children: still a problem. Emerg Med Australas 2012;24:181–186.

[17] Giretzlehner M, Dirnberger J, Owen R, Haller HL, Lumenta DB, Kamolz LP. The determination of total burn surface area: How much difference? Burns 2013;39:1107–1113.

[18] Hlava P, Moserova J, Konigova R. Validity of clinical assessment of the depth of a thermal injury. Acta Chir Plast 1983;25:202–208.

[19] Kumar P. Child abuse by thermal injury – a retrospective survey. Burns Incl Therm Inj 1984;10:344–348.

[20] Dressler DP, Hozid JL. Thermal injury and child abuse: the medical evidence dilemma. J Burn Care Rehabil 2001;22:180–185; discussion 179.

[21] AWMF Leitlinie zur Behandlung brandverletzter Kinder. 2015.

[22] Institut RK. Empfehlungen der Ständigen Impfkommission (STIKO) am Robert-Koch-Institut / Stand: August 2014. Epidmiologisches Bulletin 2014;34:327.

[23] Ellerkamp V. Notfall: Verbrühung – Von der Erstversorgung bis zur Nachsorge – Allgemeinarzt 2015;37:46–50.

[24] Cubison TC, Pape SA, Parkhouse N. Evidence for the link between healing time and the development of hypertrophic scars (HTS) in paediatric burns due to scald injury. Burns 2006;32:992–999.

[25] Egro FM, O'Neill JK, Briard R, Cubison TC, Kay AR, Estela CM, Burge TS. Pediatric superficial scald burns-reassessment of our follow-up protocol. J Burn Care Res 2010;31:196–199.

[26] Janzekovic Z. A new concept in the early excision and immediate grafting of burns. J Trauma 1970;10:1103–1108.
[27] Singh V, Devgan L, Bhat S, Milner SM. The pathogenesis of burn wound conversion. Ann Plast Surg 2007;59:109–115.
[28] Padfield KE, Zhang Q, Gopalan S, Tzika AA, Mindrinos MN, Tompkins RG, Rahme LG. Local and distant burn injury alter immuno-inflammatory gene expression in skeletal muscle. J Trauma 2006;61:280–292.
[29] Herndon DN, Parks DH. Comparison of serial debridement and autografting and early massive excision with cadaver skin overlay in the treatment of large burns in children. J Trauma 1986;26:149–152.
[30] Seidenari S, Giusti G, Bertoni L, Magnoni C, Pellacani G. Thickness and echogenicity of the skin in children as assessed by 20-MHz ultrasound. Dermatology 2000;201:218–222.
[31] Gurfinkel R, Rosenberg L, Cohen S, Cohen A, Barezovsky A, Cagnano E, Singer AJ. Histological assessment of tangentially excised burn eschars. Can J Plast Surg 2010;18:e33–36.
[32] Hyland EJ, D'Cruz R, Menon S, Chan Q, Harvey JG, Lawrence T, La Hei E, et al. Prospective, randomised controlled trial comparing Versajet hydrosurgery and conventional debridement of partial thickness paediatric burns. Burns 2015;41:700–707.
[33] Rosenberg L, Krieger Y, Bogdanov-Berezovski A, Silberstein E, Shoham Y, Singer AJ. A novel rapid and selective enzymatic debridement agent for burn wound management: a multi-center RCT. Burns 2014;40:466–474.
[34] Winter GD. Effect of air exposure and occlusion on experimental human skin wounds. Nature 1963;200:378–379.
[35] Martin FT, O'Sullivan JB, Regan PJ, McCann J, Kelly JL. Hydrocolloid dressing in pediatric burns may decrease operative intervention rates. J Pediatr Surg 2010;45:600–605.
[36] Wasiak J, Cleland H, Campbell F, Spinks A. Dressings for superficial and partial thickness burns. Cochrane Database Syst Rev 2013;3:Cd002106.
[37] Rahmanian-Schwarz A, Beiderwieden A, Willkomm LM, Amr A, Schaller HE, Lotter O. A clinical evaluation of Biobrane((R)) and Suprathel((R)) in acute burns and reconstructive surgery. Burns 2011;37:1343–1348.
[38] Wyrzykowski D, Chrzanowska B, Czauderna P. Ten years later – scalp still a primary donor site in children. Burns 2014.
[39] Lee SM, Stewart CL, Miller CJ, Chu EY. The histopathologic Features of Integra(R) Dermal Regeneration Template. J Cutan Pathol 2015.
[40] Hur GY, Seo DK, Lee JW. Contracture of skin graft in human burns: effect of artificial dermis. Burns 2014;40:1497–1503.
[41] Sood R, Roggy DE, Zieger MJ, Nazim M, Hartman BC, Gibbs JT. A comparative study of spray keratinocytes and autologous meshed split-thickness skin graft in the treatment of acute burn injuries. Wounds 2015;27:31–40.
[42] Gravante G, Di Fede MC, Araco A, Grimaldi M, De Angelis B, Arpino A, Cervelli V, et al. A randomized trial comparing ReCell system of epidermal cells delivery versus classic skin grafts for the treatment of deep partial thickness burns. Burns 2007;33:966–972.
[43] Wood FM, Kolybaba ML, Allen P. The use of cultured epithelial autograft in the treatment of major burn injuries: a critical review of the literature. Burns 2006;32:395–401.
[44] Bottcher-Haberzeth S, Biedermann T, Klar AS, Widmer DS, Neuhaus K, Schiestl C, Meuli M, et al. Characterization of pigmented dermo-epidermal skin substitutes in a long-term in vivo assay. Exp Dermatol 2015;24:16–21.
[45] Low OW, Chong SJ, Tan BK. The enhanced total body wrap – the new frontier in dressing care for burns. Burns 2013;39:1420–1422.
[46] Kamolz LP, Lumenta DB, Parvizi D, Wiedner M, Justich I, Keck M, Pfurtscheller K, et al. Skin graft fixation in severe burns: use of topical negative pressure. Ann Burns Fire Disasters 2014;27:141–145.
[47] Lansdown AB. Silver. I: Its antibacterial properties and mechanism of action. J Wound Care 2002;11:125–130.

[48] Pfurtscheller K, Petnehazy T, Goessler W, Bubalo V, Kamolz LP, Trop M. Transdermal uptake and organ distribution of silver from two different wound dressings in rats after a burn trauma. Wound Repair Regen 2014;22:654–659.
[49] Kaehn K. Polihexanide: a safe and highly effective biocide. Skin Pharmacol Physiol 2010;23 Suppl:7–16.

Christoph Beckmann

7 Intensivmedizin bei schwerbrandverletzten Kindern

7.1 Einleitung

Pädiatrische Intensivmedizin ist eine verhältnismäßig junge Disziplin. Dies gilt umso mehr für die intensivmedizinische Behandlung schwerbrandverletzer pädiatrischer Patienten. Die ersten Schwerbrandverletzten-Zentren für Kinder in Deutschland wurden in den 80er Jahren eingerichtet. Seitdem hat sich viel geändert, sowohl was das Spektrum der behandelten Patienten, als auch was die eingesetzte Intensivtherapie angeht.

Die auf einer Schwerbrandverletzten-Intensivstation in Deutschland behandelten Kinder haben in der Regel eine verbrannte Körperoberfläche (VKO) von > 10 %. Der Anteil der Flammenverbrennungen, die im Vergleich zu Verbrühungen oft eine größere Ausdehnung und vor allem einen höheren Anteil an tief 2° und 3° Arealen haben, ist in Deutschland seit vielen Jahren rückläufig. Über die Gründe kann nur spekuliert werden. Eine Rolle spielt sicher der inzwischen gesetzlich vorgeschriebene Einsatz von Rauchmeldern, die in unseren Einzugsgebiet zu einem deutlichen Rückgang der Patienten nach Wohnungsbrand (und damit der Inhalationstraumen) geführt haben. Auch Grillunfälle nach Verwendung von Brandbeschleunigern wie Spiritus werden seltener. Die Ursachen sind nicht belegt. Präventionskampagnen und ein gestiegenes Unfall- und Risikobewusstsein können eine Rolle gespielt haben. Der überwiegende Anteil der intensivmedizinisch behandelten, brandverletzten Kinder in Deutschland sind heute Kleinkinder mit Verbrühungen, meist mit einer Ausdehnung von 10–20 % KOF, selten > 30 % KOF.

Die Mortalität in dieser Patientengruppe geht bei sachgerechter Behandlung in einem Schwerbrandverletztenzentrum gegen null.

Aber was ist die angemessene Intensivbehandlung? Die Literatur zur Intensivtherapie bei schwerbrandverletzten Kindern beschäftigt sich überwiegend mit schwersten Flammenverbrennungen > 30 % KOF, die in der 3. Welt und auch in den USA mit einem deutlich anderen Unfall-Spektrum weiterhin ein zahlenmäßig großes Problem darstellen. Die dabei gewonnenen Daten lassen sich nur sehr begrenzt auf die Kinder, die wir in Deutschland überwiegend behandeln, übertragen. Insofern ist die Behandlung unserer Patienten kaum evidenzbasiert. Es gibt zwar einen regen Austausch der SBV-Zentren im „Arbeitskreis das Schwerbrandverletzte Kind“, es gibt eine jährliche Erhebung aller in Zentren und spezialisierten Kliniken behandelten brandverletzten Patienten, aber es gibt kaum epidemiologischen Zahlen, wie viele dieser Patienten eine Ausdehnung > 10 % VKO haben und keine prospektiven Studien, die sich mit der Therapie dieser Patientengruppe beschäftigen.

Die Behandlung dieser Patienten hat sich in den letzten 10 Jahren stark verändert. Moderne Methoden der Lokaltherapie (u.a. die Folienbehandlung) haben die Zahl der erforderlichen Verbandswechsel und damit der Narkosen insbesondere in den ersten Tagen der Intensivbehandlung deutlich reduziert. Durch eine geringere Flüssigkeitszufuhr lässt sich das früher für unvermeidlich gehaltene Ödem reduzieren. Damit einher geht eine erhebliche Reduktion der Beatmungshäufigkeit und Beatmungsdauer und letztendlich eine reduzierte Aufenthaltsdauer auf der Schwerbrandverletzten-Intensivstation.

Es gibt eine Vielzahl von prospektiven Studien, insbesondere zur Flüssigkeitstherapie, die meisten davon wurden aber an Erwachsenen durchgeführt. Die konkrete Behandlung der pädiatrischen Patienten beruht deshalb neben den Vorgaben der Leitlinien auf den Erfahrungen der jeweiligen Zentren.

Dies gilt auch für die im Folgenden gemachten Behandlungsempfehlungen.

7.2 Indikationen für die Behandlung in einem Schwerbrandverletzten-Zentrum/auf einer Schwerbrandverletzten-Intensivstation

Die Indikationen für die Behandlung in einem Zentrum für schwerbrandverletzte Kinder sind in der AWMF-Leitlinie 006-128: „Behandlung thermischer Verletzungen im Kindesalter" [1] definiert.

Über Deutschland verteilt gibt es 19 Zentren für die Behandlung schwerbrandverletzter Kinder, die Vergabe der Betten wird über einen zentralen Bettennachweis koordiniert (Tel.: 040/42851-3998/-3999; s. Kap. 4.2).

Im Jahr 2014 wurden in Deutschland ca. 1700 Kinder in Schwerbrandverletzten-Zentren behandelt, das sind ca. 25% aller stationär behandelten Kinder mit thermischen Verletzungen. Die Behandlung in einem Zentrum für schwerbrandverletzte Kinder ist jedoch nicht gleichbedeutend mit der Aufnahme auf einer Intensivstation. Dies ist in der Regel nur erforderlich bei:
- Ausdehnung von ≥ 10% KOF
- ausgedehnter Gesichtsverletzung
- Inhalationstrauma

Je jünger das Kind, desto großzügiger ist die Indikation zu stellen, da insbesondere bei Säuglingen im Alter von < 6 Monaten der Flüssigkeitsbedarf oft erheblich höher und schwieriger zu kalkulieren ist, so dass hier ein besonders intensives Monitoring erforderlich ist. [2]

7.3 Aufnahme und Erstversorgung

Bei Aufnahme erfolgt die Erstversorgung im Verbrennungsbad, in der Regel in Intubationsnarkose. Mit einer Duscheinrichtung ist eine schnelle Wundreinigung möglich. Die Blasenabtragung erfolgt durch Abreiben mit trockenen, sterilen Kompressen. Bei ausgedehnteren Verbrennungen am Kopf, insbesondere, wenn diese den behaarten Kopf einbeziehen, wird das Haupthaar rasiert (niemals jedoch die Augenbrauen).

Zur genauen Einschätzung der Ausdehnung und Tiefe der Verbrennung sollte eine Photodokumentation erfolgen.

Ein doppel- bzw. 3-lumiger ZVK wird benötigt bei allen beatmeten Patienten und bei allen Verbrühungen oder Verbrennungen > 15–20% KOF. Der Zugang erfolgt in der Regel über die V. Subclavia oder V. Jugularis interna, möglichst im unverbrannten Areal, fixiert durch Naht. Insbesondere bei Säuglingen und Kleinkindern ist die Indikation großzügig zu stellen. Ein arterieller Zugang ist nur bei ausgedehnten Verbrennungen und kreislaufinstabilen Patienten erforderlich.

Zur genauen Bilanzierung der Urinausscheidung wird ein Blasenkatheter (mit Temperatursonde) gelegt, bei ausgedehnten Verbrennungen ein suprapubischer Blasenkatheter, der bei längerer Liegedauer ein geringeres Infektionsrisiko hat.

Bei Verdacht auf ein Inhalationstrauma muss eine Bronchoskopie durchgeführt werden.

Nach Abschluss der Erstversorgung kann in den meisten Fällen die Extubation erfolgen. Indikationen für eine Beatmung sind ausgedehnte, tief 2° bis 3° Verbrennungen des Gesichtes, zirkuläre Verbrennungen an Hals oder Thorax, schwerste Verbrennungen, bei denen ohne Beatmung keine ausreichende Analgosedierung möglich ist und ein gesichertes Inhalationstrauma.

Das häufig als Grund für die Notwendigkeit einer Beatmung angeführte Gesichtsödem mit Verlegung der oberen Luftwege und erschwerten Intubationsbedingungen ist insbesondere bei Verbrühungen nach unseren Erfahrungen oft Folge einer Überinfusion, die bei beatmeten Patienten aufgrund der erforderlichen tieferen Sedierung, Kreislaufinsuffizienz und nachfolgend höherer Flüssigkeitszufuhr wesentlich häufiger auftritt als unter Spontanatmung.

7.4 Verbrennungsschock

Das Verbrennungstrauma führt zur Freisetzung von Mediatoren, die eine erhöhte kapilläre Permeabilität und ein lokales Ödem hervorrufen und über eine systemische Inflammationsreaktion zur Vasodilatation führen. Durch das Kapillarleck kommt es zu einem massiven Austritt von Flüssigkeit, Elektrolyten und Protein in das Interstitium mit Abfall des kolloidosmotischen Druckes und Ausbildung eines osmotischen Gradienten, der das Ödem weiter verstärkt. Dieses Ödem erreicht sein Maximum nach ca. 24 Stunden. Durch die Verminderung des Plasmavolumens, Obstruktion der Lymphgefäße und verminderten venösen Abfluss aus dem ödematösen Gewebe kommt es zur Senkung der Vorlast, durch systemische Wirkung von Entzündungsmediatoren zu verminderter kardialer Kontraktilität und Verminderung der Auswurffraktion, was die Gewebeperfusion weiter reduziert und zum Vollbild des hypovolämischen und kardiogenen Schocks sowie zu systemischer inflammatorischer Reaktion (SIRS) und Multiorganversagen führen kann.

7.5 Flüssigkeitstherapie

Die pathophysiologischen Grundlagen der Exsikkose wurden bereits 1832 von O'Shaunessy anhand von Cholerapatienten beschrieben [3], im gleichen Jahr erfolgte die erste intravenöse Infusion von Kochsalz-Lösung durch Thomas Latta [4]. Es dauerte jedoch 100 Jahre, bis neben oraler und rektaler Rehydrierung bei Schwerbrandverletzten eine intravenöse Flüssigkeitszufuhr in der Frühphase der Therapie eingeführt wurde [5]. Hieraus entwickelten sich in den 50er und 60er Jahren des 20. Jahrhunderts die Brooke-Formel [6] (2 ml / kg KG / % VKO, initial HA 5% / Kristalloide 1 : 3; modifiziert nur Kristalloide) und die Parkland-Formel (4 ml / kg KG / % VKO Kristalloide) [7, 8].

Auch heute noch ist die Parkland-Formel die sowohl bei Kindern als auch bei Erwachsenen am meisten verbreitete Formel zur Flüssigkeitstherapie bei schwerbrandverletzten Patienten. Nach einer Umfrage von 2009 wird sie weltweit bei > 90 % aller Patienten eingesetzt [9] und wird auch in der aktuellen AWMF-Leitlinie so empfohlen:

- 4 ml / kg KG / % VKO
- davon 50 % in den ersten 8 Stunden nach dem Unfallzeitpunkt
- weitere 50 % in den folgenden 16 Stunden
- 1 ml / kg KG / % VKO an Tag 2

Trotz fehlender Datenlage besteht Konsens, dass in den ersten 24 Stunden vornehmlich Ringer-Acetat oder balancierte Kristalloide für den zusätzlichen Flüssigkeitsbedarf verwendet werden sollten. Die sogenannte physiologische Kochsalz-Lösung ist nicht physiologisch sondern kann aufgrund ihres hohen Chlorid-Gehaltes zu hyperchlorämischer Azidose, Nierenfunktionsstörung, Endothelschädigung und zusätzlicher Wasserretention führen [10].

Grundlage einer adäquaten Flüssigkeitstherapie ist eine korrekte Erfassung der verbrannten Körperoberfläche, wobei für die Berechnung des Bedarfs nur die 2° und 3° betroffenen Areale herangezogen werden. Grundlage ist ferner eine korrekte Berechnung: in vielen Arbeiten konnte gezeigt werden, das die Kalkulation oft fehlerhaft ist. Eine geringere Fehlerquote besteht bei der Verwendung von Normogrammen [11, 12, 13].

Die Steuerung der Flüssigkeitstherapie erfolgt überwiegend nach der engmaschig kontrollierten Urinausscheidung und ist bei Anzeichen eines Volumenmangels nach oben, bei Polyurie nach unten zu korrigieren.

7.5.1 Grundbedarf

Der Erhaltungsbedarf an Flüssigkeit ist bei Kindern höher als bei Erwachsenen. Aus der im Vergleich zum Körpergewicht größeren Körperoberfläche, der höheren Atemfrequenz, der geringeren renalen Konzentrationsfähigkeit und dem höheren Energieumsatz resultiert ein höherer Flüssigkeitsumsatz, der ausgeglichen werden muss [14].

Die Berechnung des Grundbedarfes erfolgt am einfachsten nach der seit über 60 Jahren verwendeten Formel von Holliday & Segar [15]:

- 100 ml / kg für die ersten 10 kg Körpergewicht (KG)
- 50 ml / kg für jedes kg zwischen 10 und 20 kg KG
- 20 ml / kg für jedes kg über 20 kg KG

Ein ähnliches Ergebnis hat die präklinisch oft verwendete 4 / 2 / 1 Regel:

- 4 ml / kg / h für die ersten 10 kg Körpergewicht
- 2 ml / kg / h für jedes kg zwischen 10 und 20 kg KG
- 1 ml / kg / h für jedes kg über 20 kg KG

Da initial aufgrund des posttraumatischen Stresses oft eine Hyperglykämie besteht, kann auch der Grundbedarf unter regelmäßiger BZ-Kontrolle mit balancierten Vollelektrolytlösungen gedeckt werden. Falls kein frühzeitiger Beginn einer oralen Ernährung möglich ist, kann eine Vollelektrolytlösung mit 5 % Glucose-Zusatz verwendet werden. Zu beachten ist der erhöhte Kalium-Bedarf von meist 2–4 mmol/kg KG/d.

Nahrung und orale Flüssigkeitszufuhr wird von Beginn an (also in der Regel nach Abschluss der Erstversorgung) auf den Grundbedarf angerechnet, sonst besteht die Gefahr einer Überinfusion.

7.5.2 Fluid Creep

In der großen Baxter Studie 1978 ist bemerkenswert, dass von > 500 pädiatrischen Patienten 98% mit dem Parkland-Schema adäquat infundiert waren [16]. In den letzten 15 Jahren häufen sich jedoch die Beobachtungen, dass das infundierte Volumen deutlich zugenommen hat. Für dieses Phänomen hat Basil Pruit in einem Kommentar zum abdominellen Kompartment-Syndrom bei Überinfusion von Schwerbrandverletzten den Begriff des „fluid creep" geprägt [17]. Das abdominelle Kompartment-Syndrom tritt bei beatmeten Erwachsenen mit schweren Verbrennungen mit einer Inzidenz von bis zu 28% auf [18], bei Kindern jedoch nur selten. Eine Überinfusion mit Infusionsmengen über die Vorgaben des Parkland-Schemas hinaus sind in vielen Studien beschrieben. In einer retrospektiven Analyse aus Seattle ist das durchschnittlich infundierte Volumen während der ersten 24 Stunden von 1974–2006 um ca. 40% gestiegen [19], in einer matched-pair Analyse aus dem gleichen Zentrum sogar um > 100% [20]. Gleichzeitig hat sich der Gebrauch von Opioiden mehr als versechsfacht [21]. Auch in anderen Studien war die Flüssigkeitszufuhr korreliert mit Beatmung und der Menge an Opioiden [22]. In Dallas erhielten die Patienten ebenfalls 50% mehr an Volumen als die Parkland-Formel vorsieht, dabei waren 49% der Patienten polyurisch [23]. In einer Arbeit aus Toronto, die die Jahre 2000–2008 umfasst (also in Kenntnis des Problems) zeigt sich keine wesentliche Änderung des infundierten Volumens (im Mittel 6,3 ml/kg/%VKO). Als Ursache wird eine mangelhafte Reduktion der Zufuhr bei Polyurie gesehen und die Tatsache, dass in den 4,5 Stunden vor der Aufnahme im Zentrum schon fast 40% der empfohlenen Tagesmenge infundiert waren [24]. In einer Studie des US-Militärs, bei der den erstbehandelnden Kollegen freigestellt war, ob sie ihre Patienten nach modifizierter Brooke- (2 ml/kg/%VKO) oder Parkland-Formel (4 ml/kg/%VKO) infundieren wollten, lag das in den ersten 24 Stunden infundierte Volumen bei Anwendung von Brooke mit 3,8 ml/kg/%VKO zwar niedriger als die Parkland-Formel, interessanterweise aber um die gleiche Menge über der Formel (1,8 ml vs. 1,9 ml) wie bei Patienten, die nach Parkland mit 4 ml infundiert werden sollten und 5,9 ml/kg/%VKO erhielten [25].

Die bislang existierenden Daten betreffen jedoch überwiegend Erwachsene mit ausgedehnten Verbrennungen, zum Fluid Creep bei Kindern gibt es nur Einzelfall-Beschreibungen bei Verbrennungen, keine Daten hingegen zu der in Deutschland größten Gruppe von Verbrühungen mittlerer Ausdehnung. Eine retrospektive Analyse der Patienten im Wilhelmstift 2007–2013 (57 Verbrühungen mit VKO ≥ 15%/Aufnahme < 4 h nach Unfall) zeigt jedoch die gleiche Tendenz: die effektiv gegebene Menge an Kristalloiden lag um 30% über der berechneten Menge, dabei waren 2/3 der Patienten polyurisch. Beatmete Patienten erhielten 2 ml/kg/% VKO mehr an Flüssigkeit als nicht beatmete Patienten. Dies war zurückzuführen auf die unter Beatmung und Analgosedierung mit Morphin und Midazolam deutlich niedrigeren Blutdruckwerte, auf die regelmäßig mit Erhöhung der Flüssigkeitszufuhr reagiert wurde.

Die zugeführte Flüssigkeit ließ sich deutlich reduzieren, als der Verbrennungszuschlag von 5 ml/kg/%VKO auf 3 ml/kg/% VKO reduziert wurde.

7.5.3 Steuerung der Flüssigkeitszufuhr und hämodynamisches Monitoring

Dass schwerbrandverletzte Patienten mehr Flüssigkeit brauchen, ist aufgrund der Flüssigkeitsverluste über die Wunden, der Endothelschädigung mit Flüssigkeitsverlust in den extravasalen Raum und der Verringerung des zirkulierenden Volumens unumstritten. Wie viel Flüssigkeit gegeben werden sollte, ist jedoch unklar. Der gegenwärtig weltweit praktizierte und auch in der AWMF-Leitlinie empfohlene Zuschlag von 4 ml/kg/%VKO ist ein Ausgangspunkt für die Flüssigkeitssubstitution, der rasch und engmaschig an die individuellen Bedürfnisse angepasst werden muss. Auch ein Beginn mit 3 ml/kg/ %VKO erscheint nach unseren Erfahrungen bei den in Deutschland überwiegend behandelten Verbrühungen mit einer VKO zwischen 10% und 30% vertretbar. In einer englischen Studie wurde bei Verbrühungen zwischen 10 und 20% VKO ein noch niedrigerer Zuschlag von 2 ml/kg/%VKO ohne negative Auswirkungen praktiziert [26]. Junge Säuglinge, Kinder mit ausgedehnten Flammenverbrennungen oder mit einem Inhalationstrauma benötigen in den ersten 24 Stunden jedoch häufig mehr Flüssigkeit.

Wie sollte die Flüssigkeitszufuhr in den ersten Tagen gesteuert werden? Unverzichtbares Monitoring sind eine engmaschige (initial mindestens 2 stündliche) Messung der Urinausscheidung über einen Blasen-Katheter, engmaschige Puls- und Blutdruckkontrollen (bei beatmeten Patienten und einer Ausdehnung > 20% VKO vorzugsweise über arterielle Messung), Gewichtskontrolle (bei beatmeten Patienten mittels einer Bettenwaage) sowie eine engmaschige Kontrolle von HKT, BGA und zentralvenöser Sättigung.

Dabei orientiert sich die Flüssigkeitszufuhr in der Regel an der Urinausscheidung, die bei Säuglingen und Kleinkindern bis zum 6. Lebensjahr 1–2 ml/kg/h betragen sollte, bei Schulkindern 0,5–1 ml/kg/h. Bei Unterschreiten der Grenzen sollte die Flüssigkeitszufuhr um 10 (– 20)% gesteigert werden, bei einer Polyurie oberhalb der genannten Grenzwerte aber genauso reduziert werden. Um zu rasche Änderungen des zugeführten Volumens zu vermeiden erfolgt die Reduktion alle 2 Stunden. Es ist nicht nur unsere Erfahrung, dass auch bei klaren Vorgaben zur Steuerung die Bereitschaft, die zugeführte Flüssigkeit nach unten zu korrigieren, oft geringer ist als die eine Steigerung der Zufuhr vorzunehmen. Dies zeigt auch eine Studie, in der mittels eines Computer-basierten Algorhythmus der menschliche Faktor reduziert wurde, und damit bei geringerer Zufuhr von Kristalloiden bei einem höheren Prozentsatz der Patienten die gesetzten Ziele der Urinausscheidung erreicht wurden [27].

Die Steuerung der Flüssigkeitszufuhr nach der Urinausscheidung ist pragmatisch und bei Brandverletzungen < 20 (–30)% VKO meist ausreichend. Bei ausgedehnteren Verbrennungen ist bei einer Steuerung der Flüssigkeitszufuhr über indirekte Messung des Herzzeitvolumens mittels PiCCO eine Kreislaufstabilisierung unter geringerer Flüssigkeitszufuhr bei adäquater Urinausscheidung zu erzielen [28]. Diese Vorteile werden aber nicht in allen Studien gesehen: bei Erwachsenen mit VKO > 20% zeigte zielorientierte Flüssigkeitstherapie mittels Thermodilution im Vergleich zur klassischer Flüssigkeitstherapie nach Parkland eine höhere Flüssigkeitszufuhr in den ersten 24 Stunden, dabei jedoch keinen signifikanten Einfluss auf Vorlast, Auswurffraktion, Mortalität oder Morbidität [29].

Der Blutdruck ist zur Steuerung der Flüssigkeitszufuhr problematisch. Die peripher gemessenen Werte sind ungenau und vielen Störfaktoren unterworfen (falsche Manschettengröße, falsch niedrige Werte bei ödematösen Extremitäten). Auch bei arterieller Messung manifestiert sich eine Hypovolämie erst spät und nicht alle hypotonen Blutdruckwerte sind auf eine Hypovolämie zurückzuführen. Es gibt zudem keine gesicherten Daten, welche Blutdruckwerte bei brandverletzten Kindern erforderlich sind. Angestrebt wird ein arterieller Mitteldruck (MAD) der eine ausreichende Organdurchblutung gewährleistet. Bei Erwachsenen kommt es bei einem Abfall des cerebralen Perfusionsdruckes < 55 mmHG entsprechend einem MAD < 60 mmHG zu einem deutlichen Abfall der cerebralen Perfusion [30], ein intraoperativer Abfall des MAD < 55 mmHG ist mit einem um 50 % erhöhten Risiko eines Nierenversagens assoziiert [31]. Diese Werte entsprechen der 5. Perzentile des MAD. Validierte Normwerte für den MAD bei Kindern gibt es jedoch nicht. Rechnerische Richtwerte gibt es in der Arbeit von Haque & Zaritsky, die als Formel für die 5. Perzentile des MAD bei Kindern (40 + 1,5 × Alter) angeben, also Werte zwischen ca. 40 mmHG bei 1-Jährigen und 55 mmHG bei 10-Jährigen [32]. Die aktuelle Leitlinie des European Resuscitation Council (ERC) empfiehlt für pädiatrische Intensivpatienten den systolischen Druck über der altersentsprechenden 5. Perzentile zu halten [33], d.h. mit 1 Jahr 70 mmHG, vom 2. bis zum 10. Lebensjahr 70 + (Alter × 2), ab dem 11. Lebensjahr 90 mmHG.

Dies sind, sowohl was den MAD als auch was den systolischen Druck angeht, deutlich niedrigere Grenzwerte, als sie in der alltäglichen Praxis auf Intensivstationen oft verwendet werden. Es erscheint vertretbar bei Kleinkindern einen MAD von 50 mmHG und bei Schulkindern einen MAD von 60 mmHG zu tolerieren um eine Überinfusion zu vermeiden.

Zu beachten ist, dass bei beatmeten Patienten die MAD-Werte aufgrund der erforderlichen Sedierung deutlich niedriger liegen als bei nicht beatmeten. Wenn dann unkritisch die Flüssigkeitszufuhr erhöht wird, kann dies zu vermehrter Flüssigkeitseinlagerung bis hin zum Lungenödem führen. Unabhängig von thermischen Traumen konnte in einer 2012 erschienenen Arbeit bei beatmeten pädiatrischen Intensivpatienten gezeigt werden, dass nach der initialen Stabilisierung eine positive Flüssigkeitsbilanz mit schlechterem Oxygenierungsindex, längerer Beatmung und längerem Intensivaufenthalt korreliert war [34]. Dieses Risiko ist bei schwerbrandverletzten Patienten als besonders hoch einzuschätzen.

7.5.4 Hydroxyethylstärke (HAES)

Die COCHRANE Analyse von 2013 spricht eine klare Empfehlung gegen HAES zum Volumenersatz wegen des erhöhten Risikos für die Notwendigkeit einer Nierenersatztherapie sowohl bei septischen als auch bei nicht septischen Patienten aus [35]. Dies führte im Oktober 2013 zu der Entscheidung der European Medicines Agency (EMA), dass HAES bei Intensivpatienten einschließlich brandverletzter Patienten nicht mehr eingesetzt werden darf [36]. Bei Kindern mit guter Nierenfunktion ist das Risiko sicher niedriger anzusetzen, in einer Meta-Analyse pädiatrischer Studien findet sich aber auch ein (nicht signifikanter) Trend zu einer Verschlechterung der Nierenfunktion bei Einsatz von HAES [37]. Neben unerwünschten Wirkungen ist aber auch der positive Effekt von HAES fraglich: so fand sich in einer doppelblind durchgeführten Studie kein positiver Einfluss einer Basisinfusion von HAES 1:2 mit Ringer-

Lactat im Vergleich zu reinem Ringer-Lactat während der ersten 3 Tage, auch nicht auf das infundierte Volumen [38].

Seit 2013 haben wir HAES nicht mehr eingesetzt.

7.5.5 Humanalbumin (HA)

Obwohl es aufgrund der erhöhten Gefäßpermeabilität in den ersten 24 Stunden immer zu einem Abfall des Humanalbumin im Serum kommt, ist die Datenlage sowohl bezüglich einer Flüssigkeitssubstitution mit HA am ersten Tag als auch zur Substitution bei Hypalbuminämie im Verlauf unsicher. In den großen Studien zum Einsatz von HA vs. Kristalloide bei Erwachsenen (SAFE [39]) und zum Vergleich verschiedener Kolloide vs. Kristalloide (CRISTAL [40]) fand sich kein positiver Einfluss auf Mortalität, Beatmungsdauer und Organversagen. Die aktuellen COCHRANE Analysen geben deshalb keine Empfehlung zum Einsatz von Kolloiden bei Schock, Trauma oder Verbrennungen [41] und sehen keine niedrigere Mortalität beim Einsatz von Albumin bei Hypovolämie, auch nicht bei Verbrennungen [42]. In einer Studie zum Einsatz von HA bei Serum-Werten < 20 g/l bei Erwachsenen mit VKO ≥ 20% fand sich kein positiver Einfluss auf Mortalität, Wundheilung oder Beatmungsdauer [43].

Aber es gibt in großen Metaanalysen zum Einsatz von HA bei Sepsis im Gegensatz zu HAES auch keine Hinweise, dass dieses schädlich sei [44]. Und es gibt eine matched pair Studie zum Vergleich von Patienten, die aufgrund eines hohen Flüssigkeitsbedarfes in der Initialphase Albumin erhalten haben mit Patienten, die nur mit Kristalloiden infundiert wurden. Dabei war die Mortalität in der Albumin-Gruppe nicht erhöht, obwohl bei diesen Patienten aufgrund eines deutlich höheren Flüssigkeitsbedarfes und höheren Anteils an Inhalationstraumen ein erhöhtes Mortalitätsrisiko zu erwarten gewesen wäre [45].

Ferner lässt sich sowohl bei erwachsenen Patienten ≥ 20% VKO als auch bei pädiatrischen Patienten ≥ 15% VKO mit hohem Flüssigkeitsbedarf das Verhältnis von zugeführter Flüssigkeit zu ausgeschiedenem Urin verbessern und somit Flüssigkeit einsparen, wenn ein Teil der Kristalloide durch HA ersetzt wird [46, 47]. Durch Ersatz von 1/3 des infundierten Volumens durch HA 5% bei Patienten, deren nach dem Verlauf der ersten 12 Stunden erwartete Zufuhr in 24 h > 6 ml/kg/%VKO lag, konnte bei retrospektiver Analyse sowohl die Beatmungsdauer als auch die Mortalität gesenkt werden [48].

Bei < 20% VKO ist die Flüssigkeitstherapie in der Regel ohne Einsatz von Albumin möglich. Bei > 20% VKO oder bei einem Abfall des Albumin < 25 g/l substituieren wir Albumin ab Beginn des 2. Tages. Wenn im Verlauf der ersten 24 Stunden sich ein exzessiver Flüssigkeitsbedarf abzeichnet, kann auch der Einsatz von Albumin schon während der ersten 24 Stunden erwogen werden.

7.5.6 Erythrozytenkonzentrat/Frischplasma

Eine evidenzbasierte Transfusionsgrenze existiert nicht. In einer Umfrage 2004 lag die durchschnittliche Transfusionsgrenze bei Brandverletzten bei einem Hämoglobin (Hb) von 8,1 g/dl (± 1,7) [49]. Eine retrospektive Analyse zu restriktiver Transfusionsindikation (Grenze

Hb 7 g/dl vs. 10 g/dl) zeigte keine negativen Auswirkungen der niedrigeren Transfusionsgrenze bei Reduktion der Zahl an transfundierten Erythrozytenkonzentraten um 40 % [50]. Unsere Transfusionsgrenze liegt bei einem Hb von 7–8 g/dl, bei beatmeten Kindern mit O_2-Bedarf oder perioperativ bei 9–10 g/dl, da sonst bei Eingriffen mit starkem Blutverlust das Risiko eines zu starken Abfalls besteht.

Frischplasma wird bei pathologischen Gerinnungswerten transfundiert, vor allem bei erniedrigtem Fibrinogen oder bei intraoperativen Transfusionen im Verhältnis 1 FFP/2 EK.

7.5.7 Katecholamine

Bei Verbrühungen < 20 % VKO sind Katecholamine fast nie erforderlich, höchstens aufgrund einer Kreislaufinsuffizienz als Nebenwirkung der zur Beatmung erforderlichen Analgosedierung. Wenn Katecholamine erforderlich sind, gibt es regionale Unterschiede in der Wahl der positiv inotropen Substanzen. In den USA erfolgt die Therapie überwiegend mit Dopamin und als Vasopressor Noradrenalin, in Deutschland wird überwiegend Dobutamin (3–15 µg/kg/min) und Adrenalin (0,01–0,2 µg/kg/min) eingesetzt. Bei höher dosierter Adrenalin-Therapie oder Noradrenalin besteht die Sorge, dass die über α1-Rezeptoren vermittelte peripher vasokonstriktorische Wirkung die Minderperfusion der verbrannten Areale verstärken könnte. Noradrenalin wird überwiegend im volumenrefraktären Schock ohne Zentralisierung eingesetzt.

Die Steuerung einer Katecholamintherapie sollte idealerweise durch echokardiographische Kontrolle erfolgen, nur ist dies bei Verbänden am Thorax technisch oft nicht durchführbar. Bei der Entscheidung, ob eine positiv inotrope oder vasokonstriktorische Therapie erforderlich ist oder ob ein Volumenmangel vorliegt, kann die Pulskonturvarianz bei In- und Exspiration (variabel bei Volumenmangel) weiterhelfen, ein steigender ZVD zeigt eine Überwässerung und ein drohendes Lungenödem erst sehr spät an.

Wenn Vasopressoren erforderlich sind konnte in einer kleinen Placebo-kontrollierten Studie bei Erwachsenen mit VKO > 30 % gezeigt werden, dass sich in Analogie zum septischen Schock durch Gabe von Hydrocortison Dauer und Dosis der Noradrenalin-Therapie deutlich reduzieren ließen [51].

7.6 Beatmung

Grundsätzlich ist die Behandlung schwerbrandverletzter Patienten viel einfacher, wenn eine Beatmung vermieden wird. Dies ist auch bei ausgedehnten Verbrühungen und oberflächlichen Verbrennungen im Gesicht möglich, wenn durch eine konsequente, möglichst knappe Flüssigkeitstherapie das lokale Ödem kontrolliert wird. Die Beatmungsquote (> 24 h) konnte bei unseren Patienten mit 10–20 % VKO und Beteiligung des Gesichtes auf unter 10 % gesenkt werden, > 20 % VKO beträgt sie immer noch 50 %. Da unter Beatmung in der Regel eine höhere Flüssigkeitszufuhr erfolgt, ist damit zu rechnen, dass die Beatmung (wenn nicht binnen 24 h beendet) über ca. 5 Tage fortgeführt werden muss.

Wenn eine Beatmung erforderlich ist kann die Tubusgröße für ungeblockte Tuben nach der Faustregel (Alter / 4 + 4 mm = Innendurchmesser) errechnet werden (1 Jahr: ID 4 mm /

2 Jahre ID 4,5 mm / 4 Jahre ID 5mm / 6 Jahre ID 5,5 mm / 8 Jahre ID 6 mm). Da nach unseren Erfahrungen bei Brandverletzten das Risiko einer Glottisstenose oder subglottischen Stenose vermutlich aufgrund eines Schleimhautödems erhöht ist, sollten geblockte Microcuff-Tuben 0,5 mm kleiner als die ungeblockten Tuben verwendet werden. Die Intubation erfolgt nasal, der Tubus wird mit einem Schaumstoff-Band fixiert.

Ausgangs-Einstellung der Beatmung ist eine volumenkontrollierte, synchronisierte Beatmung:
- altersphysiologische Atemfrequenz (Schulkinder 15 / Kleinkinder 20 / Säuglinge 25–30/min)
- AZV 6–**8**–10 ml/kg
- PEEP 4–**6**–8
- TI : TE ca. 1 : 3

Die Steuerung der Beatmung erfolgt über SO_2, endexspiratorisches CO_2 und arterielle BGA.

7.6.1 Inhalationstrauma

Die Mortalität auch bei schwersten Brandverletzungen ist in den vergangenen 30 Jahren erheblich gesunken. Einen Anhalt können die Zahlen aus Galveston liefern, wo bei 952 Patienten mit VKO > 30% in den Jahren 1998-2008 die Mortalität bei 30–49% VKO 2,7%, bei 50–69% VKO 10,9%, bei 70–89% VKO 28,7% betrug und erst bei > 90% VKO mehr als die Hälfte der Kinder verstarben [52]. Ein wesentlicher Risikofaktor ist dabei das Vorliegen eines Inhalationstraumas, das bei Erwachsenen das Mortalitätsrisiko verdoppelt [53],

bei Kindern in einer älteren Studie sogar um den Faktor 4 erhöhte [54].

Zahlen zur Inzidenz bei Kindern in Deutschland existieren nicht, bei unseren Patienten liegt die Inzidenz eines bronchoskopisch nachgewiesenen Inhalationstraumas bei Flammen-Verbrennungen jedoch deutlich unter 10%, ist somit erheblich geringer als in den USA und in den letzten Jahren zudem deutlich rückläufig.

Ein Inhalationstrauma kann bei Verpuffung, Explosionen oder Brand in geschlossenen Räumen entstehen, wobei die direkte Hitzeeinwirkung überwiegend die oberen Atemwege betrifft. Subglottisch wird die Schädigung durch inhalierte Gase und Ruß verursacht. Durch die Schädigung des Bronchialepithels und massive Steigerung des pulmonalen Blutflusses kommt es zur Flüssigkeitsverschiebung in die Alveolen, zu Atelektasen, Pneumonie, Lungenödem und ARDS [55]. Bei V.a. ein Inhalationstrauma sollte eine Bronchoskopie durchgeführt werden, die Korrelation zwischen dem bronchoskopischem Schweregrad und der Entwicklung eines ARDS ist jedoch gering [56].

Eine sicher evidenzbasierte Beatmungsstrategie beim Inhalationstrauma gibt es nicht, der gegenwärtige Konsens ist eine lungenprotektive Beatmung mit hohem PEEP, niedrigen Zugvolumina und permissiver Hyperkapnie, evtl. Hochfrequenzoszillation, als ultima Ratio ECMO-Therapie [57].

Neben der pulmonalen Schädigung muss nach Brand in geschlossenen Räumen immer die Möglichkeit einer **CO-Intoxikation** bedacht werden. Dabei korrelieren die klinischen Symptome nicht mit dem gemessenen COHb [58]. Auch eine Berechnung des initialen COHb aus den bei Aufnahme gemessenen Werten ist unsicher, da die Eliminations-Halbwertszeit bei Patienten unter einem FiO_2 von 1,0 bei einem Mittelwert von 74 min (± 25 min) eine große Varianz (26–148 min) zeigt [59]. Um eine möglichst rasche Elimination zu erzielen, muss die Beatmung immer mit einem FiO_2 von 1,0 erfolgen.

7.7 Analgesie

Ziel der Analgosedierung sind Ausschaltung der behandlungsbedingten Schmerzen und Linderung des Hintergrundschmerzes, der unabhängig von schmerzhaften Prozeduren vor allem in der Phase der Initialtherapie besteht. Dazu gehören Anxiolyse, Abschirmung vegetativer Reaktionen, Toleranz der Lagerungsbehandlung und einer eventuell erforderlichen Beatmung.

Die Schmerzerfassung erfolgt über Schmerzscores. Bei Kleinkindern hat sich die KUSS-Skala (Kindliche Unbehagens- und Schmerz-Skala) bewährt. Ab einem Alter von 4–5 Jahren kann die Gesichter-Skala der IASP verwendet werden.

Dabei ist es oft schwierig die Balance zwischen adäquater Analgosedierung und einer Übertherapie zu finden, vor allem wenn die Möglichkeiten einer nichtpharmakologischen Analgesie und Anxiolyse nicht ausgeschöpft werden. Am wichtigsten ist die Schaffung einer möglichst angstfreien Umgebung, auch auf einer Intensivstation. Dies ist nur zu erreichen über eine großzügige Anwesenheitsregelung für die Eltern, am besten im Rahmen einer Mitaufnahme der Mutter, die bei geschlossener Wundbehandlung ohne Beatmung auch auf der Intensivstation möglich und erstrebenswert ist. Es konnte gezeigt werden, dass bei Kindern mit Brandverletzungen die Trennungsangst nicht nur die Schmerzwahrnehmung beeinflusst, sondern später auch mit dem Auftreten eines post-traumatische Stress-Syndroms (PTSD) korreliert [60].

Bei der pharmakologischen Analgosedierung kommt ein Stufenschema zur Behandlung des Basisschmerzes zur Anwendung, wobei in der Initialphase, die sowohl für die Kinder als auch für ihre Eltern stark angstbesetzt ist, eine großzügige Analgosedierung erforderlich ist. Dabei darf keine übertriebene Scheu vor dem Einsatz von Opiaten bestehen, sonst besteht die Gefahr, dass angst- und schmerzvoll erlebte Triggersituationen während des stationären Aufenthaltes längerfristig angstauslösend erlebt werden und langfristig es zur Ausbildung eines PTSD kommt. Dies ist sowohl bei Kleinkindern als auch bei größeren Kindern mit Brandverletzungen korreliert mit einem geringeren Opiatgebrauch in der klinischen Behandlungsphase [61, 62].

Das Stufenschema zur medikamentösen Schmerzbehandlung ist in den meisten Kliniken standardisiert.

Basismedikation sind nicht-steroidale Antiphlogistika, wobei Ibuprofen wegen der besseren analgetischen Wirkung und größeren therapeutischen Breite das Paracetamol weitgehend abgelöst hat. Ibuprofen hemmt wie alle nicht-selektiven NSAIDs die Cyclooxygenase-Typ-I und -II, unter kurzzeitiger Therapie (weniger als sieben Tage) treten gastrointestinale Schleimhautschäden und eine Nephrotoxizität selten auf. Einziger Nachteil gegenüber Paracetamol ist, dass Ibuprofen unter 6 Monaten nicht zugelassen ist. In dieser Altersgruppe kommt Paracetamol in Frage, das wegen der schwer zu kalkulierenden rektalen Resorption besser intravenös gegeben wird [63].

Falls Ibuprofen nicht ausreichend ist hat die zusätzliche Gabe von Metamizol eine höhere analgetische Potenz. Metamizol sollte wegen eines möglichen Blutdruckabfalls intravenös als Dauerinfusion gegeben werden.

Wenn nicht-steroidale Analgetika nicht ausreichend sind, kommen zusätzlich zur Basismedikation Opioide zum Einsatz. Die geringste Potenz hat dabei Tramadol, das nicht BTM-pflichtig ist und oral oder als Dauerinfusion auch auf peripheren Stationen eingesetzt werden kann, als Nebenwirkung aber auch zu Atemdepression führen kann. Ein anderes, nicht BTM-pflichtiges Opioid, das aufgrund seiner antagonisierenden Wirkung am μ-Rezeptor nicht atemdepressiv wirkt, ist Nalbuphin, das in Deutschland aber erst ab 18 Monaten zugelassen ist [64].

Von den stärkeren Opioiden finden in Deutschland am häufigsten Morphin, Piritramid und Fentanyl Verwendung, wobei ab einem Alter von 6–8 Jahren bei nicht beatmeten Patienten die Gabe als Patienten-Kontrollierte Analgesie (PCA) vorzuziehen ist. Die erforderliche Dosis muss wegen der atemdepressiven Wirkung aller Opiate titriert und im Verlauf angepasst werden. Die unvermeidliche Toleranzentwicklung tritt bei Kindern in der Regel schneller ein als bei Erwachsenen [65].

Bei beatmeten Patienten ist eine Analgosedierung über Dauerinfusionen erforderlich, wobei in der Regel eine Kombination aus Opioid und Benzodiazepinen gegeben wird. Im Vergleich zu Morphin hat Fentanyl die 100-fache analgetische Potenz bei vergleichbarer Halbwertszeit und aufgrund der geringeren Histaminausschüttung geringere Nebenwirkungen bezüglich Hypotension. Noch 5-fach höher ist die Potenz von Sufentanil, das aufgrund niedrigerer kontextsensitiver Halbwertszeit und guter hämodynamischer Stabilität in der Intensivmedizin bei Erwachsenen zunehmend auch zur Langzeit-Analgosedierung eingesetzt wird, bei Kindern aufgrund fehlender Studien aber eher zur prozeduralen Analgesie [66].

Zusätzlich oder alternativ zu Benzodiazepinen kann auch Clonidin gegeben werden, das in einer 2014 publizierten Studie identische sedierende Wirkung zeigte wie Midazolam [67]. Wir setzen Clonidin seit vielen Jahren routinemäßig bei beatmeten Patienten unter Morphin-Analgesie ein und führen die Medikation zur Behandlung des Opiat-Entzugssyndromes über die Beendigung der Opiat-Therapie fort. Dies hat zu einer erheblichen Reduktion des Opiat-Bedarfes geführt. Zu beachten ist ein Rebound-Effekt bei zu rascher Reduktion. Obwohl Clonidin in den letzten 10 Jahren auch in der kinderanaesthesiologischen Praxis zunehmend Verwendung findet, gibt es aber Einzelfallbeschreibungen und Pilotstudien noch wenig Daten zum routinemäßigen Einsatz bei beatmeten pädiatrischen Patienten [68].

Unabhängig von den Schmerzen ist quälender Juckreiz oft ein Problem, sowohl in der Intensivphase, als auch lange darüber hinaus. Wenn der Juckreiz mit den üblicherweise gegebenen H1-Antihistaminika (Cetirizin) nicht zu beherrschen ist, haben wir in den vergangenen Jahren oft Gabapentin eingesetzt, das nach einschleichender Aufdosierung in Studien bei Erwachsenen deutlich wirksamer ist als die Antihistaminika und daneben auch eine analgetische Wirkung vor allem bei neuropathischen Schmerzen besitzt [69–71].

Tab. 7.1: Analogsedierung Medikamente.

Medimkament	Applikation	Dosis (in mg/kg ED)	Dosis-intervall	Besonderheiten	Tages-Höchstdosis (THD; in mg/kg/d)
Ibuprofen	p.o. / rectal	10	8 h	Nicht > 7 Tage	30–40
Paracetamol	p.o. / rectal	15	6 h		< 1 Jahr 60 / 1–6 Jahre 75 / > 6 Jahre 90
	i.v.	15	6 h	i.v. ED < 1 Jahr 7,5 mg	< 1 Jahr 30 / sonst 60
Metamizol	p.o. / i.v. KI	10–15	4 h–6 h	ab 3 Monate	60–75
	DTI	2,5 mg/kg/h		Start mit Bolus 15 mg/kg	60–75
Tramadol	p.o.	1,0	4–8 h	Non-Responder	
Nalbuphin	i.v.	0,1–0,2	3–6 h	nicht atemdepressiv, nicht BTM-pflichtig, ab 18 Mon.	2 mg/kg/d
	DTI	0,1 mg/kg/h		nicht kombiniert mit anderen Opioiden (μ-Antagonist)	
Piritramid	i.v. KI	0,05–0,1	4–8 h	PCA 0,02 mg/kg ED	PCA 4 h max: 10 ED
Morphin	i.v. KI	0,05–0,1	4–8 h	PCA 0,02 mg/kg ED	PCA 4 h max: 10 ED
	DTI	0,01–0,02 mg/kg/h		unter Spontan-atmung	
	DTI	0,05–0,2 (–0,3) mg/kg/h		unter Beatmung	
Fentanyl	Nasal MAD	1,5–2 μg/kg		Wirkungseintritt 6–8 min	
	i.v.	1 μg/kg	4 h		
	DTI	0,5–5,0 μg/kg/h		unter Beatmung	
Midazolam	Nasal MAD	0,2–0,4		3–5 min nach Ketanest	
	i.v.	0,1–0,2		Erhalt 0,1 mg/kg	
	DTI	0,05–0,2 mg/kg/h		unter Beatmung	
Clonidin	Nasal MAD	2 μg/kg			
	p.o.	4 μg/kg	6–8 h	Entzugstherapie: Dosis angepasst an vorherige i.v.-Dosis, Bioverfügbarkeit oral ca. 50 %	
	DTI	0,5–1,0–3,0 μg/kg/h			
S-Ketamin	Nasal MAD	1,0–2,0			
	p.o.	2,0–4,0			

Tab. 7.1: (fortgesetzt)

Medimkament	Applikation	Dosis (in mg/kg ED)	Dosis-intervall	Besonderheiten	Tages-Höchstdosis (THD; in mg/kg/d)
	i.v.	1,0–2,0		Erhalt 0,5–1,0 mg/kg	
	DTI	0,05–2,0 mg/kg/h		Blutdrucksteigernd	
Gabapentin	p.o.	5–15	8–12 h	bei Juckreiz und neuropath. Schmerzen	50 mg/kg/d

(nach Zernikow (66) / Jöhr (68) / APA Jester [72] / Borland [73] / Hansen [74] / Schulz (67) / Landsleitner [75])

7.8 Ernährung

Bei Erwachsenen gibt es klare Empfehlungen möglichst frühzeitig mit enteraler Ernährung zu beginnen, was nachweislich zu einer geringeren Ausschüttung der Stresshormone und höherer Produktion von Immunglobulinen führt und gleichzeitig das Kachexie-Risiko mindert [76]. Bei Kindern verbietet sich eigentlich die Frage nach enteraler Ernährung: orale Ernährung ist von essentieller Bedeutung für das Wohlbefinden des Kindes, insofern sollte möglichst frühzeitig (2–4 Stunden nach der Erstversorgung) eine altersentsprechende Nahrung gegeben werden:

- gestillte Säuglinge erhalten Muttermilch ad libitum
- Formula-ernährte Säuglinge erhalten adaptierte Säuglingsmilch
- Kleinkinder erhalten Vollmilch (max. 1 Liter/Tag) und Wunschkost
- Schulkinder erhalten Wunschkost

Damit kann bei Brandverletzungen unter 20% VKO nach Abschluss der Rehydrierung der Kalorienbedarf in der Regel gedeckt werden. Wenn aufgrund einer ausgedehnten oder tiefen Verbrennung des Gesichts eine orale Ernährung nicht möglich oder die Trinkmenge nicht ausreichend ist, erfolgt die Ernährung über eine Magensonde. Zur Vermeidung einer Überwässerung ist die orale Nahrung von Beginn an auf den Grundbedarf anzurechnen.

7.8.1 Metabolisches Syndrom und Kalorienbedarf von Schwerstbrandverletzten

Während die adäquate Kalorienzufuhr bei den meisten Verbrühungen einfach zu erzielen ist, besteht bei Schwerstbrandverletzten mit einer VKO > 40% ein metabolisches Syndrom mit massiv erhöhtem Grundumsatz, der die adäquate Ernährung schwierig macht. Im Anschluss an das Verbrennungstrauma kommt es zu einer neuroendokrinologischen Reaktion mit Anstieg der endogenen Katecholaminspiegel bis zum 20-fachen des Normalwertes, Anstieg von Insulin, Cortisol und Glukagon und zu einer inflammatorischer Reaktion mit Anstieg der Cytokine, freien Radikale und Akute-Phase-Proteine. Im Fettgewebe kommt es zur Lipolyse, im Muskelgewebe zur Proteolyse, in der Leber zu Glykolyse und Glykogenolyse, da der erhöhte Grundumsatz anders nicht gedeckt werden kann. Die vermehrte Harnstoff-Synthese führt zu Harnstoff-Verlusten über die Niere. Die Folge ist ein massiver Katabolismus mit Abbau des Körperfetts und der Muskelmasse. Dieses metabolische Syndrom kann bis zu 2 Jahre nach dem Verbrennungstrauma anhalten. Wesentliche Forschung zum metabolischen Syndrom insbesondere bei Kindern wurde in Galveston geleistet [77]. Dort wird der Energie-Umsatz jede Nacht mittels indirekter Kalorimetrie gemessen. Die dabei gewonnenen Daten haben zu den Galveston-Formeln geführt, mit denen der Ruhe-Energiebedarf bei schwerbrandverletzten Kindern abgeschätzt werden kann:

- 0–1 Jahre Galveston Infant 2100 kcal / m² KOF + 1000 kcal / m² VKO
- 1–11 Jahre Galveston Revised 1800 kcal / m² KOF + 1300 kcal / m² VKO
- 12–16 Jahre Galveston Adolescent 1500 kcal / m² KOF + 1500 kcal / m² VKO

Um das Gewicht zu halten ist in der Regel eine Kalorienzufuhr von 120–140 % des Grundumsatzes erforderlich. Dabei ist zu berücksichtigen, der bei schwerbrandverletzten Jungen ein um 10–20 % höherer Energiebedarf zu erwarten ist als bei Mädchen [78].

Auch bei schwerbrandverletzten Kindern sollte eine möglichst frühzeitige enterale Ernährung angestrebt werden. Wenn und solange eine ergänzende parenterale Ernährung notwendig ist, sollte diese Eiweiß-reich (2,5–4 g/kg/d) und Fett-reduziert (0,5–1 g/kg/d, nicht über 30 % der Kalorienzufuhr) sein [79, 80]. Damit allein lässt sich der hohe Kalorienbedarf natürlich nicht decken. Für die Sondenernährung stehen Sondennahrungen mit 100 / 150 / 200 kcal pro 100 ml zur Verfügung, wobei der Fettanteil bei den Nahrungen mit höchsten Energiegehalt überproportional zunimmt (10 g Fett/100 ml), so dass diese möglichst nicht verwendet werden sollten. Obligat ist unter hochkalorischer Sondenernährung eine regelmäßige Kontrolle von Blutzucker, Triglyceriden, Harnstoff, Albumin, der Leberwerte sowie von Spurenelementen wie Kupfer und Zink, die eventuell zusätzlich substituiert werden müssen.

Es gibt vielfältige Konzepte den Hypermetabolismus pharmakologisch zu beeinflussen. Ein möglicher Weg ist strengere Glucosekontrolle, da bei Verbrennungen häufig eine stressinduzierte Hyperglykämie bei erhöhten Insulinspiegeln, also eine relative Insulinresistenz besteht. Bei Kindern ist bei Einstellung auf einen Ziel-BZ von 110–140 mg/dl durch kontinuierliche Insulin-Infusion eine niedrigere Sepsisrate und Mortalität bei gleichzeitig höherer Knochendichte und höherem BMI beschrieben [81]. In einer anderen Studie mit strengerer Einstellung auf normoglykämische Werte von 60–110 mg/dl fand sich jedoch eine deutlich höhere Rate an schweren Hypoglykämien und höhere Mortalität [82], so dass die gegenwärtige Empfehlung ist bei Auftreten von Hyperglykämien > 180 ml/dl eine Insulin-Einstellung mit einem BZ-Zielwert von 130–140 mg/dl vorzunehmen [83].

Neben Insulin ist der Einsatz von Beta-Blockern gut untersucht. Propanolol kann über Blockade der β-adrenergen Stimulation die Katecholamin-vermittelte Steigerung von Herzfrequenz, Grundumsatz und den Katabolismus positiv beeinflussen. Bei Erwachsenen ist außerdem eine raschere Abheilung der Entnahmestellen beschrieben [84]. Initial nur für 2 Wochen eingesetzt [85] gibt es inzwischen Langzeitstudien bei Kindern mit VKO > 30 % mit einer Behandlungsdauer von bis zu 1 Jahr [86]. In einer Metaanalyse von 9 randomisierten Studien fanden sich signifikante Wirkungen auf Grundumsatz, Körperfett und Muskelmasse ohne relevante Nebenwirkungen [87]. Die Dosierung erfolgt einschleichend mit 1 mg/kg/d p.S. und wird unter BZ-Kontrollen gesteigert bis zu einer Dosis von 4 mg/kg/d in 4 Dosen, orientiert an einer Senkung der Herzfrequenz um 15–20 % [88]. Da Propanolol von den zum Muskelerhalt eingesetzten Medikamenten für sich alleine die stärkste Wirkung zeigt [89] und aus anderer Indikation in der Pädiatrie viel eingesetzt wird sollte der Einsatz bei Kindern mit VKO > 40 % heute erwogen werden.

Eine noch stärkere Wirkung zeigt die Kombination von Beta-Blockern mit Oxandrolon oder Wachstumshormon. Oxandrolon wird in einer aktuellen Metaanalyse als sicher eingeschätzt und führt neben der anabolen Wirkung auch zu schnellerer Abheilung der Entnahmestellen [90]. Bei Kindern ist als Nebenwirkung jedoch eine Virilisierung möglich weshalb der Einsatz auf kontrollierte Studien beschränkt werden sollte. Auch für Wachstumshormon ist dies die Empfehlung der aktuellen COCHRANE Analyse [91].

Es darf aber nicht vergessen werden, dass auch physikalische Maßnahmen den Grundumsatz reduzieren. Dazu gehört eine erhöhte Raumtemperatur zur Verminderung von Wärmeverlusten aufgrund der erhöhten Körpertemperatur [92].

7.9 Infektionskontrolle und Infektionsbehandlung

Oberflächliche Wundinfektionen werden lokal behandelt, invasive Wundinfektionen und systemische Infektionen systemisch. Um gezielt behandeln zu können, ist ein engmaschiges mikrobiologisches Screening erforderlich:

- Wundabstriche 1 ×/Woche (bei ausgedehnten Verbrennungen oder klinischem Verdacht auf eine Wundinfektion öfter)
- Trachealsekret bei beatmeten Patienten 2 ×/Woche
- Urinkultur bei Blasenkatheter oder suprapubischer Ableitung 1 ×/Woche
- Blutkultur bei Fieber > 39° oder klinischem Verdacht auf Allgemeininfektion
- Rachen- und Analabstrich zum Screening auf multiresistente Keime (MRGN / MRSA) bei Sekundärverlegungen oder Herkunft aus Risikoländern

Die häufigsten Keime sind Staphylokokkus aureus (mit zunehmender Methicillinresistenz), Echerichia coli, Pseudomonas aeruginosa, Koagulase-negative Staphylokokken, Enterokokkus spezies und Enterobakter cloacae [93]. Sorge bereitet jedoch die rasch zunehmende Verbreitung multiresistenter Staphylokokken (MRSA) und gram-negativer Keime (MRGN).

Eine prophylaktische antibiotische Behandlung hat nach der aktuellen COCHRANE Analyse keinen Effekt auf die Rate an Wundinfektionen oder Septitiden [94].

Das grundsätzliche diagnostische Problem besteht darin, dass Schwerbrandverletzte fast immer die Symptome einer systemischen inflammatorischen Reaktion (SIRS) bieten, mit Tachykardie, febrilen Temperaturen, Leukozytose und oft hochpositivem CRP [95, 96]. Auch für Procalzitonin gibt es keine sicheren Schwellenwerte. Der Sepsisverdacht beruht also häufig auf einer klinischen Verschlechterung im Verlauf, Blutdruckabfall, steigendem O_2-Bedarf oder Änderung in der Tendenz der laborchemischen Parameter.

Bei Verdacht auf eine Sepsis muss die antibiotische Behandlung empirisch erfolgen, orientiert an dem relevanten Keimspektrum des jeweiligen Zentrums und den vorhandenen Keimnachweisen des jeweiligen Patienten. Wir beginnen die Behandlung in der Regel mit Cefuroxim (alternativ ist die Kombination aus Ampicillin & Sulbactam eine Möglichkeit), bei

Hinweisen auf eine katheterassoziierte Infektion erweitert um Vancomycin, bei Pseudomonas Piperacillin oder Ceftazidim. Carbapeneme sind Reserveantibiotika, die zurückhaltend eingesetzt werden sollten. Bei multiresistenten Pseudomonas oder Acinetobakter-Stämmen hat Colistin eine gute Wirksamkeit [97]. Insbesondere bei schweren Flammenverbrennungen nach mehrwöchigem Krankheitsverlauf und antibiotischer Vorbehandlung muss immer auch die Möglichkeit einer systemischen Mykose bedacht werden.

7.10 Elternbetreuung

Ein Trauma im Kindesalter betrifft nicht nur den Patienten sondern auch die ganze Familie, am stärksten die Mutter. In der Aufnahmesituation herrschen Panik und Hilflosigkeit. Die zentralen Ängste sind: „wird mein Kind überleben?" / „wird es durch Narben entstellt sein?"

Dazu kommen immer Schuldgefühle: „Ich habe mein Kind nicht schützen können, als Mutter / Vater versagt". Für die langfristige Verarbeitung dieses Traumas ist die Betreuung (des Kindes und der Eltern) in der Aufnahmesituation von zentraler Bedeutung. Dabei geht es zunächst um Geschwindigkeit in der Versorgung. Ein angekündigter Patient mit einer Brandverletzung darf nicht warten. Wenn Schmerzen bestehen, muss im Schockraum in Anwesenheit der Eltern sofort eine adäquate Analgesie erfolgen, dies entlastet nicht nur das Kind sondern genauso die Eltern. Anschließend kann in wenigen Sätzen der Ablauf der Erstversorgung erklärt werden. Für die Wartezeit während der Erstversorgung sollte ein geschützter Raum zur Verfügung stehen, die Eltern brauchen Begleitung zumindest für die ersten Minuten, haben aber immer Verständnis, dass im Vordergrund die Versorgung des Kindes steht.

Im Erstgespräch nach der Versorgung gilt es den Schock aufzufangen und Ängste zu nehmen (keine Lebensgefahr, viel heilt spontan und ohne wesentliche Narben ab), den Behandlungsablauf und die ungefähre Dauer der Behandlung zu schildern (Therapieprinzipien, Schmerzbehandlung, Narkosen, Einschätzung zur Wahrscheinlichkeit einer Spalthauttransplantation) und die familiäre Situation abzuklären (Elternmitaufnahme, Geschwisterkinder, deren Betreuung).

Dabei wie auch bei den weiteren Gesprächen müssen klare Informationen gegeben werden. Wenn eine prognostische Einschätzung (z. B. zu Notwendigkeit und Umfang einer Transplantation) noch unsicher ist, muss dies ebenso klar erklärt werden. Die Führung der ärztlichen Gespräche sollte durch einen erfahrenen Kollegen erfolgen, zeitnah nach durchgeführten Maßnahmen und mit größtmöglicher Kontinuität der Betreuung um widersprüchliche Informationen zu vermeiden. Bewährt hat sich eine Photodokumentation der Befunde und das Angebot an die Eltern die Befunde anhand der Photos zu besprechen (ohne den Eltern eine Konfrontation mit den Photos aufzudrängen). Dies schafft Transparenz und erleichtert oft das Was und Warum erforderlicher Maßnahmen zu erläutern. Die Gespräche erfordern Zeit und müssen den Eltern genug Raum für Fragen einräumen. Dabei kann insbesondere in den angsterfüllten ersten Tagen nicht erwartet werden, dass einmal besprochene Fragen damit geklärt sind. Zu umfangreiche Information kann die Eltern auch überfordern, die Themen der Nachbetreuung und Langzeitprognose entwickeln sich im Verlauf.

Auch wenn es im alltäglichen Ablauf einer Intensivstation nicht immer möglich ist sollte auf Verlässlichkeit in der Zeitplanung geachtet werden. Eltern und (ältere) Kinder profitieren von der zeitlichen Ankündigung von Prozeduren, erhalten so subjektiv wieder ein wenig Kontrolle über ihr Leben, die durch den Unfall entglitten scheint.

Es gibt keine Besuchszeiten für Eltern, die Anwesenheit ist immer erwünscht. Dies schließt bei Säuglingen und Kleinkindern die Mitaufnahme eines Elternteils im Patientenzimmer ein (wenn der Patient nicht beatmet ist). Da viele Patienten aber aus großer räumlicher Entfernung kommen und der Aufenthalt in der Regel mehrere Wochen umfasst, muss es daneben ein räumlich getrenntes Zimmer geben, das die Eltern für die Dauer des Intensivaufenthaltes beziehen können.

In der Behandlung des Patienten ist ein angemessenes Maß an emotionaler Distanz für eine objektive Urteilsfähigkeit erforderlich. In der Beziehung zu dem Patienten und seinen Eltern spielen Empathie und Anteilnahme aber eine große Rolle. Dies beginnt bei der Mimik und Gestik, die von Eltern und Kindern sehr genau wahrgenommen wird und oft eine andere Sprache spricht als die verbalen Äußerungen. Dies endet bei „Grenzüberschreitungen" im emotionalen Kontakt – es ist auch mal erlaubt, Eltern in den Arm zu nehmen. Es gibt Situationen, die sind einfach zum Heulen – auch das ist erlaubt.

In der emotionalen Betreuung der Kinder und Eltern ist die Pflege von größerer Bedeutung als der ärztliche Dienst, da diese viel mehr Zeit mit den Patienten und ihren Eltern verbringen, viele wichtige Informationen weitergeben und für die Eltern oft zu wichtigen Bezugspersonen während des Aufenthaltes werden. Daneben sollte immer das Angebot einer psychologischen Betreuung der Eltern gemacht werden, um die akute Belastungssituation und vor allem die unvermeidlichen Schuldgefühle bearbeiten zu können. Zur Organisation des weiteren Lebens neben dem Krankenhaus braucht es eine sozialmedizinische Betreuung, manchmal auch um herauszufinden ob das thermische Trauma Ausdruck einer chronischen Überlastungssituation der Eltern ist, die längerfristige Hilfen erforderlich macht.

7.11 Literatur

[1] AWMF-Leitlinie 006-128: Behandlung thermischer Verletzungen im Kindesalter (Verbrennungen, Verbrühungen: http://www.awmf.org/uploads/tx_szleitlinien/006-128l_S2K_Thermische_Verletzungen_Kinder_2015-04.pdf

[2] Cox SG, Rode H, Darani AN, Fitzpatrick-Swallow VL. Thermal injury within the first 4 months of life. Burns. 37 (2011), 828–34.

[3] Cosnett JE. The origins of intravenous fluid therapy. Lancet. 333 (1989), 768–71.

[4] Latta T. Malignant Cholera. Lancet 2 (1832), 274–77.

[5] Underhill FP. The Significance of anhydremia in extensive superficial burns. JAMA. 95 (1930), 852–857.

[6] Reiss E, Stirmann JA, Artz CP, Davis JH, Amspacher WH: Fluid and electrolyte balance in burns. J Am Med Assoc 152 (1953), 1309–13.

[7] Baxter CR, Shires T: Physiological response to crystalloid resuscitation of severe burns. Ann N Y Acad Sci 150 (1968), 874–94.

[8] Baxter CR: Problems and complications of burn shock resuscitation. Surg Clin North Am 58 (1978), 1313–22.

[9] Greenhalgh DG: Burn resuscitation: the results of the ISBI/ABA survey. Burns 36 (2010), 176–82.

[10] Santi M, Lava SA, Camozzi P, Giannini O, Milani GP, et al. The great fluid debate: saline or so-called "balanced" salt solutions?. Ital J Pediatr (2015), 41:47. doi:10.1186/s13052-015-0154-2.

[11] Williams D, Doerfler R. Graphic aids for calculation of fluid resuscitation requirements in pediatric burns. Ann Plast Surg. 69 (2012), 260–4.

[12] Theron A, Bodger O, Williams D. Comparison of three techniques using the Parkland Formula to aid fluid resuscitation in adult burns. Emerg Med J. 31 (2014), 730–5.
[13] Bodger O, Theron A, Williams D: Comparison of three techniques for calculation of the Parkland formula to aid fluid resuscitation in paediatric burns. Eur J Anaesthesiol 30 (2013), 483–91.
[14] Meyers RS. Pediatric fluid and electrolyte therapy. J Pediatr Pharmacol Ther. 14 (2009), 204–11.
[15] Holliday MA, Segar WE. The maintenance need for water in parenteral fluid therapy. Pediatrics. 19 (1957), 823–832.
[16] Saffle JI. The phenomenon of "fluid creep" in acute burn resuscitation. J Burn Care Res. 28 (2007), 382–95.
[17] Pruitt BA Jr.: Protection from excessive resuscitation: "pushing the pendulum back". J Trauma 49 (2000), 567–8.
[18] Wise R, Jacobs J, Pilate S, Jacobs A, Peeters Y, et al.: Incidence and prognosis of intra-abdominal hypertension and abdominal compartment syndrome in severely burned patients: Pilot study and review of the literature. Anaesthesiol Intensive Ther (2015) Nov 20.
[19] Engrav LH, Heimbach DM, Rivara FP, Kerr KF, Osler T, et al.: Harborview burns–1974 to 2009. PLoS One. (2012) 7(7):e40086.
[20] Friedrich JB, Sullivan SR, Engrav LH, Round KA, Blayney CB, et al.: Is supra-Baxter resuscitation in burn patients a new phenomenon?. Burns 30 (2004), 464–6.
[21] Sullivan SR, Friedrich JB, Engrav LH, Round KA, Heimbach DM, et al. "Opioid creep" is real and may be the cause of "fluid creep". Burns 30 (2004), 583–90.
[22] Mitchell KB, Khalil E, Brennan A, Shao H, Rabbitts A, et al. New management strategy for fluid resuscitation: quantifying volume in the first 48 hours after burn injury. J Burn Care Res. 34 (2013), 196–202.
[23] Blumetti J, Hunt JL, Arnoldo BD, Parks JK, Purdue GF. The Parkland formula under fire: is the criticism justified?. J Burn Care Res 29 (2008), 180–6.
[24] Cartotto R, Zhou A. Fluid creep: the pendulum hasn't swung back yet!. J Burn Care Res 31 (2010), 551–8.
[25] Chung KK, Wolf SE, Cancio LC, Alvarado R, Jones JA, et al. Resuscitation of severely burned military casualties: fluid begets more fluid. J Trauma 67 (2009), 231–7.
[26] Walker TL, Rodriguez DU, Coy K, Hollén LI, Greenwood R, et al. Impact of reduced resuscitation fluid on outcomes of children with 10–20% body surface area scalds. Burns. 40 (2014), 1581–6.
[27] Salinas J, Chung KK, Mann EA, Cancio LC, Kramer GC, et al. Computerized decision support system improves fluid resuscitation following severe burns: an original study. Crit Care Med. 39 (2011), 2031–8.
[28] Kraft R, Herndon DN, Branski LK, Finnerty CC, Leonard KR, et al. Optimized fluid management improves outcomes of pediatric burn patients. J Surg Res. 181 (2013), 121–8.
[29] Holm C, Mayr M, Tegeler J, Hörbrand F, Henckel von Donnersmarck G, et al. A clinical randomized study on the effects of invasive monitoring on burn shock resuscitation. Burns. 30 (2004), 798–807.
[30] Lewis SB, Wong ML, Bannan PE, Piper IR, Reilly PL: Transcranial Doppler identification of changing autoregulatory thresholds after autoregulatory impairment. Neurosurgery 48 (2001), 369–75.
[31] Walsh M, Devereaux PJ, Garg AX, Kurz A, Turan A, et al.: Relationship between intraoperative mean arterial pressure and clinical outcomes after noncardiac surgery: toward an empirical definition of hypotension. Anesthesiology 119 (2013) 507–15.
[32] Haque IU, Zaritsky AL: Analysis of the evidence for the lower limit of systolic and mean arterial pressure in children. Pediatr Crit Care Med 8 (2007), 138–44.
[33] Maconochie IK, Bingham R, Eich C, López-Herce J, Rodríguez-Núñez A, et al.: European Resuscitation Council Guidelines for Resuscitation 2015: Section 6 Paediatric life support. Resuscitation 95(2015), 223–48.
[34] Arikan AA, Zappitelli M, Goldstein SL, Naipaul A, Jefferson LS, et al.: Fluid overload is associated with impaired oxygenation and morbidity in critically ill children. Pediatr Crit Care Med 13 (2012), 253–8.
[35] Mutter TC, Ruth CA, Dart AB.: Hydroxyethyl starch (HES) versus other fluid therapies: effects on kidney function. Cochrane Database Syst Rev 23 (2013) Jul 23;7:CD007594.

[36] Mayor S.: EMA confirms that hydroxyethyl starch solutions should not be used in critically ill, sepsis, or burns patients. BMJ. 347 (2013), f6197.
[37] Li L, Li Y, Xu X, Xu B, Ren R, et al. Safety evaluation on low-molecular-weight hydroxyethyl starch for volume expansion therapy in pediatric patients: a meta-analysis of randomized controlled trials. Crit Care. 2015 Mar 10;19:79. PMC4391127.
[38] Béchir M, Puhan MA, Fasshauer M, Schuepbach RA, Stocker R, et al.: Early fluid resuscitation with hydroxyethyl starch 130/04 (6%) in severe burn injury: a randomized, controlled, double-blind clinical trial. Crit Care. 17 (2013) Dec 23;17(6):R299.
[39] Finfer S, Bellomo R, Boyce N, French J, Myburgh J, et al.: A comparison of albumin and saline for fluid resuscitation in the intensive care unit. N Engl J Med. 350 (2004), 2247–56.
[40] Annane D, Siami S, Jaber S, Martin C, Elatrous S, et al.: Effects of fluid resuscitation with colloids vs crystalloids on mortality in critically ill patients presenting with hypovolemic shock: the CRISTAL randomized trial. JAMA 310 (2013), 1809–17.
[41] Perel P, Roberts I, Ker K.: Colloids versus crystalloids for fluid resuscitation in critically ill patients. Cochrane Database Syst Rev (2013) Feb 28;2:CD000567.
[42] Roberts I, Blackhall K, Alderson P, Bunn F, Schierhout G: Human albumin solution for resuscitation and volume expansion in critically ill patients. Cochrane Database Syst Rev (2011) Nov 9.
[43] Melinyshyn A, Callum J, Jeschke MC, Cartotto R: Albumin supplementation for hypoalbuminemia following burns: unnecessary and costly!. J Burn Care Res. 34 (2013) 8–17.
[44] Patel A, Laffan MA, Waheed U, Brett SJ. Randomised trials of human albumin for adults with sepsis: systematic review and meta-analysis with trial sequential analysis of all-cause mortality. BMJ. 2014 Jul 22;349:g4561.
[45] Cochran A, Morris SE, Edelman LS, Saffle JR: Burn patient characteristics and outcomes following resuscitation with albumin. Burns 33 (2007), 25–30.
[46] Lawrence A, Faraklas I, Watkins H, Allen A, Cochran A, et al. Colloid administration normalizes resuscitation ratio and ameliorates “fluid creep”. J Burn Care Res. 31 (2010), 40–7.
[47] Faraklas I, Lam U, Cochran A, Stoddard G, Saffle J. Colloid normalizes resuscitation ratio in pediatric burns. J Burn Care Res. 32 (2011), 91–7.
[48] Park SH, Hemmila MR, Wahl WL. Early albumin use improves mortality in difficult to resuscitate burn patients. J Trauma Acute Care Surg. 73 (2012), 1294–7.
[49] Palmieri TL, Greenhalgh DG. Blood transfusion in burns: what do we do? J Burn Care Rehabil.25 (2004), 71–5.
[50] Palmieri TL, Lee T, O’Mara MS, Greenhalgh DG. Effects of a restrictive blood transfusion policy on outcomes in children with burn injury. J Burn Care Res. 28 (2007), 65–70.
[51] Venet F, Plassais J, Textoris J, Cazalis MA, Pachot A, et al. Low-dose hydrocortisone reduces norepinephrine duration in severe burn patients: a randomized clinical trial. Crit Care. (2015) Jan 26;19:21. PMC4347659.
[52] Kraft R, Herndon DN, Al-Mousawi AM, Williams FN, Finnerty CC, et al. Burn size and survival probability in paediatric patients in modern burn care: a prospective observational cohort study. Lancet. 379 (2012), 1013–21.
[53] Colohan SM. Predicting prognosis in thermal burns with associated inhalational injury: a systematic review of prognostic factors in adult burn victims. J Burn Care Res. 31 (2010), 529–39.
[54] Barrow RE, Spies M, Barrow LN, Herndon DN. Influence of demographics and inhalation injury on burn mortality in children. Burns. 30 (2004), 2–7.
[55] Walker PF, Buehner MF, Wood LA, Boyer NL, Driscoll IR, et al. Diagnosis and management of inhalation injury: an updated review. Crit Care. (2015) Oct 28;19:351. PMC4624587.
[56] Dries DJ, Endorf FW. Inhalation injury: epidemiology, pathology, treatment strategies. Scand J Trauma Resusc Emerg Med. (2013) Apr 19;21:31. PMC3653783.
[57] Goh CT, Jacobe S. Ventilation strategies in paediatric inhalation injury. Paediatr Respir Rev. (2015) Oct 24.
[58] Hampson NB, Dunn SL. Symptoms of carbon monoxide poisoning do not correlate with the initial carboxyhemoglobin level. Undersea Hyperb Med. 39 (2012), 657–65.

[59] Weaver LK, Howe S, Hopkins R, Chan KJ. Carboxyhemoglobin half-life in carbon monoxide-poisoned patients treated with 100% oxygen at atmospheric pressure. Chest. 117 (2000), 801–8.

[60] Saxe GN, Stoddard F, Hall E, Chawla N, Lopez C, et al. Pathways to PTSD, part I: Children with burns. Am J Psychiatry. 162 (2005), 1299–304.

[61] Saxe G, Stoddard F, Courtney D, Cunningham K, Chawla N, et al. Relationship between acute morphine and the course of PTSD in children with burns. J Am Acad Child Adolesc Psychiatry. 40 (2001), 915–21.

[62] Stoddard FJ Jr, Sorrentino EA, Ceranoglu TA, Saxe G, Murphy JM, et al. Preliminary evidence for the effects of morphine on posttraumatic stress disorder symptoms in one-to four-year-olds with burns. J Burn Care Res. 30 (2009), 836–43.

[63] Boris Zernikow, Tanja Hechler. Schmerztherapie bei Kindern und Jugendlichen. Dtsch Arztebl 105 (2008), 511–22.

[64] Schultz-Machata AM, Becke K, Weiss M. Nalbuphin in der Kinderanaesthesie. Anaesthesist. 63 (2014), 135–43.

[65] Jöhr M. Pharmakotherapie in der Kinderanästhesie. Anästh Intensivmed. 53 (2012), 330–347.

[66] Baron R, Binder A, Biniek R, Braune S, Buerkle H, et al. Evidence and consensus based guideline for the management of delirium, analgesia, and sedation in intensive care medicine Revision 2015 (DAS-Guideline 2015) – short version. Ger Med Sci. 13 (2015):Doc19. PubMed PMID: 26609286

[67] Andrew Wolf, Andrew McKay, Catherine Spowart. The SLEEPS study. Health Technology Assessment 18 (2014); Vol. 18: No.71 DOI: 10.3310/hta18710.

[68] Duffett M, Choong K, Foster J, Cheng J, Meade MO, et al. Clonidine in the sedation of mechanically ventilated children: a pilot randomized trial. J Crit Care. 29 (2014), 758–63.

[69] Goutos I, Eldardiri M, Khan AA, Dziewulski P, Richardson PM. Comparative evaluation of antipruritic protocols in acute burns The emerging value of gabapentin in the treatment of burns pruritus. J Burn Care Res. 31 (2010), 57–63.

[70] Gandhi M, Thomson C, Lord D, Enoch S. Management of Pain in Children with Burns. International Journal of Pediatrics. (2010); 2010:825657. doi:10.1155/2010/825657.

[71] Ahuja RB, Gupta R, Gupta G, Shrivastava P. A comparative analysis of cetirizine, gabapentin and their combination in the relief of post-burn pruritus. Burns. 37 (2011), 203–7.

[72] Jester I, Hennenberger A, Demirakca S, Waag KL, Rapp HJ. Schmerztherapie bei Kindern – Schwerpunkt Brandverletzungen. Monatsschr Kinderheilkd. 157 (2009), 147–154.

[73] Borland ML, Bergesio R, Pascoe EM, Turner S, Woodger S. Intranasal fentanyl is an equivalent analgesic to oral morphine in paediatric burns patients for dressing changes: a randomised double blind crossover study. Burns. 31 (2005), 831–7.

[74] Hansen MS, Dahl JB. Limited evidence for intranasal fentanyl in the emergency department and the prehospital setting–a systematic review. Dan Med J. 60 (2013), A4563.

[75] Landsleitner B, Keil J. Verbrennungen und Verbrühungen im Kindesalter. Med Klin Intensivmed Notfmed. 5 (2015), 346–53.

[76] Rousseau AF, Losser MR, Ichai C, Berger MM. ESPEN endorsed recommendations: nutritional therapy in major burns. Clin Nutr. 32(2013), 497–502.

[77] Williams FN, Herndon DN, Jeschke MG. The hypermetabolic response to burn injury and interventions to modify this response. Clin Plast Surg. 36 (2009), 583–96.

[78] Mlcak RP, Jeschke MG, Barrow RE, Herndon DN. The influence of age and gender on resting energy expenditure in severely burned children. Ann Surg. 244 (2006), 121–30.

[79] Williams FN, Branski LK, Jeschke MG, Herndon DN. What, how, and how much should patients with burns be fed?. Surg Clin North Am. 91 (2011), 609–29.

[80] Rodriguez NA, Jeschke MG, Williams FN, Kamolz LP, Herndon DN. Nutrition in burns: Galveston contributions. JPEN J Parenter Enteral Nutr. 35 (2011), 704–14.

[81] Jeschke MG, Kulp GA, Kraft R, Finnerty CC, Mlcak R, et al. Intensive insulin therapy in severely burned pediatric patients: a prospective randomized trial. Am J Respir Crit Care Med. 182 (2010), 351–9.

[82] Finnerty CC, Ali A, McLean J, Benjamin N, Clayton RP, et al. Impact of stress-induced diabetes on outcomes in severely burned children. J Am Coll Surg. 218 (2014), 783–95.

[83] Jeschke MG, Kraft R, Emdad F, Kulp GA, Williams FN, et al. Glucose control in severely thermally injured pediatric patients: what glucose range should be the target?. Ann Surg. 252 (2010), 521–7.

[84] Ali A, Herndon DN, Mamachen A, Hasan S, Andersen CR, et al. Propranolol attenuates hemorrhage and accelerates wound healing in severely burned adults. Crit Care. (2015) May 4;19:217. PMC4432824.

[85] Herndon DN, Hart DW, Wolf SE, Chinkes DL, Wolfe RR. Reversal of catabolism by beta-blockade after severe burns. N Engl J Med. 345 (2001), 1223–9.

[86] Herndon DN, Rodriguez NA, Diaz EC, Hegde S, Jennings K, et al. Long-term propranolol use in severely burned pediatric patients: a randomized controlled study. Ann Surg. 256 (2012), 402–11.

[87] Flores O, Stockton K, Roberts JA, Muller MJ, Paratz JD. The efficacy and safety of adrenergic blockade post burn injury: A systematic review and meta-analysis. J Trauma Acute Care Surg. (2015) Oct 29.

[88] Finnerty CC, Herndon DN. Is propranolol of benefit in pediatric burn patients?. Adv Surg. 47 (2013), 177–97.

[89] Williams FN, Herndon DN, Jeschke MG. The hypermetabolic response to burn injury and interventions to modify this response. Clin Plast Surg. 36 (2009), 583–96.

[90] Li H, Guo Y, Yang Z, Roy M, Guo Q. The efficacy and safety of oxandrolone treatment for patients with severe burns: A systematic review and meta-analysis. Burns. 2016 Jun;42(4):717–27.

[91] Breederveld RS, Tuinebreijer WE. Recombinant human growth hormone for treating burns and donor sites. Cochrane Database Syst Rev. 2014 Sep 15;9:CD008990.

[92] Jeschke MG, Herndon DN. Burns in children: standard and new treatments. Lancet. 383 (2014), 1168–78.

[93] Guggenheim M, Zbinden R, Handschin AE, Gohritz A, Altintas MA, et al. Changes in bacterial isolates from burn wounds and their antibiograms: a 20-year study (1986–2005). Burns. 35 (2009), 553–60.

[94] Barajas-Nava LA, López-Alcalde J, Roqué i Figuls M, Solà I, Bonfill Cosp X. Antibiotic prophylaxis for preventing burn wound infection. Cochrane Database Syst Rev. 2013 Jun 6;6:CD008738.

[95] Greenhalgh DG, Saffle JR, Holmes JH 4th, Gamelli RL, Palmieri TL, et al. American Burn Association consensus conference to define sepsis and infection in burns. J Burn Care Res. 28 (2007), 776–90.

[96] Coban YK. Infection control in severely burned patients. World J Crit Care Med. 2012 Aug 4;1(4):94–101. PMC3953869.

[97] Branski LK, Al-Mousawi A, Rivero H, Jeschke MG, Sanford AP, et al. Emerging infections in burns. Surg Infect (Larchmt). 10 (2009), 389–97.

Christian Förster, Martina Keil

8 Spezielle Pflege

Gesundheits- und Kinderkrankenpfleger übernehmen als Bindeglied zwischen dem Arzt, dem thermisch verletzten Kind und seinen Eltern eine große Verantwortung. Sie sind über weite Phasen der Behandlung der primäre Ansprechpartner der Eltern und stellen eine vertrauensvolle Beziehung zum Kind her. Während der Betreuung nehmen sie Veränderungen frühzeitig wahr und haben durch eine adäquate Reaktion, einen wesentlichen Einfluss auf den Heilungsverlauf des Patienten. Geschultes Personal, eine gute Kommunikation unter den involvierten Disziplinen, eine strukturierte Ablauforganisation und ein hohes Engagement aller Beteiligten bilden die Grundlage dafür, die langwierigen Heilungsphasen mit besten Ergebnissen zu überstehen. Das Kinderkrankenpflegeteam hat bei der täglichen Versorgung hohe Hygienestandards zu gewährleisten und trägt damit einen großen Teil der Verantwortung bei der Oberflächenbehandlung. Die Therapieverfahren haben sich im Laufe der Jahre sehr zum Vorteil der Patienten gewandelt. Während früher große Wundflächen in einer Isoliereinheit bei einer Raumtemperatur von 32 °C offen behandelt wurden, kommen heute moderne Okklusivverbände zum Einsatz. Die Kinder werden dadurch rasch mobil. Dennoch bleiben schwer brandverletzte Kinder lange intensiv pflegeaufwendig.

8.1 Aufnahme, Behandlung und Pflege von Patienten mit kleineren Verbrennungsflächen

Die Aufnahme eines thermisch verletzten Kindes stellt stets eine Akutsituation dar, in der sich auch die Eltern des Kindes befinden. Werden die Bezugspersonen bereits jetzt einbezogen, reduziert sich deren Stress und ein wichtiger Grundstein für das Vertrauensverhältnis zwischen ihnen und dem Klinikum wird gelegt.

Bei der Erstversorgung in der Rettungsstelle dürfen die Eltern anwesend sein, ihr Kind halten und streichelnd beruhigen. Durch eine angemessene empathische Haltung versuchen alle im Team schon im Erstkontakt den Schock der Eltern aufzufangen und ein Gefühl von Sicherheit zu vermitteln.

Bei Erhebung der Pflegeanamnese sind neben den Kontaktdaten, dem Hausarzt, den sozialen Verhältnissen, den Allergien und bereits bekannter Unverträglichkeiten, vor allem auch die Aktivitäten des täglichen Lebens zu erfragen. Die Kenntnis kleiner Details zu den Gewohnheiten des Kindes vereinfacht den persönlichen Zugang und lenkt den Behandlungsverlauf positiv. Aus diesem Grund sollte eine Pflegeanamnese immer sehr gründlich erfolgen. So wird hierbei neben Kreislaufwerten, Gewicht und Körpergröße eine weitere wichtige Ebene der Normparameter erfasst. Zur Obstipationsprophylaxe wird der letzte Stuhlgang des Kindes und die kindliche Wortwahl zur Bezeichnung der Ausscheidungen vermerkt.

Zur Qualitätssicherung wird erneut der Tetanusimpfstatus überprüft und ggf. die Immunisierung mit passivem und aktivem Impfstoff nachgeholt.

In der Behandlung der thermisch verletzten Kinder verfährt man je nach Ausmaß unterschiedlich: Ausdehnungen bis maximal 10% der KOF werden im Eingriffsraum der Notaufnahme versorgt. Hierbei wird die Analgesie und Sedierung der vorbehandelnden Notärzte genutzt und wenn nötig erweitert. Die Pflege assistiert bei der Reinigung, Desinfektion und dem abschließenden Versorgen der Verletzungen durch Wundauflagen.

Eine Variante ist dabei das Auflegen eines Fettgaze-Polihexanid-Verbandes. Hierbei wird paraffinhaltige Fettgaze auf die Wundflächen gelegt und eine zweite Schicht mit Polihexanidgel-Kompressen aufgetragen. Den Abschluss bilden trockene Kompressen. Zum Schutz und Halt wird ein Stülpafix-Verband angelegt. So kommen die Wundflächen gut geschützt zur Ruhe.

Auf der Station bekommen die Kinder regelmäßig Analgetika verabreicht und dürfen sofort essen und trinken. Eine parenterale Flüssigkeitszufuhr erfährt heute einen ergänzenden Charakter oder wird gar nicht benötigt. Die Kinder steuern die Volumenzufuhr über das eigene Durstgefühl. Hierbei ist die Dokumentation der Ein- und Ausfuhr ein wichtiges Kontrollelement.

Die Pflege klärt die Eltern darüber auf, dass Unruhe, subfebrile Temperaturen und ein Nässen der Wunden durch die Verbände hindurch in den nächsten 72 Stunden zu beobachten sind. Diese Informationen und die Aussicht auf den darauffolgenden ersten Verbandswechsel lässt sie diese Phase besser überstehen.

Liegen Schweregrade 2b und 3 vor, erfolgt auch bei Verbrennungen unter 10% am dritten Tag nach der Erstversorgung ein Verbandswechsel in Allgemeinnarkose. Neben der Wundenbeurteilung nach Ausdehnung und Tiefe, werden dabei auch eventuell auftretende Nekrosen entfernt. Wenn nötig, kommt es nun zur Suprathel-Auflage (Beschreibung unter 3.). Die anschließend verordnete 24-Stunden-Bettruhe vermeidet ein Verrutschen der Auflage auf der Wunde. Nach dieser Ruhezeit dürfen die Kinder auf den Arm der Eltern genommen oder im Kinderwagen über Station gefahren werden.

Die Bezugspersonen des Kindes werden in die Grundpflege einbezogen, jedoch lässt man sie nie völlig autonom agieren. Ferner werden bei dieser gemeinsamen Grundversorgung bereits Informationsgespräche zur weiterführenden Hautpflege geführt und über die

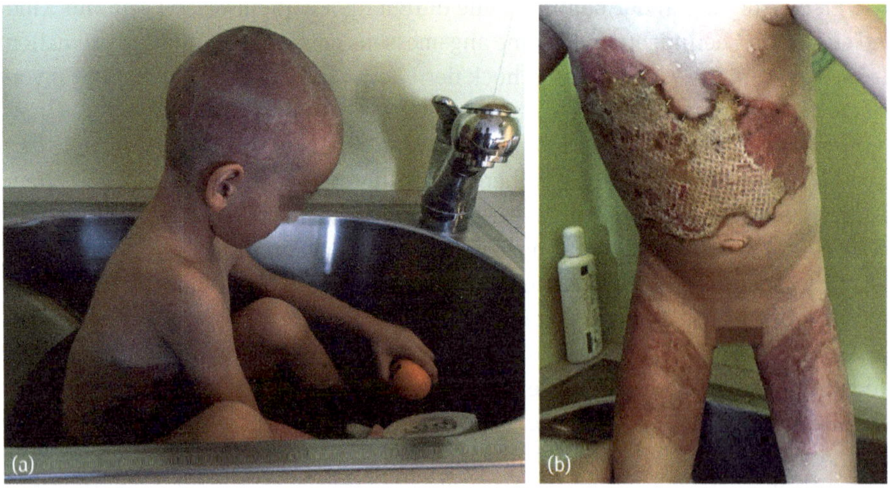

Abb. 8.1: Nach Suprathelauflage wird nicht gebadet.

Vermeidung der Pigmentstörung aufgeklärt. Hierzu empfiehlt man Sonnencremes mit einem hohen Lichtschutzfaktor über 30, sowie das Meiden von Aufenthalt im direkten Sonnenlicht.

Ein komplikationsloser Verlauf kann bereits nach einer Woche mit medizinischen Bädern unterstützt werden. Die Kinder baden hierfür in einem mit Kamillenessenz angereicherten, warmen Wasser. Dies erleichtert das atraumatische Ablösen der Verbände und wirkt entzündungshemmend. Die Temperatur des Badewassers sollte 2–3 Grad unter 37 °C liegen, da die geschädigte Haut temperaturempfindlicher ist als intakte Haut. Anschließend entfernt man eventuelle Fibrinbeläge, bevor die Wunde beurteilt und neu versorgt wird. Um die Kinder zum Baden zu motivieren, erweisen sich abwischbare Badespielsachen als erfolgreich.

Bei einem problemlosen Verlauf können die Kinder bereits nach einer Woche entlassen werden. Termine zur Nachsorge ermöglichen engmaschige Kontrollen der noch nicht verheilten Areale. Für die spätere Nachsorge bewährt sich die Anbindung an eine klinikinterne Verbrennungssprechstunde. So führt man die Wundbeurteilung aus erster Hand fort und fängt poststationäre Komplikationen frühzeitig ab.

8.2 Aufnahme eines schwerbrandverletzten Kindes

Nach der ersten Stabilisierung der Vitalfunktionen im Schockraum folgt i.d.R. eine Versorgung des Kindes im OP. Hier werden das Wunddebridement und die Auflage der oben beschriebenen Verbände durchgeführt. Der Patient erhält einen zentralen i.v. Zugang, eine Magensonde, einen arteriellen Katheter zur Blutdruckmessung, sowie einen transurethralen Katheter zur genaueren Bilanzierung der Ausscheidung.

Die postoperative Betreuung erfolgt auf einer Intensiv- oder Intermediate-Care-Station. Das Patientenzimmer wird mit allen benötigten, altersentsprechenden Utensilien ausgestattet, das Intensivbettt mit Sauerstoff, Beatmungseinheit, sowie Transportmonitor versehen. Die benötigten Infusomaten und Perfusoren stehen startbereit.

Das Kind wird postoperativ in einem adäquat sediertem Zustand von der Station übernommen. Zunächst erfolgt eine 30° Oberkörper Hochlagerung, da im weiteren Verlauf mit Schwellungen der oberen Luftwege und Wassereinlagerung in der Lunge während der Ödemphase zu rechnen ist. Alle zu- und ableitenden Systeme sind ausreichend fixiert und auf Zug kontrolliert.

Nun besteht die wesentliche Aufgabe des Pflegepersonals in der intensiven Überwachung und Dokumentation der Vitalzeichen des Kindes. Um Abweichungen der angestrebten Parameter sofort zu erkennen, erfolgen stündliche Kontrollen. Auch eine meist gestörte Thermoregulation muss erkannt und ausgeglichen werden. Im Laufe der nächsten 24 Stunden steuert der Arzt die Volumenzufuhr mittels Diurese. Dies bedeutet für die Pflegekräfte eine strenge, stündliche Bilanzierung und die Kontrolle des Urins auf Keton. Ziel sind Urinausscheidungen von 0,5–1 ml/Kg/h. Eine zu großzügige Infusionstherapie verlängert die Rekapillarisierung im Gewebe, führt zu Ödemen und erhöht den Flüssigkeitsbedarf für Wochen.

Beatmet werden die Kinder meist nur bei absoluter Notwendigkeit, zum Beispiel bei Erstickungsgefahr durch Anschwellen des Gesichtes oder des Halses nach Verbrennungen dieser Areale oder einem Inhalationstrauma. Regelmäßig werden die angeordneten Beatmungsparameter und kapillar abgenommenen Blutgasanalysen kontrolliert. Die Bronchialtoilette wird steril durchgeführt und kann sowohl unter Bronchoskopie als auch konventionell im Rahmen der Pflege erfolgen. Hierfür werden Aussehen und Menge des Bronchialsekretes dokumentiert. Generell streben die Ärzte immer an, unter Normoventilation zu beatmen und die Kinder rasch zu extubieren, damit sie Fibrin und Nekrosen selbständig abhusten können und um letztlich Ödembildung und eine Infektionsgefahr zu minimieren.

Wichtig ist, bei Kindern frühzeitig mit enteraler Ernährung zu beginnen, um einer Atrophie der Darmschleimhaut vorzubeugen. Solange sie beatmet sind, sollten sie baldmöglichst über eine Magensonde im Bolus oder über eine Duodenalsonde via Dauersondierung ernährt werden. Hierbei beurteilen die Pflegekräfte mittels Menge und Aussehen des Magenrückflusses, inwieweit ein Kostaufbau möglich ist und kommunizieren dies entsprechend den Ärzten. Wache Kinder dürfen sofort essen und trinken.

Bei zirkulären thermischen Verletzungen kann sich innerhalb der ersten Stunden ein Kompartmentsyndrom entwickeln, weswegen dringend auf Schwellungen, Sensibilität und Durchblutung der Gliedmaßen zu achten ist. Letzteres ist schnell über die Ableitung der Pulsoxymetrie an der betroffenen Extremität visualisierbar. Eine Dokumentation aller Beobachtungen ist wichtig. Abweichungen können hierdurch schnell gefiltert und dem Arzt gemeldet werden.

Die Pflege brandverletzter Kinder erfordert neben den Kenntnissen der allgemeinen Krankenpflege und der Intensivpflege das Wissen um die Probleme dieser sehr speziellen Verletzungsfolgen und ihrer Behandlung.

8.2.1 Hygienemaßnahmen

Das schwerbrandverletzte Kind ist in seiner Fähigkeit, auf Infektionen zu reagieren massiv beeinträchtigt und bedarf des intensiven Schutzes vor einer Sepsis. Neben zuführenden Kathetern, bilden Nekrosen den idealen Nährboden für das Wachstum von Bakterien. Trotz entsprechender Oberflächenbehandlung, kann eine Besiedelung von Bakterien und Pilzen nie ganz verhindert werden. Es kommt nun auf das Gleichgewicht zwischen Menge und Aggressivität der Keime und den Abwehrkräften des Kindes an.

Alle therapeutischen Bemühungen zielen auf ein schnelles Verschließen der Wunden. Bis dahin gilt es, die Kinder vor jeglicher Infektionsgefahr zu schützen. Schwerbrandverletzte Kinder sollten daher generell isoliert bzw. in einem Einzelzimmer untergebracht werden.

Die Pflegekräfte kontrollieren engmaschig die Körpertemperatur, wobei subfebrile Temperaturen in den ersten Tagen normal und tolerierbar sind. Jegliche Änderung im Verhalten, blass-graues Hautkolorit, marmorierte Haut, kalte Extremitäten, geblähtes Abdomen, Erbrechen, niedriger Blutdruck, Wundgeruch, hohe Herzfrequenz in Verbindung mit Fieber über 38,5 °C, aber auch Temperaturen unter 36 °C sind Zeichen einer beginnenden Infektion und sollten alle Beteiligten im Team in Alarmbereitschaft versetzen.

Um mit gezielter Antibiotikatherapie oder einem vorgezogenen Verbandswechsel reagieren zu können, finden bei Verdacht und routinemäßig alle drei Tage bakteriologische Wundabstriche sowie Laborkontrollen statt.

Je nach Befund werden die nächsten Schritte mit den Hygienefachkräften des Hauses besprochen. In den meisten Fällen folgen Isolationsmaßnahmen und die Pflege des Kindes wird ausschließlich mit bakteriendichtem Schutzkittel, Handschuhen, Mundschutz und

Kopfhaube durchgeführt. Die Eingänge der Patientenzimmer kennzeichnet man entsprechend und stattet diese mit der genannten Schutzkleidung aus. Die benutzte Schutzkleidung wird im Patientenzimmer entsorgt. Für die stationär aufgenommenen Elternteile wiederum gilt, die Schutzkittel nur beim Verlassen des Patientenzimmers anzulegen, um ein Verschleppen der Keime in andere Bereiche der Station zu vermeiden.

Die Einhaltung der Leitlinien zur Händedesinfektion muss für alle im Team selbstverständlich sein. Eine gute Ausstattung mit mehreren Desinfektionsmittelspendern in und vor dem Patientenzimmer erleichtert die konsequente Umsetzung. Ebenso finden alle Verbandswechsel unter aseptischen Bedingungen statt. Die Versorgung aller Katheter unterliegt strengen Hygienestandards Um die Patientenumgebung keimarm zu halten, empfiehlt sich neben dem täglichen Desinfizieren aller Oberflächen, dem täglichen Bettwäschewechsel ein kompletter Bettenwechsel, mindestens einmal wöchentlich. Ein im OP durchgeführter Verbandswechsel bietet dafür eine nutzbare Gelegenheit.

Eine große Herausforderung an die Pflege stellen Verletzungen im Genitalbereich dar. Auf flüssigkeitsabsorbierende, mit Kunststoffen versetzte Materialen muss als Unterlage oder Vorlage verzichtet werden. Zu groß ist die Gefahr, durch Schaffung eines feuchten Milieus einen Wundinfekt zu provozieren. Stuhl und Urin sind für Wundflächen nicht gefährlich, solange sie abtrocknen dürfen. Verschmutzte Verbände erneuert man nur oberflächlich. Bei starker Sekretion kann ein Wechsel in ein Luftbett mit Feuchtigkeitsregulierung in Erwägung gezogen werden.

Verbandswechsel beim isolierten Kind folgen etwas anderen Regeln, deren Einhaltung den Arbeits- und Pflegeaufwand deutlich erhöhen. Die benötigten Utensilien bereitet man separat vor, da der Verbandswagen nicht mit in das Patientenzimmer kommt. Unbenutzte Materialien verbleiben anschließend im Raum für folgende Verbandswechsel und müssen nach Entlassung verworfen werden. Daher hat sich in der Praxis bewährt, großflächige Verbandswechsel im OP durchzuführen und nur die kleineren auf der Station. Dieses Vorgehen gewährleistet in Zeiten eher knapper Personalressourcen einen reibungslosen Ablauf und spart Zeit und Materialkosten.

8.2.2 Patientenlagerung

Verbrennungsbehandlungen können langwierig sein und tage- bzw. wochenlange Bettruhe des Kindes erfordern. Diese Immobilität erhöht dann das Dekubitusrisiko. Die Lagerung auf einer normalen Antidekubitusmatratze kann zunehmend als unangenehm und im Hinblick auf die Wirkung von Scherkräften auf die Wundflächen nicht mehr ausreichend sein.

So erlaubt die Verwendung einer Matratze mit **herausnehmbaren Wabenelementen** eine individuellere Lagerung und Entlastung der gefährdeten Areale.

Bei sehr großen Verbrennungsflächen am gesamten Oberkörper empfiehlt sich ein **Luftbett mit Pulsationstherapie**. Bei diesem lassen sich Temperatur, Strömungsintervall und Auflagedruck einstellen. Die zusätzliche Funktion der Pulsationstherapie erhöht den Liegekomfort und hilft beim Management von Ödemen, da der Lymphfluss gefördert und die Kapillaren besser durchblutet werden. Die Verwendung eines medizinischen Goretexbezuges begünstigt das Mikroklima der Haut. Die atmungsaktive- und wasserundurchlässige Mikroporenmembran hält den Patient kühl, trocken und stellt gleichzeitig eine Barriere gegenüber Bakterien und Flüssigkeiten her. Die Verwendung saugfähiger Moltexunterlagen ist dann nicht erwünscht.

8.2.3 Schmerztherapie

In der modernen Medizin ist eine optimale Analgesie unerlässlich und durch den Einsatz verschiedenster Präparate möglich.

Die Kinder bekommen nach einem vom Arzt angeordneten Schema Schmerzmittelgaben. Ein rascher Aufbau eines Analgetikaspiegels vermeidet Schmerzspitzen. Zusätzlich dienen die durch klinikinterne Anästhesisten erarbeiteten Standing Orders einer optimalen Behandlung des Schmerzes durch das Pflegepersonal. Dieses Instrument ermöglicht es der Pflege, selbständig weitere Analgetika zu verabreichen, erfordert jedoch Erfahrung und Fachkenntnis. So müssen sich die Pflegekräfte vor jeder Medikamentengabe vergewissern, dass keine Allergien auf die zu verabreichenden Präparate vorliegen und zu fest sitzende Verbände oder eine unbequeme Lagerung als Ursache der Schmerzen ausgeschlossen werden können. Eine zu jedem Schichtbeginn erfolgte Kontrolle der Monitore, Ambubeutel, Sauerstoff- und Absaugungsanschlüsse gewährleistet deren problemlosen Einsatz besonders bei der Gabe von Opiaten.

Zur Beurteilung und Dokumentation von Schmerzen wendet man neben den messbaren Stressreaktionen, wie einer Erhöhung der Herzfrequenz und des Blutdruckes, einen Schmerzscore an.

Ebenso sollten indirekte Schmerzzeichen, wie z.B. eine verkrampfte Körperhaltung, Unruhe, Schlaflosigkeit, oder ständiges Betätigen des Zimmerrufes eine Neubeurteilung und eventuelle Anpassung der Analgetika zur Folge haben. Im Bedarfsfall ziehen die Ärzte konsiliarisch die Kollegen der Anästhesie hinzu. Hierbei können auch PCA (patient controlled analgesia) Infusionspumpen zum Einsatz kommen, bei denen die Kinder selbst die berechnete Analgetikazufuhr steuern.

Im weiteren Verlauf kann die optimale Versorgung mit Schmerzmitteln nur durch eine gute Kommunikation im Team und individuell erfolgen. Sie hängt von mehreren Faktoren ab: z.B. der Verbrennungsfläche und -tiefe, Hautentnahmestellen, sowie der Verarbeitung des Unfalltraumas, der Angst vor Schmerzen bei Behandlungen, der Führung durch die Eltern und der Pflegenden. Der Schmerzmittelbedarf kann sich durch Gewöhnung bei langen Therapiezeiträumen erhöhen und ein Entzugssyndrom hervorrufen. Jedoch erscheint eine Einsparung an Analgetika nicht sinnvoll.

Die Nebenwirkungen der Analgetika wie Hypotonie, Appetitlosigkeit, Übelkeit, Obstipation und Symptome eines Medikamentenentzuges bedürfen Beachtung und Reaktion der Pflegekräfte.

Gegen den Juckreiz in der Heilungsphase empfiehlt sich eine regelmäßige Gabe von Fenistil R und eine sehr gute Rückfettung mit Bepanthencreme der bereits abgeheilten Areale.

Um eine adäquate **Analgosedierung** bei einem **Verbandswechsel** zu erzielen, empfiehlt sich folgende Richtlinie:

Wundflächen >10% KOF werden, abhängig von Wundfläche-, tiefe und dem Allgemeinzustand des Patienten im OP verbunden. Verbandswechsel kleinerer Flächen und im weiteren Verlauf finden im Eingriffsraum auf der Station statt.

Für einen reibungslosen Ablauf stehen zum verabredeten Zeitpunkt Pulsoxymeter, Ambubeutel, Sauerstoff und natürlich alle Beteiligten bereit. Insbesondere bei rektaler Analgosedierung ist das Zeitfenster sehr kurz. Es ist darauf zu achten, dass die Patienten vor diesem Eingriff nüchtern sind.

Patienten *mit* i.v. Zugang erhalten nach Schema Piritramid, oder Midazolam und Ketanest titriert. Der Wirkungseintritt erfolgt nach 2–5 Minuten. Ein einsetzender Nystagmus ist ein guter Hinweis auf eine ausreichende Analgosedierung.

Patienten *ohne* i.v. Zugang erhalten Midazolam **i.v. Lösung** und KetanestS in einer Spritze gemischt rektal appliziert, dessen Wirkung nach 15–25 Minuten Wartezeit einsetzt.

8.2.4 Ernährung

Nach Stabilisierung der Vitalfunktionen und Versorgung der Wunden beginnt die orale Nahrungszufuhr. Wache Kinder dürfen sofort *ad libitum* trinken. Durch den oralen Kostaufbau werden die Nährstoffe wesentlich besser verschlüsselt und die Magenschleimhaut geschützt. Nach der Ödemphase ist eine kalorien- und eiweißreiche Nahrung wichtig, um dem massiven Abbau von Proteinen entgegenzuwirken.

Zur Kontrolle einer erfolgreichen Ernährung, wird vorab nach Möglichkeit das Körpergewicht ermittelt. Im Rahmen der Flüssigkeitsverschiebung nimmt es zunächst zu, sinkt jedoch nach Ausscheidung der rückresorbierten Flüssigkeitsmengen wieder ab. Dies kann im weiteren Verlauf bis zu 15% und mehr sein. Eine stetige Gewichtsabnahme zeigt an, dass Muskelproteine, aber auch Strukturproteine abgebaut werden, die wichtige Stoffwechselvorgänge beeinflussen. Zusätzlich fördert eine andauernde katabole Stoffwechsellage Infektionen, verhindert den Wundverschluss und lässt Transplantate schlecht einheilen. Eine optimale Ernährung von Beginn an ist demnach unerlässlich.

Die Kinder zum Essen zu motivieren, gelingt oft nur mit viel Zuspruch. Analgetika, Narkosen, Obstipation, Infektionen, Schmerzen und psychische Krisen hemmen den Appetit und stellen Eltern und Pflegepersonal vor große Herausforderungen. Viel Phantasie und Kreativität sind dann gefragt. Ein Trick ist z.B. das Eis am Stiel, welches ganz einfach mit hochkalorischen Trinkshakes, einem Medikamentenbecher und einem Holzspatel im Kühlschrank zubereitet werden kann. Eiweißreiche Süßspeisen reicht man mit frischen Früchten. Beim Kostaufbau sind Salzstangen beliebter als Zwieback. Die Bestellung von Wunschkost in der Klinikküche für schwerbrandverletzte Kinder sollte kein Problem darstellen. Die kleinen Patienten beschränken sich in Krisenzeiten meist auf wenige Gerichte, was akzeptiert werden muss. Wurden in der Pflegeanamnese Trink- und Essverhalten, sowie Lieblingsspeisen und Abneigung des Kindes erfasst, greift man nun auf diesen Fundus zurück.

Die Eltern werden gebeten, die erreichten Trinkmengen ihres Kindes zu notieren und das Kind für die Flüssigkeitsaufnahme zu begeistern.

Sind die Kinder nicht zur oralen Nahrungsaufnahme zu bewegen, erhalten Sie eine Magensonde für die vierstündliche Gabe von Sondenkost als Bolus. Hier bietet der Handel viele verschiedene Formen an, zum Teil mit Ballaststoffen, die dann die Gabe von Darmlaxantien vermeiden. Bei älteren Kindern findet dieses Procedere selten Akzeptanz, da sie das Wohlbefinden erheblich beeinflusst und eine vorübergehende parenterale Ernährung erforderlich macht.

Das rechtzeitige Erkennen von Mangelerscheinungen erfordert eine aufmerksame Beobachtung und Kommunikation im interdisziplinären Team.

8.2.5 Psychologische Betreuung

Die schwerbrandverletzten kleinen Patienten sind meist sehr traumatisiert und durchleben den Unfall immer und immer wieder. Teilweise halluzinieren sie, spüren Hitze, sehen das Bett oder Vorhänge weiter brennen. So durchlaufen sie viele Phasen der Krankheitsbewältigung, bis nach mehreren Wochen das letzte Hautstück gedeckt ist. Fieber kann auftreten. Die Wunden nässen, jucken und können die Körperakzeptanz stark beeinträchtigen. Ein Blick in den Spiegel setzt dann Ängste frei. Nach Verbrühungen im Gesicht entstehen Unsicherheiten bei Lidödemen und trotz Analgesie lassen sich Schmerzen nicht immer vollständig vermeiden. Das ist oft auch für die Eltern kaum auszuhalten. Gerade in der Mitte der Behandlung verlassen Patient und Eltern Motivation und Geduld. Das Pflegeteam stellt diese Phase vor eine große Herausforderung. Eltern treten dem Pflegepersonal nicht selten vorwurfsvoll gegenüber, oder erscheinen kontrollierend. Solche nicht untypischen Handlungen wirken sich wiederum negativ auf den Antrieb des Kindes aus. Mit viel Zeit, Zuwendung und Hingabe gilt es, das Vertrauen des Kindes sowie dessen Eltern zu gewinnen und zu erhalten.

Mit Beginn der Mobilisierung des Patienten, müssen Ängste überwunden und Grenzen überschritten werden. Hier hilft ein Psychologe, der das Kind von Beginn an mitbetreut, Schwierigkeiten aufzufangen, den Eltern Mut zu machen und das Pflegeteam zu unterstützen. Er kann die einzelnen Phasen der psychologischen Reaktionen des verunglückten Kindes und nicht zuletzt der Eltern erklären und dem Pflegepersonal mit diesem Wissen ein gutes Werkzeug in die Hand geben.

8.3 Überblick Wundtherapeutika

Zur Optimierung der Wundheilung mittels unterstützender Wundtherapeutika ist die Kenntnis über den Verlauf der primären und sekundären Wundheilung von Bedeutung.

Die fünf Wundheilungsphasen können alle gleichzeitig auftreten. Dabei folgen der *Hämostase* zur Blutstillung die *Inflammationsphase*. Diese Phase der Reinigung wird auch *Exudationsphase* genannt. Der *Proliferationsphase*, bei der Granulationsgewebe entsteht, folgt die *Epithelisierungsphase*, welche eine reparative Funktion hat. Schließlich kommt es mit der *Maturationsphase* zur Bildung von Narben. Angesichts der großen Vielfalt, der auf dem Markt befindlichen Produkte, möchten wir hier einen kurzen Überblick geben.

Die Initiative chronische Wunden (ICW) listet im Internet dazu folgende Therapeutika auf: (vgl.www.icwunden.de).

8.3.1 Spül- und Desinfektionslösungen

Ringer-Lösung

Ist nicht allergen wirkend und beinhaltet alle im Körper vorkommenden Elektrolyte; Ist zur Wundreinigung geeignet; Keime, Zelltrümmer und Reste der Wundtherapeutika werden gespült, das Zellwachstum wird gefördert.

Lavasept (Polihexanidgel)

Besitzt ein breites Wirkungsspektrum gegen Bakterien und Pilze; ist hypoallergen, wirkt kühlend, stört das Zellwachstum nicht.

Octenisept

Farbloses, wässriges Desinfektionsmittel für Wunden und Schleimhäute; die Wundbeobachtung wird nicht gestört; wirkt gering zelltoxisch.

Braunovidon

Breite mikrobiozide Wirkung mit guter Gewebeverträglichkeit; ist zur kurzzeitigen Anwendung bei Infektionen und traumatischen Akutwunden geeignet.

8.3.2 Wundtherapeutika

Hydrokolloide

Bindung von Wundsekret an die Quellsubstanz.

Calcium-Alginate

Bindung von Wundsekret an Alginate und Gelierung durch Calcium- und Natriumionen.

Silberimprägnierte Aktivkohle

Wirkt bakterizid und hemmt die Geruchsbildung; gute Eignung bei infizierten Wunden.

Hydropolymere Schaumstoffverbände

Kontrollierte Verdunstung von überschüssigem Wundsekret ohne Austrocknung des Wundbettes.

Hydrofaser

Besteht aus Natrium-Carboxymethylcellulose, ist sehr saugfähig und sorgt für ein feuchtes Wundmilieu; bei trockenen Wunden dürfen Hydrofaser nicht verwendet werden; um die Wunde zu befeuchten, müssen dann Hydrogele eingesetzt werden.

Gaze- und Silikonauflagen

Wunddistanzgitter, wie z. B. Mepitel, ermöglichen aufgrund ihrer geringen Haftung einen atraumatischen Verbandswechsel; sie hinterlassen keine Rückstände und stellen eine kostengünstige Variante bei der Versorgung dar; Gaze können mit Desinfektionslösungen, wie z.B. Braunol, getränkt sein (Braunovidon Gaze).

Polyacrylatkissen Tender Wet*
Besitzt einen Polyacrylatkern mit Spül-Saugwirkung, der Ringerlösung speichern und nach und nach an die Wunde abgeben kann; aufgrund der höheren Bindungsfähigkeit für proteinhaltige als für salzhaltige Lösungen, kann es gleichzeitig Wundsekret leichter aufnehmen.

Semipermeable Wundfolien
Ermöglichen durch ihre Transparenz eine gute Wundbeobachtung ohne einen Verbandwechsel; sie schützen die Wunde vor eindringenden Keimen und sind wasserdicht; Wundsekret wird durch diese nicht aufgenommen.

Sorbact*
Ist einseitig mit Fettsäurester beschichtet; die wasserabweisende Oberfläche zieht Bakterien und Pilze an und sorgt damit für eine gute Wundreinigung.

Promogran*
Bindet Proteasen, die bei Wundsekretansammlung infolge von Wundheilungsstörung wichtige Wachstumsfaktoren inaktivieren würden, sorgt so für ein feuchtes Wundmilieu.

Suprasorb C*
Der hydroaktive Kollagenschwamm bindet Wundsekret, reinigt die Wunde und fördert die Granulation und Epithelisierung.

8.3.3 Hautersatzprodukte

Suprathel*
Temporärer Hautersatz der hauptsächlich aus Polymilchsäure und einer resobierbaren Membran besteht; diese ist wasserdampfdurchlässig, bakteriendicht, elastisch verformbar und regt die Hautregeneration an; Suprathel verbleibt über den gesamten Heilungsverlauf auf der Wunde, ohne gewechselt werden zu müssen. Die Haut regeneriert innerhalb von ein bis zwei Wochen, danach kann Suprathel schmerzfrei von der Wunde abgehoben werden.

Bei stark blutenden, tief ulzerierenden oder infizierten Wunden wird dieses synthetische Material nicht empfohlen.

Integra*, Matriderm*
Temporärer Dermisersatz mit sehr guten kosmetischen Ergebnissen und weniger Keloidneigung.

Integra hat eine Matrix aus Rinderkollagen und Chondroitin-6-Sulfat, die von einer Silikonschicht bedeckt ist. Diese bietet Schutz vor Flüssigkeitsverlust und Bakterienbefall. Nach Umbau der Kollagenmatrix wird die Silikonschicht entfernt. Wenn die Matrix nach ca. drei Wochen ausreichend vaskularisiert ist, darf transplantiert werden.

Matriderm besteht aus Kollagen und Elastin ohne Deckschicht. Beide werden nach sorgfältiger Nekrosektomie auf ein gut durchblutetes, möglichst keimarmes Wundareal aufgelegt. Matriderm kann sofort mit Spalthaut belegt werden.

Um einen konstanten inneren Auflagedruck und damit eine optimale Einheilung zu gewährleisten, werden beide Verfahren mit einer Vakuumversiegelung kombiniert.

Epigard

Ist eine zweischichtige Kunsthaut. Ihre dünne Oberseite aus Teflon ist luftdurchlässig, verhindert jedoch das Eindringen von Bakterien, sowie den Durchtritt von Sekret. Die Unterseite bildet eine offene Matrix aus weich/elastischem Polyurethan. Ein Schaumstoff garantiert eine schnelle Reinigung und Konditionierung der Wundflächen. Epigard haftet schnell und effektiv durch thrombogene Adhäsion und Gerinnung des Exudates am Wundgrund. Dadurch wird die Wunde schon beim ersten Wechsel von nekrotischem Gewebe und Wundexudat gereinigt. Bereits während dieser Phase der Wundreinigung wachsen Fibroblasten und Gefäße in das Wundgebiet. Dadurch entsteht nach wenigen Tagen ein gleichmäßiger, gut vaskularisierter Wundrasen, der sekundär gedeckt werden kann. Regelmäßige Verbandswechsel werden nach max. 48 Stunden erforderlich.

Fremdhaut-EuroSkin R

Wird aus einer Hautbank im holländischen Beverwijk bezogen. Ist ein temporärer Hautersatz der keine Abwehrreaktion stimuliert und zwei Wochen belassen wird. Danach darf transplantiert werden. Eine Vakuumversiegelung ist nicht notwendig, ein Polyhexanid Fettgazeverband ist ausreichend.

8.4 Verbandswechsel

Der **erste** Verbandwechsel findet 72 Stunden posttraumatisch in der Regel im OP statt. Sicher drittgradig geschädigte Areale werden nekrosektomiert. Je größer die verbrannte Körperoberfläche ist, umso wichtiger ist es, frühzeitig nekrotische Areale zu entfernen, da diese bei ausgedehnten Verbrennungen eine vitale Bedrohung darstellen. Zur Deckung der entstandenen Wundflächen stehen folgende Optionen zur Verfügung:

→ direkte Spalthautdeckung, → Deckung mit Integra oder Matridem, → temporäre Deckung mit Fremdhaut oder synthetischem Material, z. B. Epigard.

Oberflächlich und tief zweitgradige Verbrennungen werden dermabradiert und mit Octenisept desinfiziert. Anschließend werden diese mit Suprathel gedeckt oder, wenn es sich um kleine Areale handelt, weiter mit Polyhexanid-Gel verbunden. Zum enzymatischen Lösen der Beläge kann Iruxol-Salbe angewendet werden. Zweitgradige und tiefere Verbrennungsflächen können sowohl mit Suprathel gedeckt, als auch mittels Polyhexanidgel behandelt werden. Suprathel verklebt mit dem Wundexsudat und wird transparent, sodass der Heilungsverlauf optisch verfolgt werden kann. Die verletzten Areale werden dafür mit Suprathelstreifen belegt. Die anschließende Auflage von Fettgaze verhindert das Verkleben der Wunde mit den, dem Schutz dienenden, Mullkompressen.

Bei der Behandlung mit Mepitel und Polyhexanidgel werden die betroffenen Stellen zuerst mit Mepitel-Gaze versorgt. Diese beidseitig mit Safetac-Technologie beschichtete Wundauflage bietet Schutz vor Mazeration und ist ebenfalls transparent. Anschließend erfolgt eine Benetzung mit Polyhexanidgel und die Abdeckung mit Mullkompressen.

Bei einer Suprathelauflage lässt die Schmerzempfindlichkeit deutlich nach. Nach 24 Stunden in Ruhestellung, ohne auf den suprathelisierten Flächen zu liegen, darf das Kind langsam mobilisiert werden. Deshalb sollte der Verband so angelegt sein, dass die kombinierten Auflagen durch mechanische Alteration nicht abgelöst werden. Die Wundsekretion lässt weiter nach, sodass bei fieberfreiem Verlauf der nächste Verbandswechsel drei Tage später stattfinden kann. Für die Pflege ist wichtig, dass kein Verbrennungsareal von Einwegwindeln, selbstklebenden Binden oder wasserundurchlässigen Zellstoffunterlagen bedeckt sein darf. Mit Kot, Urin oder Blut verunreinigte Verbandareale sollten durch Abtragen und Erneuern der äußeren Schichten getrocknet werden. Hier besteht nicht zwingend eine Indikation zum erneuten Verbandswechsel. Nach Mepitel-Gaze Auflage findet der nächste Verbandswechsel nach 48 Stunden statt.

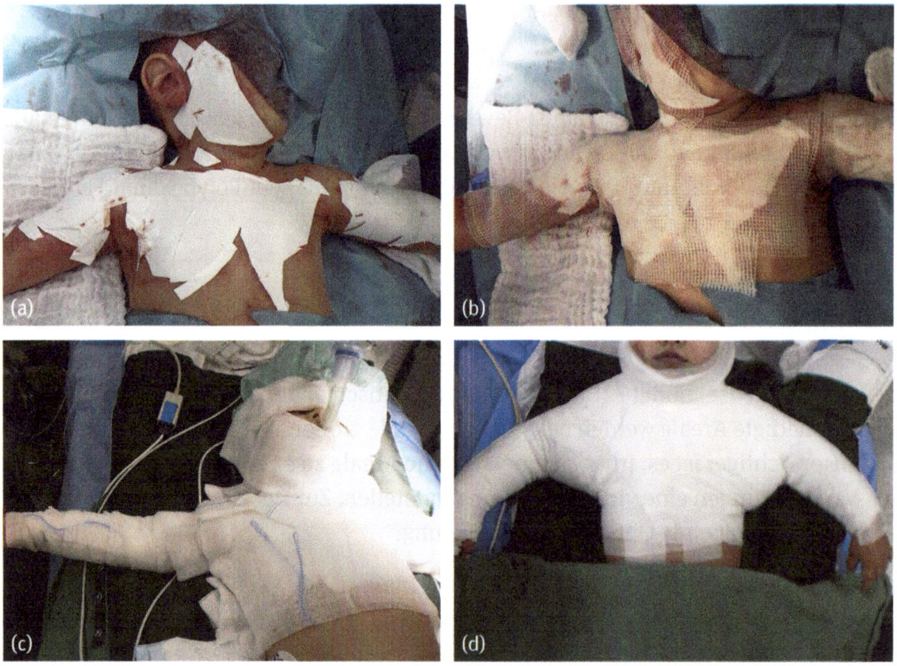

Abb. 8.2: Suprathel-Auflage (a), Auflage Fettgaze (b), Auflage Krompressen (c), abschließender Schutzverband (d).

Bei einem **zweiten** Verbandswechsel werden die Kompressen durch leichten Gegendruck vorsichtig entfernt. Die Fibrinproduktion nimmt mit dem Ende der Entzündungsphase ab. Bei Suprathel-Auflagen bleiben diese weiterhin mit der Fettgaze verbunden. Bei der Behandlung mit Mepitel entfernt man diese komplett. Anschließend werden Wundabstriche entnommen und entweder ausschließlich Kompressen, oder die Mepitel-Polyhexanidgel-Kombination nach Desinfektion der Wunde mit Octenisept erneuert.

Zeichnet sich eine stärkere Wundtiefe ab oder löst sich das Suprathel vom Wundgrund, sind Alternativen zu planen. Hierfür können, wie im ersten Verbandswechsel schon erwähnt, andere Materialien, wie Fremdhaut, Spalthaut oder die Verwendung weicher Polyurethanschaumverbände eingesetzt werden. Bleibt es bei der Behandlung mit Suprathel, oder der Mepitel-Polyhexanidgel-Kombination verlaufen alle kommenden Verbandswechsel nach dem gleichen Muster.

Mit dem Abschluss der Epithelisierungsphase kann auch das Suprathel samt der darüber liegenden Fettgaze entfernt werden. Dort wo das Suprathel jedoch noch fest haftet, belässt man es mit der Fettgaze und komplettiert mit Mullkompressen.

Sind letztlich alle Suprathelanteile entfernt, oder die Wunden geschlossen, bleibt die Haut offen und wird intensiv mit Dexpanthenol gepflegt.

Bei zweitgradigen Verbrennungen ist die Tiefe der Hautverletzungen initial oft nicht zu erkennen. Diese Areale benötigen 1–2 Wochen, um sich zu demarkieren. Da besonders bei Kindern Spontanheilungen möglich sind, fällt erst danach die Entscheidung, ob eine Transplantation notwendig ist.

8.5 WMCS (Wireless, Micro Current Stimulation) Technologie

Gute Erfahrungen werden mit dem Einsatz der WMCS Technologie nach dem ersten Verbandwechsel gemacht.

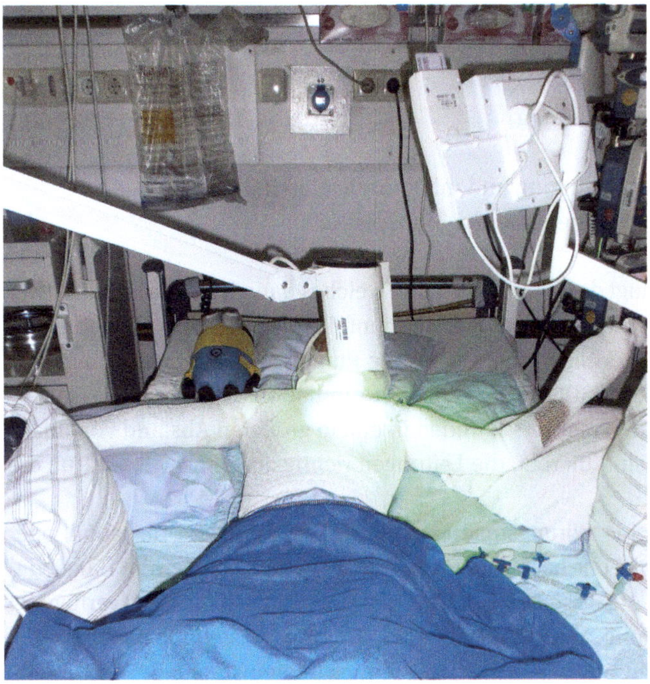

Abb. 8.3: Die WMCS-Technologie.

Wie im gesamten Körper, besteht auch in der Haut ein Stromfluss. Bei einer thermischen Verletzung wird dieser unterbrochen. Ein elektrisches Feld ist für die Wundheilung aber entscheidend, da die Zellen dorthin gezogen werden, wo dieses aktiv ist.

Die WMCS-Technologie ermöglicht es, Strom drahtlos auf die Wunde zu übertragen. Dazu wird die Eigenschaft des Sauerstoffs genutzt, Elektronen abzugeben und dadurch Reparaturmechanismen zwischen Epidermis und Dermis zu stimulieren. Diese elektrostatische Aufladung nehmen die Kinder als leichtes, nicht schmerzhaftes Kribbeln wahr.

Einen großen Stellenwert nimmt der psychologische Effekt dieser Behandlung ein. Durch die einfache Handhabung, lassen sich die Eltern sehr gut in die Therapie einbeziehen. Zweimal täglich werden die betroffenen Areale je 45 Minuten bestrahlt. Dabei sind verschiedene Lichtfarben einstellbar. Die Eltern beaufsichtigen diese Behandlung mit hoher Konsequenz. Alle Beteiligten erlangen während der Behandlung das Gefühl, die Heilung in den Zeiträumen zwischen den Verbandswechseln aktiv zu unterstützen. Das ist wichtig, da viele Eltern mit Schuldgefühlen zu kämpfen haben.

8.6 Spezielle Pflegemaßnahmen

8.6.1 Pflege bei Vakuumtherapie (VAC)

Ist der Zustand der Granulationsfläche zum Beispiel wegen einer Infektion noch ungünstig und eine Wartezeit unvermeidlich, so gibt es die Möglichkeit durch die Auflage von künstlichem Hautersatz, wie Integra oder Epigard, die Wundoberfläche zu verschließen und das Wundbett zu optimieren. Die Anlage einer Vakuumversiegelung erzeugt den benötigten inneren Anliegedruck.

Auch nach Hauttransplantationen kann die Vakuumtherapie zum Einsatz kommen.
Die Vorteile sind:

- Verbesserung der Gewebedurchblutung
- Minimierung von Scherkräften
- Ableitung von Flüssigkeitsansammlung und infektiösem Material
- Schienung und Stabilität von Hautersatz oder Transplantaten

Der ausgewählte Schaumstoff saugt das Wundsekret auf, welches dann in einem Behälter aufgefangen wird. Die wasserdampfdurchlässige Polyurethanfolie dichtet das Wundgebiet ab, um ein für Bakterien ungünstiges Milieu zu schaffen. Die Pumpe erzeugt einen Unterdruck (Werkseinstellung 125 mmHg) der die Bildung gesunden Granulationsgewebes begünstigt.

Mit einer Y-Verbindung können mehrere Wunden in einem größeren Abstand voneinander behandelt werden. Wichtig sind hierbei, die Leitungen richtig zu kennzeichnen, um die Sekretmenge korrekt zu erfassen.

Die Pflegekräfte sorgen für eine störungsfreie Funktion der Pumpe. Bei Druckabfall oder hörbaren Luftgeräuschen muss mit Folie nachgedichtet werden. Für Verletzungen der Hand oder andere schwierig abzudichtende Areale stehen Folienverbände in Schlauchform zur Verfügung.

Auch wird regelmäßig kontrolliert, ob die gewünschte Therapieeinstellung der Therapieeinheit (intermittierend oder kontinuierlich), sowie der Druck übereinstimmen.

Sekretstau, Dislokation, Abknicken und jegliche Ausübung von Zug sind unbedingt zu vermeiden.

Oft geben die Kinder nach Schwammwechsel und VAC-Neuanlage ein Brennen an. So muss der Schmerzmittelbedarf wieder neu angepasst und der Verband überprüft werden. Zur Entlastung darf ein zu straff angelegter Folienanteil mit der Pinzette angehoben und eingeschnitten werden. Der dadurch entstandene Verbandsdefekt wird mit einem intakten Folienverband abgedeckt. Bei Anlage an Extremitäten ist auf die Durchblutung und Sensibilität zu achten.

In regelmäßigen Abständen dokumentieren die Pflegekräfte Wundzustand, Wundumgebung, die Exsudatförderung (Aussehen und Farbe) und das Befinden des Kindes. Wenn sich Zeichen einer allergischen Reaktion (z.B. Rötung, Schwellung, Hautausschlag, Urtikaria, und schlimmstenfalls ein Bronchospasmus) entwickeln, ist sofort der Dienstarzt zu verständigen. Diese seltenen Komplikation können durch die Acrylatklebeschicht in der verwendeten Folie hervorgerufen werden.

Nach Auflage von Integra empfehlen die Ärzte meist für mindestens 5 Tage Bettruhe um die Bildung einer Neodermis nicht zu gefährden.

Bei einer VAC-Therapie ohne Integra ist eine frühe Mobilisation möglich. Die Kinder dürfen in Rollstuhl oder Kinderwagen gesetzt, die VAC-Pumpe möglichst unter Niveau der behandelten Hautfläche positioniert, spazieren gefahren werden. Auch Duschbäder sind erlaubt.

8.6.2 Hautpflege Gesicht

Bei oberflächlichen Verletzungen der Haut im Gesicht sind verschiedene Behandlungen möglich. Zum einen kann Suprathel aufgelegt werden. Entscheiden sich die Ärzte konservativ offen zu behandeln, betupft man die betroffenen Stellen unter Beachtung einer aseptischen Arbeitsweise mehrmals täglich mit einem Braunovidon/Aquagemisch im Verhältnis 1:10. Eine Behandlung mit einer nitrofuralhaltigen Salbe, welche sanft mit einem Spatel auf die betroffenen Areale aufgetragen wird, wirkt entzündungshemmend und verhindert den Keimbefall. Bei beiden Verfahren endet die Behandlung, sobald die betroffenen Stellen aufhören zu nässen. Das ist meist schon nach 24 bis 48 Stunden der Fall. Danach beginnt sofort die intensive Hautpflege der Krusten und abgeheilten Areale mit Dexpanthenol. Bepanthen-Salbe fördert die Epithelisierung, lindert Juckreiz und Spannungsgefühle der frischen Narbe.

Die Haut im Gesicht ist gut durchblutet und heilt meist rasch ab. Auch hier lassen sich die Eltern durch vorherige Anleitung sehr gut in die Behandlung mit einbeziehen.

8.6.3 Pflege der Spalthautentnahmestellen

Spalthaut entnimmt man bei Kindern bevorzugt am Kopf. So lässt sich durch das kindliche Verhältnis der Kopfgröße zum Körper mehr Transplantat gewinnen. Ebenso verdecken nachwachsende Haare Narbenbildung und Pigmentstörungen. Nach Entnahme kann Suprathel oder nur ein Fettgazeverband aufgelegt werden.

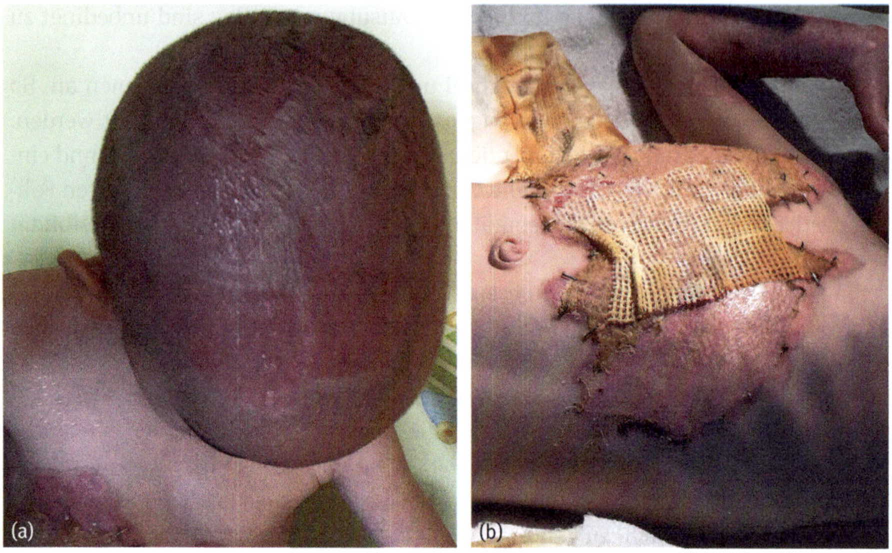

Abb. 8.4: Abbildungen einer Spalthautentnahmestelle am Kopf (a) und des Spalthaut-Transplantats am Thorax (b).

Bei Entnahmestellen an den Extremitäten heilen diese je nach Dicke des Transplantates innerhalb von 14 Tagen ab.

Nach Hautentnahme ergibt sich die gleiche Situation, wie bei einer oberflächlichen Verbrennung, bezüglich des Heilungsverlaufes.

Die Hauptschwierigkeit bei der Behandlung der Entnahmestellen besteht darin, dass der Verband trotz Fettgazeauflage verkrustet und mit der Haut verklebt, sodass bei Abnahme Blutungen entstehen und das regenerierende Epithel abgerissen wird. Üblicherweise belässt man den Verband so lange, bis er sich von alleine löst. Geschieht dies nicht, weicht man ihn mit isotoner Kochsalzlösung ab. Der Verband darf nur so lange belassen werden, wie er trocken bleibt. Eine zunehmende Sekretion deutet auf eine Infektion hin. Nach ca. 10–14 Tagen kann bei guter Abheilung erneut Haut entnommen werden.

Alternativ bieten sich bei begrenzten Arealen sogenannte „gelöcherte Folienverbände" an, welche bis auf die darüber liegende Kompressen-Auflage bis zur Abheilung nicht gewechselt werden müssen. Darüber hinaus scheinen sie die Schmerzhaftigkeit dieser Region herabzusetzen. Nach Abheilung cremt man wieder intensiv mit Panthenol.

8.6.4 Pflege nach Spalthauttransplantation

Großflächige und tiefe Verletzungen müssen schlussendlich meist durch Spalthauttransplantationen gedeckt werden. Nun kommt es auf eine gute Kommunikation zwischen Operateur und Pflegekräften an. Alle Beteiligten müssen genau wissen, wo sich Transplantate und wo Spalthautentnahmestellen befinden und welche Gebiete noch nicht angegangen wurden.

Abb. 8.5: Lagerung zur Kontrakturprophylaxe axillär.

Nach Frühtransplantationen (drittgradige Verbrennung bis 3. Tag postraumatisch) besteht die Gefahr des „Wegschwimmens" der Transplantate durch eine weiterhin bestehende Ödemphase. Dies versucht man durch eine gute Bilanzierung und ausreichender Eiweißzufuhr zu verhindern.

Auch Lagerung und Ruhigstellung sind wichtig. Das Transplantat muss engsten Kontakt mit dem Untergrund haben. Häufigste Ursache für eine Trennung ist eine Blutung. Das Hämatom verhindert dann den Anschluss der auswachsenden Kapillaren und damit das Einwachsen des Transplantates. Bis die anfängliche Fibrinklebung durch eine feste Bindegewebsverankerung ersetzt ist, muss das Pflegepersonal gemeinsam mit den Eltern eine Ruhigstellung, notfalls mit Fixierungen und Schienen, für die nächsten 5 Tage durchsetzen. Am 5. postoperativen Tag findet dann der erste Verbandswechsel möglichst im OP statt.

Die Hautpflege mit Fettcreme beginnt sofort nach Abheilung. Besonders die durch Spalthautverpflanzung entstehenden Hautflächen sind weniger elastisch als gesunde Haut und

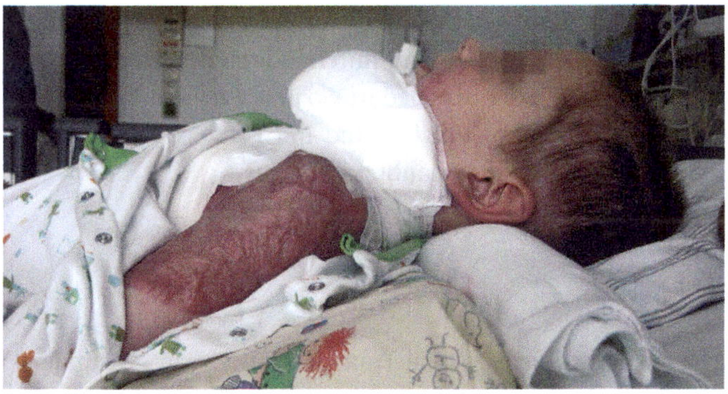

Abb. 8.6: Lagerung zur Kontrakturprophylaxe im Halsbereich.

neigen zur Bildung von Kontrakturen, Hypertrophien und Keloiden. Diese führen zu Bewegungseinschränkung der angrenzenden Gelenke. Stark kontrakturgefährdet sind die vordere Halsseite, die Achsel, die Beugeseiten der Ellbogen- und Kniegelenke sowie Finger und Zehen. In Absprache mit den betreuenden Physiotherapeuten werden die Patienten streng in Dehnpositionen der betroffenen Bereiche gelagert, um Kontrakturen von Anfang an zu vermeiden. Hier kann man mit individuell zurechtgeschnittenen Schaumstoffkeilen, Lagerungsschienen, Polstern, oder Fixierungen arbeiten, stets darauf bedacht, dass die kleinen Patienten in den teilweise unbequemen und unphysiologischen Positionen so optimal wie möglich liegen.

Zur Unterstützung der Eltern empfiehlt es sich mit Ideen zur Beschäftigung des Kindes im Bett aufzuwarten. Fingerspiele, Klinikerzieher, Musiktherapeuten und Mediclowns schaffen oft gelungene Ablenkung vom Klinikgeschehen.

8.6.5 Pflege nach Vollhauttransplantation

Ein Vollhauttransplantat kommt aufgrund seiner Schichtdicke funktionell den Eigenschaften gesunder Haut am nächsten, braucht jedoch auch länger, um anzuwachsen. Seine Färbung zeigt sich unauffälliger und passt sich leichter dem Wachstumsverhalten der benachbarten Hautregion an. Darum findet es zur Rekonstruktion im Gesicht, Hals und Handbereich Anwendung. Um das Einheilen zu unterstützen, wird meist ein Vakuumverband angelegt. Dennoch empfiehlt sich auch hier das betroffene Gebiet für 5 Tage ruhigzustellen und danach den nächsten Verbandswechsel durchzuführen.

8.6.6 Pflege nach Schwenklappenplastik

Ausgedehnte und komplexe Defekte mit freiliegenden Strukturen wie Sehnen, Gelenken, Knochen, Nerven oder Gefäßen müssen mit gut durchblutetem Gewebe gedeckt werden. Dies geschieht durch eine lokale Verschiebelappenplastik (Haut, Unterhautfettgewebe, Faszie) oder durch eine freie Lappenplastik. Auch hier kommt es auf eine zug- und druckfreie Lagerung an.

Da bei dem Verfahren der Schwenklappenplastik über einen langen Zeitraum Haut auf Haut liegt, (z.B. bei Deckungen von Hautweichteildefekten am Handrücken und an den Fingern durch „Einnähen“ in die Leistenregion), sind durch Sekretion hervorgerufene Hautulzerationen oft eine Folge und erhöhen den Pflegebedarf. So müssen mehrmals täglich Zwischenräume mit Octenisept oder Lavasorb desinfiziert und mit Fettgaze unterpolstert werden. Im weiteren Verlauf ist auch ein Abduschen erlaubt.

8.6.7 Pflege nach freier Lappenplastik

Nach einem sogenannten „freien Gewebetransfer“ (freie Transplantation von „gesundem“ Hautweichteilgewebe mit mikrochirurgischem Gefäßanschluss) ist ein entsprechendes Monitoring von großer Bedeutung. Das Pflegepersonal kontrolliert, soweit einsehbar, Rekapillarisieung, Temperatur und Farbe des transplantierten Gewebes. Gegebenenfalls kann die Durchblutung mittels Dopplersonografie geprüft werden. Nach entsprechender Einweisung können das die Pflegekräfte im stündlichen Intervall übernehmen. Die weitere Pflege erfolgt immer sehr individuell und nach klaren Anweisungen der Operateure. So können die Lappenplastiken nur mit locker aufgelegten Bauchtüchern bedeckt, warm und trocken gehalten werden und dürfen für 7 Tage keinem Druck ausgesetzt sein. Wenn sichergestellt ist, dass weiterhin keine Zug- und Scherkräfte auf den Hautlappen wirken, könnte eine vorsichtige Mobilisierung des Kindes, je nach Lokalisierung des transplantierten Gewebes, nach ca. 72 Stunden erlaubt werden.

Auch der Verbandswechselintervall der Entnahmestellen folgt keinem festen Schema, sondern immer nach individueller Vorgabe der Chirurgen.

8.6.8 Hautpflege nach Epithelisierung

Thermisch verletzte Haut hat die Fähigkeit verloren, für einen eigenen Fettschutz zu sorgen. Ist die Haut abgeheilt, übersteigt daher ihre Pflege das normale Maß. Die entsprechende Fettcreme wird in den nächsten Monaten beziehungsweise Jahren zum ständigen Begleiter. Bei Aufenthalt im Freien ist immer eine Sonnencreme zu verwenden, die einen hohen Lichtschutzfaktor, ab 30 bietet, und damit Pigmentstörungen vermeidet.

Neben der Hautpflege erfolgt zeitnah die Maßanfertigung der Kompressionsbandagen und Anzüge durch die Orthopädietechnik. Diese Materialien bedürfen einer konsequenten Anwendung über einen Zeitraum von 2 Jahren, um die Ausbildung hypertropher Narben zu reduzieren. Ergänzend können selbsthaftende Silikonauflagen oder Silikoncremes angewendet werden. Zur Eingewöhnung an die poststationäre Therapie werden Eltern und Kind bereits in der Klinik mit der Kompressionskleidung vertraut gemacht.

8.6.9 Pflege nach Needling

Eine neue Therapiemethode bei hypertrophen Narben und flächigen Kontrakturen bietet das Needling. Eine Vielzahl von Einstichen, die bis zu 3 mm tief in die Haut eindringen, führen zu einer großen Anzahl von Mikroverletzungen. Diese wiederum regen über körpereigene Reparaturmechanismen die Bildung von Eiweißkollagen in der Haut an.

Vor und nach der Therapie im OP bekommen die Kinder Vitamin A in Form einer Lotion aufgetragen.

Die Versorgung der aufgefrischten Narbe nach einer Behandlung erfolgt anfangs durch zweistündliches Abwaschen mit medizinischer Waschlotion. Im Anschluss jeder Waschung wird die Haut eingecremt. Dadurch werden Blutkrusten entfernt und die Areale mit Fett versorgt. Später ist das Intervall auf vier Stunden erweiterbar.

Eine weitere Möglichkeit besteht in der Verwendung silikonbeschichteter Schaumverbände (Mepilex Safetac). Bei diesem Verfahren verbietet sich ein Wasserkontakt für 7 Tage.

Auch nach dieser Therapie werden die Eltern über die Gefahr einer Pigmentverschiebung und der damit verbundenen Prophylaxe aufgeklärt.

8.7 Weitere Literatur

[1] „Die Pflege des Brandverletzten" Alfons Grabosch, Michael Günnewig, Springer Verlag (1991)

[2] Dr. Steven von Gernet, Klinik für Plastische, Rekonstruktive, Hand und Verbrennungschirurgie Klinikum München Bogenhausen, Dr. Hans Grundhuber, Dr. Carsten Krohn Klinikum München Schwabing, Klinik für Kinderchirurgie Universitätsklinikum Carl Gustav Carus Dresden, Kinderchirurgie

[3] Henke, Friedhelm: „Versorgung von Verbrennungswunden – Wundmanagement", unter: http://www.carelounge.de/autoren/Henke_Wundversorgung.pdf (abgerufen am 02.09.2016)

[4] Kinderchirurgie, Basiswissen und Praxis, Hers.: Dietrich von Schweinitz; Zuckschwerdt Verlag München 2008

9 Rehabilitation brandverletzter Kinder und Jugendlicher

Dem Management von Rehabilitationsmaßnahmen Kinder und Jugendliche nach thermischem Trauma ist aus vielfältigen Gründen eine besondere Aufmerksamkeit zu widmen.

Wir verzeichnen neben speziellen Unfallumständen inhomogene und kleine Altersgruppen, für die es geeignete und erreichbare Ziele festzulegen gilt. Eine Vielzahl therapeutischer Angebote stehen zur Verfügung. Ob diese parallel oder zielorientiert aufeinander aufbauend zum Einsatz kommen bedarf einer genauen Analyse der Erwartungen und des Umsetzungspotentials. Es resultiert eine sich den Veränderungen anpassende transdisziplinäre und multiprofessionelle Teamarbeit in die flankierend pädagogische Ansätze mit einfließen.

Medizinische Gesichtspunkte und altersspezifische Bedürfnisse des Kindes sind neben familiären und sozialen Umfeldfaktoren ebenso wie individuelle Erwartungen an die Fürsorge bei Festlegungen zu den Therapiezielen, der Therapieplanung und bei den Organisationsstrukturen zu berücksichtigen.

Aus verschiedenen Perspektiven verdeutlichen Betroffene, Eltern, Therapeuten sowie das soziales Umfeld oder Kostenträger unterschiedliche Prioritäten auf den Weg zurück in eine „neue Normalität" des Alltages für den Betroffenen.

Für alle Beteiligten eine nachvollziehbare Zielorientierung zu entwickeln und diese in stabilen Rahmenstrukturen zu organisieren und anzupassen qualifiziert ein Rehabilitationsteam, das zugleich auf Besonderheiten und Änderungen der Lebensumstände zu reagieren weiß.

9.1 Verbrennungen im Kindes- und Jugendalter

Im Kindesalter gehören thermische Verletzungen zu den häufigeren Unfällen. Dabei stehen Verbrühungen mit 70% aller Verletzungen im Vordergrund. Im ersten „Entdeckungsalter" sind vorrangig die Zwei- bis Vierjährige gefährdet. Eine lebhafte motorische Entwicklung und ein unbändiger Drang zum Erkunden von Neuem generiert in diesem Alter Mobilität, die die Erwartungen der Betreuungspersonen oft überbietet.

Auch der Heranwachsende erkundet seine Umwelt. Jedoch sind jetzt der unsachgemäße Umgang mit Feuer und brennbaren Flüssigkeiten oder die Unterschätzung der Gefahren durch Strom vorrangig.

Generell hängt das Ausmaß der Hautschädigung von der Art des heißen Stoffes, seiner Temperatur (Wasser bis ca. 100°C, Öl bis ca. 200°C, offene Flamme bis ca. 1200°C) deren Einwirkungszeit oder dem Stromdurchfluss ab.

An erwachsener Haut tritt innerhalb von Sekunden zwischen 51 und 70°C ein irreparabler Hautschaden ein, bei über 70°C reichen hierfür Sekundenbruchteile. Dreimal schneller geschieht dies an der anatomisch dünneren und weniger widerstandsfähigen kindlichen Haut. Zudem verfügen Kinder im Vergleich zu Erwachsenen über eine größere Körperoberfläche im Verhältnis zum Körpergewicht. Im Schadensfall resultieren stärkere Auswirkungen der Dehydratation und ein erhöhter Wärmeverlust. Dies wirkt sich besonders bei Verbrühungen mit Flüssigkeiten am Kopf und Hals durch heruntergezogene Tassen oder Kannen aus. Prozentual beträgt der Anteil dieser Region beim Säugling 20%, beim Kleinkind 16% und beim Erwachsen nur 9% der Gesamtköperoberfläche. Zudem weist Narbengewebe in den jüngeren Lebensjahren eine stärkere Neigung zur Hypertrophie und einem verzögerten Reifungsprozess auf (Abb. 9.1). Resultierende gelenkübergreifende Narbenkontrakturen behindern im Kindes- und Jugendalter daher häufig Wachstum und Beweglichkeit [1].

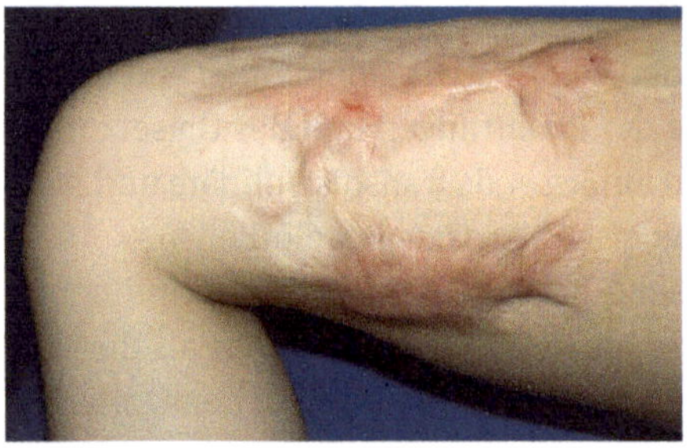

Abb. 9.1: Narben im Kindesalter neigen zur Hypertrophie und können in Gelenknähe eine Einschränkung der Beweglichkeit des Gelenkes hervorrufen (männl., 5 Jahre, Verbrühung mit heißem Tee).

9.2 Allgemeine Aspekte in der Rehabilitation brandverletzter Kinder und Jugendlicher

Entsprechend der Altersverteilung lassen sich drei Gruppen unterteilen:

9.2.1 Kleinkinder

Hierbei handelt es sich um die anteilig größte und jüngste Gruppe, überwiegend mit Verbrühungsverletzungen, im häuslichen oder familiären Kontext entstanden und im Zusammenhang mit der „Schuldfrage" besonders betroffenem sozialem Umfeld. Nach der notwendigen stationären Akutversorgung wird überwiegend eine rasche ambulante Betreuung angestrebt und ist bei geordneten Strukturen realisierbar. Besondere familiäre Strukturen oder Migrationshintergrund können in dieser Gruppe einen besonderen Unterstützungsbedarf generieren.

9.2.2 Schulkinder

Aus den Unfallumständen resultieren oft Verletzungsmuster mit schwerwiegenden Funktionseinschränkungen. Ob ambulante Versorgungsmöglichkeiten dem funktionellem Behandlungsbedarf im Einzelnen gerecht werden, bedarf einer differenzierten Prüfung der Umfeldfaktoren. Eine bewusste aktive Einbeziehung des Betroffenen in die Rehabilitation ist vorteilhaft, fordert zugleich einen erhöhten Gesprächs- und Motivationsbedarf.

9.2.3 Jugendliche

Fehler in der Gefahrenbeurteilung führen häufig zu komplexen Verletzungen mit Begleitverletzungen bis hin zum Gliedmassenverlust oder anderen schwerwiegenden Aktivitäts- und

Teilhabelimitierungen. Sehr differenziert sind Rehabilitationspotential und Rehabilitationsbedarf abzuwägen. Veränderungen der Körperlichkeit selbst und das Verhältnis zum eigenen Körper prägen neben einer situativ sehr emotional erlebten Postakutphase das Erwachsenwerden. Entscheidend ist es, wie es gelingt, Motivation für eigene Aktivitäten und Selbsthilfe anzuregen und zu fördern.

Dem sozialen Umfeld des brandverletzten Pubertierenden wird in dieser Phase ein besonderes Einfühlungsvermögen im Umgang abverlangt.

9.3 Rehabilitationsziele

Die Gesundheit eines Kindes oder Heranwachsenden prägt nachhaltig die Entwicklung der Persönlichkeit, die Entfaltung von Talenten und letztendlich auch den späteren Lebensweg. Altersunabhängig ist es Ziel der Rehabilitation durch ein thermisches Trauma und Narbenbildung verursachte Funktionseinschränkung zu beseitigen bzw. zu minimieren, Beschwerden zu lindern und Hilfestellungen zum Umgang mit den Veränderungen zu geben.

Die Förderung der Narbenreifung und Verbesserung des Narbenbildes stehen unangefochten im Vordergrund. Reduzierte funktionelle und ästhetische Handicaps, mehr Selbständigkeit und wiedererlangte Selbstsicherheit erleichtern die Rückkehr in das Familienleben und in die Gemeinschaft Gleichaltriger. Welche Fähigkeiten und Fertigkeiten in der persönlichen Lebenslage aktuell wichtig sind, gilt es zu ergründen und in die Behandlungsplanung zu integrieren.

Mitunter wandeln sich gerade beim Jugendlichen nach der Brandverletzung dessen Perspektiven beim Blick auf „das Wichtige“ im Leben. Dies zu berücksichtigen und neben der Perspektive des „pragmatisch“ denkenden Erwachsenen gelten zu lassen, erfordert Feingefühl und Toleranz.

Zielsetzungen und Behandlungsoptionen sind mit Blick auf die Schullaufbahn und die zukünftige Erwerbstätigkeit sowie soziale Einbindung im Verlauf zu reevaluieren und ggf. anzupassen [2, 3].

9.4 Rehabilitation brandverletzter Kinder und Jugendlicher

Sie beginnt aller Regel bereits im Bereich der Akutversorgung. Zu nennen ist beispielhaft die aktivierende Krankenpflege neben der mobilisierender Krankengymnastik und Ergotherapie. Deren Ziel ist es, einer Dekonditionierung und Muskelatrophien entgegen zu wirken, Kontrakturen zu vermeiden und bereits frühestmöglich die Bereitschaft zur Mitarbeit zu fördern.

So kann etwa fünf bis sieben Tage nach einer Spalthauttransplantation mit aktiven Übungselementen aus begonnen werden. Je nach Dauer des stationären Aufenthaltes ist eine Ausweitung in Intensität und Zielsetzung möglich. Bis zur Entlassung sind ausreichende Mobilität und angemessene Gelenkbeweglichkeit zu erreichen, so dass in jedem Zentrum zur Behandlung brandverletzter Kinder ein Team aus spezialisierten Krankengymnasten, Ergotherapeuten und Masseuren zur Absicherung der anfangs täglich erforderlichen funktionsorientierten Therapie gewährleistet ist.

In der Mehrzahl der Behandlungsfälle ist die Anleitung der Eltern in pflegenden und bewegungs- bzw. narbenfördernden Maßnahmen neben der Verordnung von Behandlungen nach dem Heilmittelkatalog der Gesetzlichen Krankenversicherung von Bedeutung. Wichtig ist neben der konsequenten Umsetzung der ärztlich verordneten Nachsorgemaßnahmen die regelmäßige fachärztliche Nachbetreuung.

In Fällen mit besonderen Auswirkungen des thermischen Traumas auf Körperstruktur, Körperfunktion und Aktivität wie z. B. bei:
- tiefdermaler Verletzung von mehr als 15% der KOF
- Verletzungen im Gesicht oder funktionswichtigen Bereiche wie dem Dekolleté, dem
- Schultergürtel, den Ellenbogen, den Händen oder am Kniegelenk und Fuß
- Begleitverletzungen (Nervenverletzung, Amputationen o. ä.) und besonders nach
- Starkstromverletzungen

erscheint dann eine stationäres Rehabilitationssetting der medizinisch komplexeren und vielfältigeren Behandlungsnotwendigkeit eher zu entsprechen. Nicht operationswürdige Epitheldefekte stellen dabei kein Hindernis dar, vielmals führt oftmals der Milieuwechsel zur Stimulation biopsychoimmunologische Prozesse und Förderung der Wundheilung.

Generell wird jeder Entscheidung über Art und Umfang der rehabilitativen Nachsorge eine sehr differenzierte alters- und schädigungsbezogene Prüfung des Einzelfalles vorausgehen müssen. Bei entsprechender Qualifikation des Reha-Zentrums auf die Versorgung brandverletzter Kinder und Jugendlicher verfügt dieses zudem über die altersadäquaten medizinischen, strukturellen, organisatorischen, sozialpädagogischen Voraussetzungen und erforderlichen Unterstützungsangebote für Eltern praktische Erfahrungen auf dem Gebiet und ein abgestimmtes Rehabilitationsmanagement sowie die Kooperation mit dem Akutbereich.

9.5 Besonderheiten der Rehabilitation von Kindern und Jugendlichen

Kinder sind in der erstaunlich gut in der Lage, ein Trauma und dessen Folgen bei Orientierung auf Nahziele zu kompensieren. Sie benötigen für eine rasche Gewöhnung an eine neue Umgebung/Situation eine verständnisvolle und zugleich liebevolle Begleitung. Dies und der Aufbau von Vertrauen als Basis jeder Behandlung erfordern allerdings 1–2 Wochen, also länger als beim Erwachsenen. Durch die Gestaltung einer kindgerechten Umgebung (im Zimmer, im Therapiebereich) muss der Prozess der Adaptation unterstützt werden.

Einen wesentlichen Einfluss auf die Eingewöhnung haben die familiären Bezugspersonen. Diese müssen ihrerseits einen Umgang mit dem Trauma gefunden haben. Unverhältnismäßige Fürsorge oder Schuldgefühle können einen ungünstigen Einfluss haben. So kann sich bei der Bezugs-/Begleitperson selbst Gesprächs- und/oder psychologischer Betreuungsbedarf anbahnen.

In der Therapie sind entwicklungsspezifische Besonderheiten zu berücksichtigen. Je nach Altersgruppe ist durch einfühlsame Vorbereitung und Aufklärung oder durch spielerische Umsetzung der Therapieinhalte Motivation und Compliance zu schaffen (Abb. 9.2).

Kinder und Jugendliche benötigen einen klar strukturierten, sich wenig ändernden Tagesablauf. Dies erleichtert den Prozess der Eingewöhnung und schafft kontinuierlich

Abb. 9.2: Alters- und neigungsentsprechend gilt es in der Therapie mit geeigneten Methoden Aktivitäten zu fordern und teils spielerisch, Bewegungsziele zu erreichen (männl., 9 Jahre, nekrotisierende Fasciitis).

erforderlichen Freiräume für Erholung und natürlichen Spieltrieb. Gleichsam ist erst so die Einbindung externer Leistungen (Heilpädagogik, Konsile, Beschulung) zu gewährleisten.

Aktivitäten, um Complaince für die notwendige Kompressionstherapie, die schrittweise eigenständige Übernahme des Betroffenen oder eines Elternteils der Haut- und Narbenpflege müssen in Einzelgesprächen und Seminaren verstärkt werden.

9.6 Elemente der Rehabilitation

Im stationären Rehabilitationssetting generiert sich der Behandlungserfolg aus einer Vielzahl an parallel und teilweise auf einander aufbauenden Therapieelementen sowie ergänzenden Maßnahmen, deren Auswahl zielorientiert und altersentsprechend erfolgt.

9.6.1 Narbenpflege

Eincremen und Massieren fördert die Reifung der Narbe. Neben dem Zuwachs an Geschmeidigkeit und einem besseren Narbenbild resultiert eine Verbesserung der Beweglichkeit betroffener Gelenke. In den ersten Wochen sind zum Schutz der Transplantate meist Fettcremes besser geeignet, im Verlauf eher feuchtigkeitsspendende Pflegeprodukte, die ein Austrocknen, Einreißen oder starkes Schuppen der Haut verhindern. Der Bedarf an Hautpflege reduziert sich individuell unterschiedlich im Verlauf. Zur Förderung von Akzeptanz und Eigenaktivität lohnt es sich besonders in diese Aufgaben das Kind oder den Jugendlichen in die Pflegeprozedur mit einzubeziehen. Welche Creme oder

Salbe besten geeignet ist bleibt der individuellen Situation vorbehalten (s. Tab. 9.1). Erste Empfehlungen werden in der Akutbehandlung und der nachstationären ambulanten Betreuung gegeben.

Tab. 9.1: Seit 1998 verwenden wir diese Rezeptur mit gutem Effekt und ohne Nebenwirkungen als Pflegesalbe und Koppelmedium zur Narbenmassage. Sie enthält keine Konservierungs- oder Duftstoffe und ist von weicher Konsistenz, lässt sich also leicht auftragen. Rückstände sind unproblematisch aus der Kompressionskleidung auszuwaschen.

SR Unguentum cordes	
Glycerin	150 g
Wasser	300 g
Unguentum cordes ad	1000 g

Erfahrungen zeigen, dass ca. zwei Drittel der Eltern irgendwann auf der Suche nach einer „besseren Salbe“ das Pflegeprodukt wechseln. Oft zeigt sich dabei eine hohe Erwartung an die Effekte des Pflegeprodukts betreffs Narbenrötung, Narbenreifung, Hypertrophie oder Juckreiz. Ärzte raten weitaus seltener zu einem Wechsel des Produkts, vielmehr gilt es mit Geduld und Verständnis für den physiologischen Prozess der Narbenreifung auszutesten und zu beobachten, welches Produkt vom Betroffenem am besten vertragen wird [15].

9.6.2 Narbenmassage

Diese ist gerade in den ersten Wochen fester Bestandteil der Behandlung und dauert je nach Ausmaß bis zu einer Stunde täglich. Zunächst werden mit Elementen der Lymphdrainage lokale Flüssigkeitsansammlungen (Ödeme) reduziert und zentraler Lymphbahnen für den Abtransport der Lymphflüssigkeit vorbereitet. Weiter wird dann lymphbahntypisch mit Tiefenfriktionen aus der Bindegewebsmassage in die „Tiefe“ gearbeitet. So werden Bindegewebsschichten (Faszien, Bänder, Kapselstrukturen an Gelenken) und Muskeln gelöst, Kontrakturen an Gelenken entgegengewirkt und somit Beweglichkeit gefördert (Abb. 9.3). Es resultiert eine Verbesserung des Lymphstroms sowie der Förderung der Narbenreifung mit dem Ergebnis von belastbareren und dehnfähigeren Narben [4]. Es obliegt dem Erfahrungsschatz des Masseurs, die Behandlungsintensität dem Lokalbefund und der Schmerztoleranz des brandverletzten Kindes anzupassen.

Über Co-Therapeuten oder Begleitpersonen kann versucht werden, die Aufmerksamkeit auf die weniger empfindlichen Regionen zu fokussieren.

In Anwendungsbeobachtungen waren in den letzten Jahren tendenziell positiven Resultaten mit Unterdruck erzeugenden Geräten (z. B. Fa. LPG®), ähnlich dem Schröpfen, aber mit höherer Intensität, zu verzeichnen [5]. Computerassistiert wird ein Unterdruck veränderlich von 70 bis maximal 650 mbar, im pulsierenden Modus zu 50 %, aufgebaut und je nach Zielset-

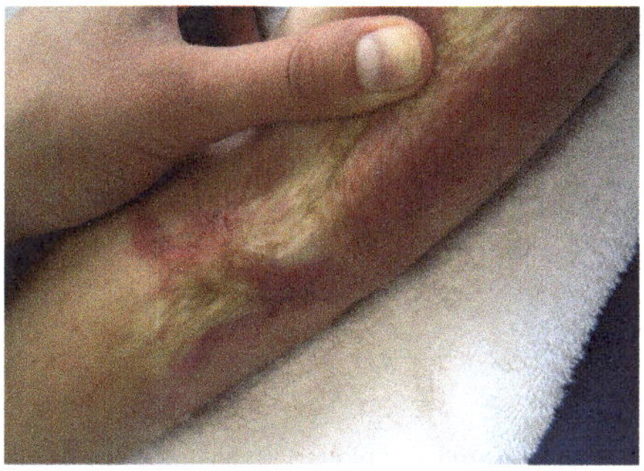

Abb. 9.3: Manuelle Narbentherapie, über entstauende Techniken und Reizauslösung in den bindegewebigen Strukturen verbessert sich die Narbenqualität. Ein dosierter Druck (Abblassung des Narbengewebes) ist unumgänglich, muss jedoch schrittweise und in Abhängigkeit vom Schmerzempfinden und der Körperregion schrittweise erarbeitet werden. Gelenkbeweglichkeit wird so gefördert und Kontrakturen entgegengewirkt.

zung die Parameter wie Impulsdauer und Impulspause variiert. Eine Behandlung empfiehlt sich anfangs einmal pro Woche, die je nach Ausmaß bis zu einer Stunde dauert. Die Methode kann in der frühen Phase der Rehabilitation, ab der 6.–8. Woche nach Hauttransplantationen zur Anwendung kommen. Dabei stehen Entstauung und Verbesserung des Lymphstroms sowie Förderung der Narbenreifung (Aktivierung des Kollagenumbaus) im Vordergrund. Bei Anwendungen in der eigenen Abteilung zeigten sich eine hohe Toleranz, auch bei Kindern im Vorschulalter, und ein positiver Effekt auf die Narbenfestigkeit und Narbenelastizität in den klinischen Verlaufskontrollen.

9.6.3 Kompressionsbehandlung

Konsequentes Tragen einer maßgefertigten passgerechten Kompressionsbekleidung wirkt durch einen systematischen Druck (20–40 mmHg) einer hypertrophen Narbenbildung optimal entgegen. Kleinere Epitheldefekte sind durch flexible Verbände zu schützen und stellen keine Kontraindikation für die Kompressionstherapie dar [6, 7].

Verschieden Materialien (Langzug- oder Kurzzugmaterialien) bieten zu verschiedenen Versorgungszeitpunkten, an unterschiedlichen Körperregionen und mit hoher individueller Varianz tendenziell Vorteile in der Fertigung wie auch im Tragekomfort. Entscheidend ist und bleibt die fach- und sachgerechte Fertigung sowie das handwerkliche Geschick bei der Herstellung einer passgerechten Versorgung, die den Alltagserfordernissen gerecht und akzeptiert wird.

Durch den Rückgang von Ödemen und den Muskelzuwachs gerade in den ersten Monaten verändert sich die Passform. Daher sind regelmäßige Kontrollen und ggf. Anpassungen (z. B. über Abnäher, da wo materialtechnisch möglich) oder Neuverordnung und -fertigung unumgänglich (Abb. 9.4).

Eine gleichfalls passende Wechselversorgung von Anfang an ist unumgänglich, um die hygienischen Voraussetzungen für die Kompression über 23 Stunden am Tag sicher zu stellen [8].

Gerade in der Gewöhnungszeit bedarf es viel Einfühlungsvermögen, zugleich aber auch Konsequenz. Wo Motivation mit Worten es nicht schafft, sind durchaus Verstärkungen durch „Belohnungssysteme" mit wohl bedachtem individuellem Zuschnitt zeitweise hilfreich. Über die Dauer des Tragens der Kompression entscheidet die Reifung der Narbe. Bei Kindern und Jugendlichen kann dieser Prozess bis zu 3 Jahre dauern.

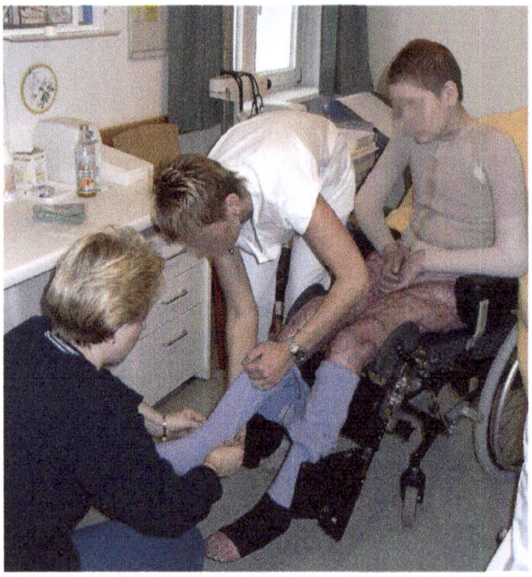

Abb. 9.4: Kompressionstherapie ist ein essentieller Therapiestandard, anfangs erscheint das Anlegen und die ersten Stunden des Tragens unangenehm, konsequentes und gemeinsames Handeln von Reha-Pflege und Angehörigen zahlt sich langfristig aus (männl., 14 Jahre, Verbrennung 80 % KOF).

Wo zusätzlich zur Kompression z. B. Silikone in ihrer vielfältigen Anwendungsform (Gel, Folien, Einlagen in der Kompressionswäsche oder als HTV-Silikon z. B. bei einer Gesichtsmaske) zum Einsatz kommen, bleibt einer fachärztlichen Entscheidung vorbehalten (Abb. 9.5). Unumgänglich ist der Einsatz von HTV-gefertigten Silikonmaterialien, wenn die Körperoberflächen sowohl konkave als auch konvexe Areale räumlich nah beieinander, wie z. B. im Gesicht Unterlid und Nasenflügel aufweisen. Oft wird dann die Behandlung mit einer thermoplastisch anpassbaren Kupla-Maske ergänzt [8–10].

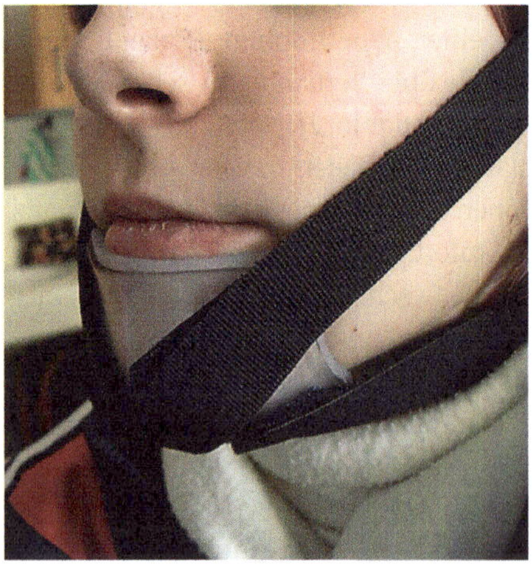

Abb. 9.5: Narbentherapie durch kombinierte Wirkung von Druck und Silikon in einer Zweischalentechnik (weiches Silikon, stabiles PVC) in Maßfertigung bei Narben am konvex gestaltetem Kinn und dem konkaven Unterlippenbereich. Fixierung und Druckregulation über Gurtsystem (weibl., 14 Jahre, Flammenverletzung).

9.6.4 Bewegungstherapie (Krankengymnastik/Ergotherapie/Trainingstherapie):

Im Vordergrund von Krankengymnastik und der Trainingstherapie stehen der Erhalt normaler und die Verbesserung ungenügender Funktionen des Bewegungsapparates, Muskelkräftigung und Gelenkmobilisation. Es kommen verschiedenste Techniken wie Manuelle

Therapie, Osteopathie und Faszientechniken sowie die Konzepte nach Vojta und Bobath in Abhängigkeit von den tagesaktuellen Lokalbefunden sowie den Möglichkeiten zur Nutzung unterschiedlicher Ausgangsstellungen zur Anwendung.

Ziel ist die Mobilisation kontrakter Gelenke, die Dehnung von Weichteilstrukturen, die Triggerung propriozeptiver Afferenzen sowie die Anbahnung alters- und zielentsprechender alltagsrelevanter Funktionen (Abb. 9.6 und 9.7).

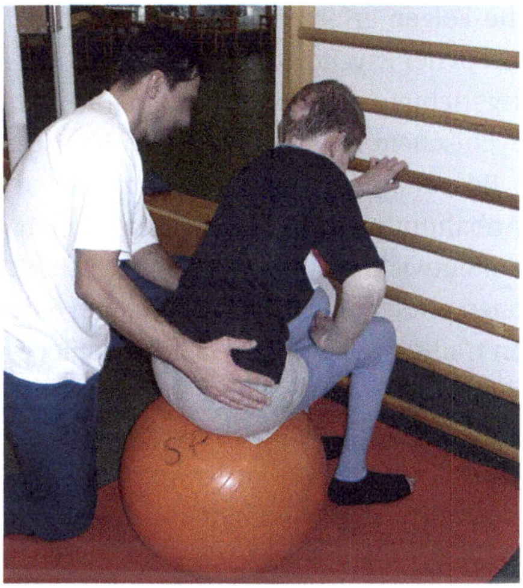

Abb. 9.6: Alltagstraining in der Frühphase: mobilisierende Übungen in der Krankengymnastik mit dem Ziel des selbständigen Erreichen des Standes (männl., 14 Jahre, Verbrennung 80 % KOF).

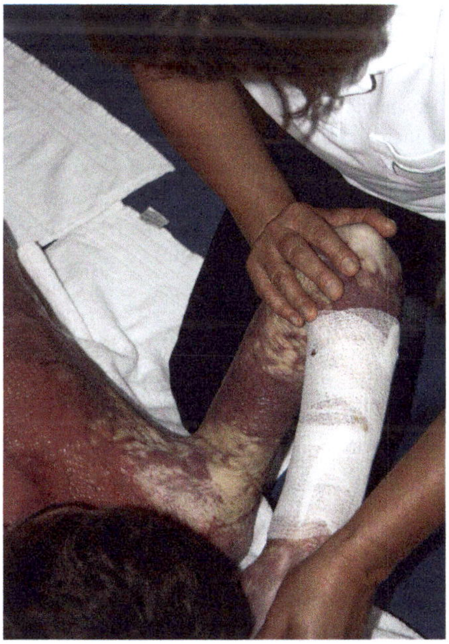

Abb. 9.7: Narbenmobilisation im vorderen Axillabereich als Vorbereitung der Bewegungstherapie am Schultergelenk. Bequeme Ausgangsstellung in Rückenlage, Therapiekontrolle über Beschwerdeangabe und Abblassen der Narbenstruktur (männl, 16 Jahre, Starkstromverletzung).

Von Bewegungstherapie im Einzelbewegungsbad kann ein Brandverletzter zusätzlich bei geschlossenen Narben- und Hautverhältnissen profitieren. Durch die allgemein gute Akzeptanz von Wassertherapie wird die Scheu, sich öffentlich mit dem veränderten Äußeren zu zeigen, mit abgebaut.

In Abhängigkeit vom Ausmaß der Brandverletzung und Dauer der Akutbehandlung besteht eine oft deutlich ausgeprägte allgemeine Dekonditionierung. Verschiedene Möglichkeiten für ein Koordination- und Ausdauertraining kommen dann zum Einsatz.

Körperliche und daraus erwachsende psychische Folgen erfordern eine kindgerechte, individuelle ausgerichtete Nachbehandlung. Das Konzept der Psychomotorik ermöglicht Fördermaßnahmen, die an der Ganzheit des Kindes ausgerichtet sind und insbesondere einen engen Bezug zwischen Bewegungsverhalten und psychischem Erleben schaffen (Abb. 9.8). Dabei wird zwingend auf entwicklungsspezifische Besonderheiten der Kinder zurückgegriffen. Bewegung wird als wesentliches Mittel zur Anbahnung und Unterstützung von Entwicklungsprozessen und einer harmonischen Gesamtentwicklung des Kindes betrachtet. Entsprechend der Spezifik kindgerechter Interventionen erfolgt dies in der Regel durch eine spielerische Umsetzung. Zum Einsatz kommen neben traditionellen Sport- und Therapiegeräten einerseits, Alltagsmaterialien (z. B. Naturmaterialien, Zeitungen, Klammern) und andererseits heil- und musiktherapeutische Ansätze oder psychomotorischen Übungsgeräte (z. B. Rollbrett, Heulrohre, Bauteile aus Schaumstoff), die einen gewissen Aufforderungscharakter besitzen und Kinder zum Ausprobieren anregen und somit helfen, vorhandene Ängste und Unsicherheiten abzubauen.

Abb. 9.8: Psychomotorik: Mit Übungsgeräte (hier Rollbrett), die einen Aufforderungscharakter besitzen und Kinder zum Ausprobieren anregen werden Bewegungen gefördert und dadurch spielerisch Grenzen ausgetestet und überschritten (männl. 10 Jahre, Flammenverletzung 42 % KOF vorderer Rumpf, Arme, Gesicht).

Selbständigkeit in den alltäglichen persönlichen Verrichtungen ist eines der Zielorientierungen in der ergotherapeutischen Therapie. Das Wissen um das Management von Narben und narbenbedingten Kontrakturen bilden die Grundlage in der fachspezifischen Behandlung Brandverletzter.

Paraffinanwendungen werden trotz der Wärme (~ 40 °C) ebenso wie Massagen mit Kakaobutter in der Therapievorbereitung als förderlich und angenehm empfunden. Das Dehnen von Narbenzügen und kontrakter Strukturen vor und nach aktiver Mobilisation, die Nutzung von Lagerungs- und Mobilitätsschienen ergänzen die Therapien (Abb. 9.9).

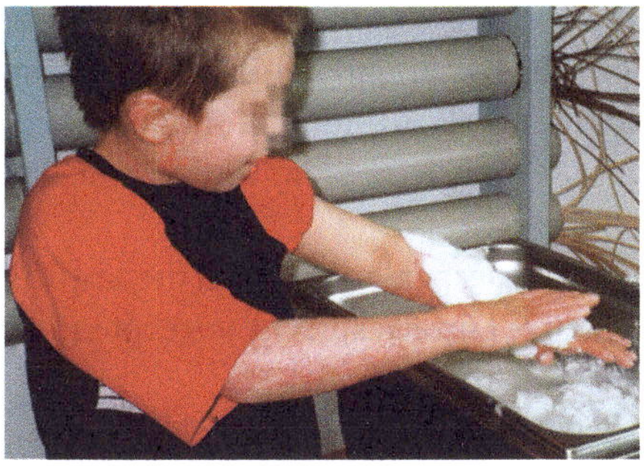

Abb. 9.9: Paraffinbad: Trotz der Wärme (~40 °C) ist meist keine Abwehr zu beobachten, Spielerisch wird zunächst das Paraffin im Narbenareal verteilt und nach dem Erkalten zur Förderung der Feinmotorik vom Patienten selbst entfernt (männl. 6 Jahre, Verbrühung, 18 % KOF).

Vor der Verbesserung der Grob- und Feinmotorik einer Extremität oder der Hand steht das sensomotorisch-perzeptive Training im Bewegungssegment zur Regulation des Gewebetonus, der Anbahnung physiologischer Bewegungen und der Koordination von Bewegungsabläufen.

Taktil-kinästhetische Stimulation im Sinne einer Desensibilisierung oder Sensibilisierung sind immer dann notwendig, wenn Hyper- oder Hyposensibilität, ggf. in Verbindung mit Einschränkung der Schutzsensibilität (z.B. Temperatur, Druck) sich als funktionell limitierend oder besonders unangenehm in der subjektiven Wahrnehmung darstellen [11, 12].

Frühzeitig gilt es, Kinder und Eltern zur Eigenübung in therapiefreien Zeiten anzuleiten und zu motivieren, um so eine unterbrechungsfreie Weiterführung der Bewegungstherapie bereits jetzt vorzubereiten.

Die Einbeziehung von Bezugs-/Begleitpersonen in die Bewegungstherapie ist prinzipiell möglich, aber nicht zwingend notwendig.

9.6.5 Umgang mit dem Trauma

Neben den sichtbaren Narben als Folgen des Traumas zeigen sich die Spuren des Traumas ebenso in der Seele. Dies führt zu einer psychoemotionalen Unausgeglichenheit sowie zu einem gestörten Selbst- und Fremdbezug, seltener zu neurokognitiven Einschränkungen.

All dies ist oft schwerer verständlich und nachvollziehbarer als die fassbaren Narben. So reagieren die betroffenen Brandverletzten je nach Alter, Vorgeschichte und sozialem Umfeld mit Rückzug, kindlicherem Verhalten, Aggressivität oder Vorwürfen.

Dementsprechend wird während des stationären Rehabilitationsaufenthaltes eine kontinuierliche psychologische Begleitung angeboten. Therapiemethode ist eine ressourcenorientierte integrative Traumatherapie. Die therapeutischen Gespräche, ggf. mit altersentsprechend eingebetteten spielerischen Interventionen, fokussieren auf Entlastung, Unterstützung der Therapiemotivation, Stärkung von Selbstvertrauen und Symptomreduzierung. Zum weiteren Repertoire gehören verhaltenstherapeutischen Krisenintervention, Entspannungsverfahren und Techniken zur Schmerzbewältigung. Nicht selten dominieren im Umgang mit dem verletzten Körper sowie den transplantierten Hautabschnitten Angst und Vermeidungsverhalten. Dann erfolgen Anregungen zum Körperkontakt, um einen vorsichtigen aber kontinuierlichen Anpassungs- und Gewöhnungsprozess zu unterstützen.

Besonderes Augenmerk ist bei Jugendlichen auf nachhaltige kognitive Einschränkungen zu legen. Diese sind testpsychologisch genauer zu differenzieren und bei Defiziten einem neuropsychologischen Funktionstraining, ggf. computergestützt, zuzuführen. Mitunter steht für den jungen Brandverletzten aber auch die physische Rekonvaleszenz im Vordergrund, so dass diesbezügliche Angebote abgelehnt werden.

Zur Unterstützer sollten Eltern und andere wichtige Bezugspersonen in den therapeutischen Prozess einbezogen werden. Ihnen werden supportive Einzelgespräche angeboten zur Entlastung bei der häufig starken psychoemotionalen Belastung.

Über Unterstützungsangebote und weiterführende psychotherapeutische Behandlungsmöglichkeiten zur Krankheitsverarbeitung oder Entlastung familiärer Belastungssituationen wird eingehend beraten [13].

9.6.6 Begleiterkrankungen und Folgeschäden – Schmerz

Die Folgen der Verbrennungskrankheit gilt es in der Rehabilitation ebenso zu beherrschen wie zurückbleibende Schäden an peripheren Nerven oder anhaltenden Schmerzen. Sie äußert sich u. a. mit systemischen Störungen und Fehlfunktionen innerer Organe wie der Leber, Lunge oder Nieren.

Schmerzempfindungen aus der Unfallsituation, postoperativ oder dem Verbandswechsel und damit verbundene Ängste begleiten den kindlichen und jungen Brandverletzten meist länger. Zugleich besteht fast immer eine Abneigung gegenüber von Medikation. Den richtigen Weg mit einem interdisziplinären Ansatz, dem rechten Zeitpunkt der Schmerzmittelreduktion und vor allem von altersadäquat verständlich erklärenden Worten für den Betroffenen und seine Eltern zu finden, stellt eine besondere Herausforderung dar.

Juckreiz ist nicht weniger unangenehm, lässt sich mitunter zumindest nichtmedikamentös beeinflussen. Regelmäßiges Tragen der Kompressionswäsche ist hierfür ebenso unabdingbar, Kleidung aus glatter leichter Baumwolle, nicht zu warm temperierte Räume und oder Waschwasser verhindern oder lindern Juckreiz.

Zuwendung und Erklärung können je nach Alter den Blickwinkel verändern. Unnormal ist die Narbe, die meisten Narben aber Jucken, durch eine konsequente Narbentherapie bleibt die Narbe und deren Juckreiz beeinflussbar [14].

9.6.7 Andere Dienste

Rehabilitative Krankenpflege, Freizeittherapeuten, Logopäden, Sozialarbeiter, Lehrer, Bandagisten, Orthopädietechniker, und andere reihen sich in das Ensemble eines multidisziplinär arbeitenden Rehabilitations-Team ein.

Sie helfen bei den ersten rehabilitativen Schritten, erfassen Ziele, prüfen auf Umsetzbarkeit, suchen und finden Lösungsmöglichkeiten. Sie werden den betroffenen Kindern und Jugendlichen und deren Eltern bzw. Bezugspersonen zur Seite stehen, sie fördern und fordern, Helfen beim Ausfüllen so manchen Antrages, versuchen das Sozialsystem zu erklären, den Weg für zu Hause vorzubereiten aber nicht zu ebnen. Neben viel Rücksichtnahme,

Verständnis, dem Zuhören, dem Schaffen von Freiräumen sowohl für Kindern/Jugendlichen als auch für Eltern/Bezugspersonen stehen sie für Fragen zur Verfügung, leiten an und begleiten, sind fachlich hoch spezialisiert und professionell. Zugleich bringen sie ein hohes Maß an Empathie und Persönlichkeit, Engagement und Zeit in das Rehabilitationsgeschehen ein.

9.6.8 Eltern brandverletzter Kinder und Jugendlicher

Eltern spielen eine wichtige Rolle in der Rehabilitation brandverletzter Kinder und Jugendlicher. Aber sie müssen bereits in der Akutklinik hierfür motiviert und instruiert werden.

Ihnen obliegt die Verantwortung, dass Kompressionskleidung konsequent angezogen, Schienen oder andere Hilfsmittel regelmäßig genutzt werden. Die technische Anleitung zum Handeln ist dabei die eine Seite. Ihnen mit dem nötigen Durchsetzungsvermögen zu vermitteln, das aktuell rational Notwendige zu tun, es dem Kind abzufordern, in dessen eigenem Interesse, selbst aber verantwortungsbewusst handlungsfähig zu bleiben, eine andere. Körperlichen und seelischen Schmerz des eigenen Kindes zu ertragen, trotz emotionaler und körperlicher Überforderung/Erschöpfung ansprechbar zu bleiben, mit Schuldzuweisungen oder Selbstvorwürfen um zu gehen, stellen eine weit größere Herausforderung dar.

Um all dies bewältigen zu können, ist eine offen vertrauensvolle und persönliche Mitbetreuung sehr wichtig.

Fragen stellen, Antworten hinterfragen zu können, über Erfahrungen anderer Betroffener zu berichten und Perspektiven zu vermitteln sind ebenso bedeutend wie die professionelle psychologische Betreuung in der Rehabilitationsphase. Mit positiver Verstärkung kann es gelingen, aus Traurigkeit heraus den Weg der Hoffnung für sich und sein Kind zu finden.

9.6.9 Nach der Rehabilitationsmaßnahme

Nach der Entlassung in das häusliche Umfeld ist eine Reihe an Veränderungen zu beachten. Überwiegend sind Elemente o. g. Therapien weiterhin notwendig. Deren Umfang richtet sich nach dem vorhandenen Verbesserungspotential und ist als Empfehlung an den ambulant weiter betreuenden Arzt im Entlassungsbrief zu definieren.

Anfangs sind Behandlungen meist 3- bis 5-mal pro Woche sinnvoll, um die Rehabilitationsergebnisse zu stabilisieren und auszubauen. Diese entbinden jedoch nicht von der Pflicht, notwendige Eigenübungen regelmäßig durchzuführen und konsequent die Narbenpflege und -kompression zu realisieren.

Nach einigen Wochen kann dann je nach Verlauf zu einer Therapieintensität von 2- bis 3-mal pro Woche übergegangen werden. Ergebniserhalt ist dann das vornehmliche Ziel.

Zugleich entstehen so zeitliche Freiräume für Schulbesuch, Kontakte zu Gleichaltrigen, Hobbys und Sport, Alltäglichkeiten, die zukünftig die Normalität eines neuen Lebens altersentsprechend mit bestimmen werden.

Je nach fortbestehenden funktionellen Einschränkungen ist im Intervall von mehreren Monaten oder 1 bis 2 Jahren eine nochmalige Intensivierung der Therapiemaßnahmen, oftmals sogar die Einleitung einer stationären Rehabilitationsmaßnahme angezeigt, da bei zunehmender Narbenreifung häufig eine höhere Belastbarkeit gegenüber Bewegungstherapie zu beobachten ist. Gerechtfertigt ist dies insbesondere, wenn ambulante Therapieoptionen dem Behandlungserfordernis nicht gerecht werden bzw. nicht verfügbar sind, der zu erwartende Therapieerfolg nicht eintritt oder komplexere Behandlungsmaßnahmen zur Zielerreichung inkl. der Abwendung von Komplikationen erforderlich sind.

9.7 Zusammenfassung

So individuell ein heranwachsender Mensch ist, so individuell sind im medizinischen Kontext und speziellem sozialem Umfeld die Auswirkung einer Verbrennung bei Kindern und Jugendlichen. Es bestehen nur kleine inhomogene Gruppen. Dies erschwert eine flächendeckende, wohnortnahe, spezialisierte und zertifizierte Rehabilitationsmöglichkeit für Kinder und Jugendliche permanent vorzuhalten, die allen Erwartungen und Erfordernissen gerecht wird.

Im Einzelfall bleibt abzuwägen, wo die Priorität im Einzelfall zu setzen ist, in einer weniger spezialisierten Kindereinrichtung, in einem Reha-Zentrum für Brandverletzte ohne eigener Kinderabteilung oder einer ambulanten Versorgungseinheit.

9.8 Literatur

[1] Vogt PM, Ipaktchi K (2009) Pathophysiologie der Verbrennungskrankheit. In: Wappler F, Spilker G (Hrsg) Verbrennungsmedizin. Thieme, Stuttgart, p 3–14.

[2] Schuntermann MF (2003) Grundsatzpapier der Rentenversicherung zur Internationalen Klassifikation der Funktionsfähigkeit, Behinderung und Gesundheit (ICF) der Weltgesundheitsorganisation (WHO). Deutsche Rentenversicherung (DRV) 52–59, 1–2.

[3] Ziegenthaler H (2016) Rehabilitation. In: Lehnhardt M, Hartmann B, Reichert B. Verbrennungschirurgie. 1. Aufl. in Druck, Springer, Berlin Heidelberg.

[4] Ziegenthaler H (2016) Narbentherapie. In: Lehnhardt M, Hartmann B, Reichert B. Verbrennungschirurgie. 1. Aufl. in Druck, Springer, Berlin Heidelberg.

[5] Suna K, Yun-Busch C, Heeß R, Menke H (2005) Unterdruckvakuummassage – Ein neuer Ansatz zur Optimierung von Verbrennungsnarben. Abstract-Band der 23. Jahrestagung der DAV 11. bis 14. Jan. 2005 Falera/Schweiz.

[6] Malick MH, Carr J (1982) Manual on Management of the burn patient. Library of Congress Catalog Card Number 82-83018.

[7] Spilker G, Tolksdorf-Kremmer A, Küppers S (2002) Kompressionstherapie. In: Bruck JC, Müller FE, Steen M (Hrsg) Handbuch der Verbrennungsmedizin. Köln. Ecomed. p 353–365.

[8] Ziegenthaler H (2015) Narbenbildung nach thermischen Verletzungen – Grundlagen und Behandlungskonzepte in Akut- und Rehabilitationsbehandlung. Orth Tech 5: 52–58.

[9] Worret WI, Vogt HJ (2004) Narbentherapie in der Dermatologie. Dtsch Artztebl (101) 42:p 2819–2824

[10] Meier P (2012) Silikon und Kompression in der Nachbehandlung Schwerbrandverletzter. Orthopädie-Technik 12: 48–51.

[11] Nakamura D (2006) Occupational therapy principles for the burn patient. In: Sood R, Achauer BM (ed) Achauer and Sood's Burn Surgery, Reconstruction and Rehabilitation. Elsevier, Philadelphis, pp 371–387.

[12] Serghiou M, MvLaughlin A, Herndorn D (2003) Alternative splinting methods for the prevention and correction of burn scar torticolis. J Burn Care Rehabil 24:wa336–340.

[13] Ziegenthaler H, Reuter BM, Brückner L (2002) Nachsorge für Brandverletzte. In: Bruck JC, Müller FE, Steen M (Hrsg) Handbuch der Verbrennungstherapie, ecomed, Landsberg, 394–405.
[14] Lindig M, Eisenbeiß W, Kolokythas P (2000) Kompendium der Schmerztherapie bei Verbrennungen. (Hrsg) Fa Grünenthal, Aachen.
[15] Gottwald A (2013) Was ist die richtige Creme? Festschrift zum 20jährigen Bestehen der Initiative für brandverletzte Kinder „Paulinchen e.V.“.

Ramin Ipaktchi, Peter Vogt

10 Sekundärchirurgische Maßnahmen

10.1 Einleitung

Aufgrund moderner Strategien in der Behandlung von Brandverletzungen konnte die Mortalitätsrate in den letzten Jahrzehnten gesenkt werden [1, 2]. Die Möglichkeiten von sekundär rekonstruktiven Maßnahmen treten somit immer mehr in den Vordergrund, um eine bestmögliche Wiedereingliederung von schwerbrandverletzten Kindern in den Alltag zu ermöglichen. In einer Untersuchung zur Lebensqualität von brandverletzten Kindern von 2011 zeigt sich, dass Kinder mit einer verbrannten Körperoberfläche von mehr als 10 % besonders häufig Einschränkungen der Beweglichkeit der oberen Extremität zeigen, verglichen zur Gruppe der Kinder, welche weniger als 10 % verbrannter Körperoberfläche aufweisen [3].

Gerade im Kindes- und Adoleszentenalter steht man in der Behandlung dieser Kinder besonderen Herausforderungen gegenüber; so liegt ein Hauptaugenmerk in der Prävention und Behebung möglicher narbenbedingter Entwicklungsstörungen, insbesondere des skeletalen Wachstums und Verstärkung der Narbenprobleme. Hinzu kommt jedoch, dass gerade diese Kinder häufig schwer traumatisiert sind und der Aufbau einer guten Vertrauensbasis, welche für die folgenden Behandlungen notwendig ist, schwierig sein kann.

Neben konservativen Maßnahmen wie Narbenpflege, Kompressionstherapie und Physiotherapie stehen zur Narbenkorrektur alle der plastischen Chirurgie bekannten Verfahren zur Verfügung. Das Konzept der rekonstruktiven Leiter von Mathes und Nahai bildet die Grundlage der heutigen rekonstruktiven Überlegungen und wurde im Verlauf der Jahre weiter modifiziert. So geht man heutzutage eher von einem rekonstruktiven Aufzug oder rekonstruktiven Uhrwerk aus, [4, 5] was dem Entscheidungsalgorithmus eher entspricht.

Zu den primären Zielen gehört funktionell und/oder ästhetisch störendes Narbengewebe sowie instabile oder wachsstumsstörende Narben zu entfernen und diese mit qualitativ stabileren Haut-/Weichteilen zu ersetzen, bzw. eine Funktionswiederherstellung zu ermöglichen.

Um dieses Ziel erreichen zu können, müssen die betroffenen Areale zuvor gründlich untersucht werden, damit hieraus ein Behandlungsplan erstellt werden kann, mit welchem die Problemstellungen strukturiert adressiert werden.

Narbenexzisionen mit anschließend geplanter sekundärer Wundheilung sind aufgrund der zu erwartenden erneuten Narbenkontraktur nahezu obsolet.

10.2 Allgemeine Prinzipien

Mit Ausnahme von wenigen speziellen Indikationen, sollte vor jedem chirurgischen Eingriff die bisherige konservative Therapie daraufhin geprüft werden, ob sie noch vor einer erneuten chirurgischen Intervention optimiert werden kann. Die Kompressionstherapie zur Behandlung von Verbrennungsnarben wurde 1971 von Larson als effektive Behandlungsmethode beschrieben [6] und hat sich bis heute fest in der Narbenbehandlung verankert. Diese kann ferner mit Silikonpelotten modifiziert werden. Ferner stellt die Behandlung mit Steroiden, insbesondere bei aktiven Hypertrophen Narben eine Alternative dar, wodurch einerseits bei einer Befundverbesserung eine chirurgische Intervention eventuell vermieden werden kann, zum anderen eine gepflegte, weiche Narbe eine operative Narbenkorrektur vereinfacht.

Im Rahmen der präoperativen Planung ist es ratsam die Verbrennungsnarben im Ganzen zu betrachten. Die Lokalisationen der problematischen Narben und die hiermit verbundenen funktionellen Einschränkungen müssen dokumentiert werden, da sich hieraus mit den von den Patienten und Eltern/Betreuern angegebenen Hauptbeschwerden ein Behandlungsablauf und die zeitliche Planung gibt.

In dem Behandlungsplan sollte auch eine mögliche Neigung zur Keloidbildung Berücksichtigung finden, da in diesen Fällen eine konservative Chirurgie häufig ratsam ist.

Eine begleitende psychologische Betreuung kann in dieser Zeit sehr wichtig sein und es ist ratsam, den psychosozialen Hintergrund auf die Tragfähigkeit der oft langwierigen Behandlungen vorrangig zu prüfen, da ein gutes postoperatives Langzeitergebnis nur erreicht werden kann, wenn seitens des Kindes und seiner Angehörigen eine gute Compliance vorliegt.

10.3 Behandlungszeitplan

Die Planung des Zeitpunkts einer Operation stellt bei Kindern und adoleszenten Patienten eine besondere Herausforderung dar. Während im allgemeinen vor einer operativen Narbenkorrektur das Ausreifen der Narbe empfohlen wird und dies in manchen Fällen über 12 Monate hinweg dauern kann, können bei heranwachsenden Patienten narbenbedingt unter anderem Wachstumsstörungen und Deformitäten auftreten. Die üblichen physikalischen Maßnahmen wie Kompressionstherapie, Ergotherapie oder Schienenversorgungen können dann unzureichend sein.

Der Zeitpunkt der operativen Korrekturmaßnahmen richtet sich somit nach folgenden Prioritäten, die den Katekorien A, B und C zugeordnet werden können (siehe Tab. 10.1).

Tab. 10.1: Kategorisierung des Zeitpunkts der operativen Korrekturmaßnahmen.

A: Dringliche Eingriffe (akut)	Chirurgische Korrekturmaßnahmen um eine unmittelbare Gefährdung einer vital wichtigen und/oder funktionellen Struktur abzuwenden.
B: Notwendige Eingriffe (intermediär)	Korrektureingriffe von funktionell bedrohten Arealen.
C: Elektive Eingriffe (spät)	Hierbei handelt es sich um sekundär-chirurgischen Eingriffe, welche häufig Jahre nach dem Unfall durchgeführt werden. Der Behandlungsplan richtet sich nach den Beschwerden und Wünschen des Patienten und dient zu funktionellen Korrekturen und Verbesserung der Lebensqualität.

Das Flussdiagramm 10.1 zeigt einen möglichen Entscheidungspfad zur operativen Indikationsstellung von Verbrennungsnarben (Abb. 10.1).

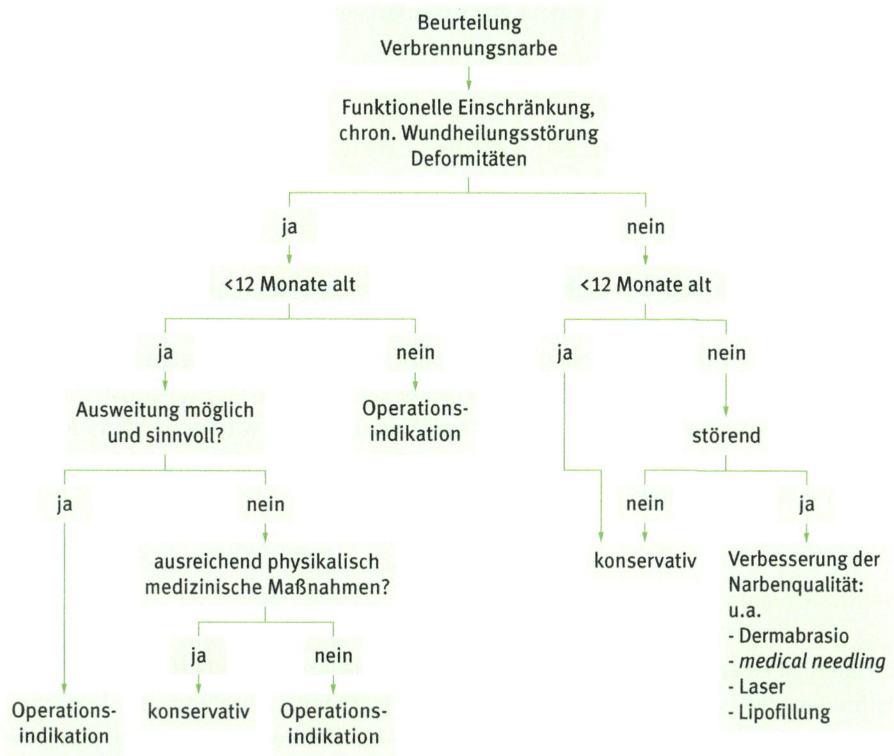

Abb. 10.1: Entscheidungspfade zur operativen Indikationsstellung von Verbrennungsnarben.

10.4 Spezielle Aspekte der körperlichen Untersuchung

Idealerweise erfolgt die körperliche Untersuchung standardisiert, so dass routiniert der Untersucher ein vollständiges Bild des Kindes und auch der Eltern oder Betreuer erhält. Besonders ist die Einschätzung der Compliance unerlässlich, da nur so ein nachhaltiges postoperatives Ergebnis möglich ist.

10.5 Allgemein-rekonstruktive Maßnahmen

Zur sekundären Korrektur von brandverletzten Arealen können nahezu alle Techniken der Plastischen Chirurgie zur Anwendung kommen. Als Orientierung kann die rekonstruktive Leiter dienen, jedoch sollte bei der Planung stets das aussichtsreichste Verfahren gewählt werden. Wichtig ist daher, dass vor jeder chirurgischen Intervention das Narbenbild gründlich analysiert wird. Liegen Narbenkontrakturen vor, oder liegt die Narbe über einer Gelenksregion, so muss nach gründlicher Narbenlösung davon ausgegangen werden, dass es zu einem größeren Defekt kommen kann, als ursprünglich angenommen. Dies kann dazu führen, dass eine Hauttransplantation möglicherweise nicht mehr zum gewünschten Ergebnis führt, weshalb dann der Vorzug einem gut vaskularisiertem und elastischem Gewebetransfer gegeben werden sollte.

10.6 Sekundäre Maßnahmen zur Narbenkorrektur

10.6.1 Primärverschluss

Ein störendes Narbenbild kann in Abhängigkeit vom lokalen Befund exzidiert und primär verschlossen werden. Hierzu eignen sich lediglich kleinere Flächen. Die Resektionsmenge kann zuvor durch ein einfaches „Pinchen“ abgeschätzt werden. In besonderen Fällen, kann dies als serielle Exzision mehrzeitig erfolgen. Hierunter versteht man eine repetitive spindelförmige Narbenexzision, welche idealerweise intraläsional geplant wird und erst im letzten Schritt nach extraläsional erweitert werden kann. Bei diesem Vorgehen, sollte jeweils ein Intervall von 6–12 Monaten eingeplant werden.

10.6.2 Hauttransplantation

In vielen Fällen ist es erforderlich das betroffene exzidierte Areal mittels Hauttransplantat zu rekonstruieren. Ziel ist es dabei flächenhaftes derbes Narbengewebe durch ein elastisches Transplantat zu ersetzen. Als Voraussetzung gilt ein gut durchbluteter Wundgrund, ohne das Freiliegen von funktionellen Strukturen wie Gefäß-Nerven-Straßen.

Die Wahl zwischen Spalthauttransplantaten und Vollhauttransplanteten richtet sich zum einen nach der Größe des Defektes, zum anderen nach der zu erwartenden mechanischen Anforderungen. Der Vorteil der Spalthaut, welche mittels Dermatom in einer definierten Dicke entnommen werden kann, ist die verglichen zu Vollhauttransplanteten deutlich zuverlässigere Revaskularisierung. In Abhängigkeit von der zu transplantierenden Region kann die Haut gemesht und somit in ihrer Oberfläche vergrößert werden, oder ungemesht und gestichelt transplantiert werden. Letzteres empfiehlt sich an ästhetisch exponierten Körperregionen wie Gesicht, Kopf und Hand.

Das Vollhauttransplantat, welches mit dickerer Dermis versehen ist, zeigt sich hingegen mechanisch stabiler und belastbarer. Zudem gilt, dass je dicker die Dermis des Transplantates ist, desto geringer seine sekundäre Kontrakturneigung ist. Bei der Wahl des Vollhauttransplantates sollte die Entnahmestelle in regionaler Nachbarschaft gewählt werden. Hierdurch lassen sich sichtbare Textur- und Pigmentunterschiede der Haut minimieren. Gängige Entnahmestellen finden sich retroaurikulär, zervikal, supraklavikulär, am medialen Oberarm, abdominal und inguinal.

10.6.3 Lokale Lappenplastiken

Unter lokalen Lappenplastiken versteht man Weichteilrekonstruktionen mittels vaskularisiertem Gewebe aus unmittelbarer Nachbarschaft. Es handelt sich um Vorschub-Transpositions-, bzw. Rotationslappenplastiken. Die Vaskularisation der Lappenplastiken kann randomisiert („random-pattern flaps“) sein, oder über einen definierten axialen Gefäßstiel (axiale Durchblutung) erfolgen. Für eine erfolgreiche Rekonstruktion sollte bei der Wahl eines random-pattern Flaps unbedingt auf ein ausreichendes Verhältnis der Lappen-Breite zur -Länge geachtet werden. Im Gesicht kann hier das Verhältnis von Länge zu Breite 4:1 betragen, während im Bereich der unteren Extremität das Verhältnis mehr als 2:1 überschreiten.

Gelenksübergreifene Narbenexzisionen, aber auch Narbenexzisionen im Gesicht kombiniert mit einem primären Wundverschluss sind mit Vorsicht zu planen. Hier können unter Umständen erneute Gelenkskontrakturen, bzw. Asymmetrien im Gesicht entstehen. Sinnvoller kann eine Narbenstrangbrechung wie Beispiel einer axillären Narbenkontraktur dargestellt sinnvoll erscheinen (Abb. 10.2). Die gängigste Methode der Narbenstrangauflösung ist eine Z-Plastik. Es handelt sich hierbei um die Kombination eines Vorschub-/Transpositi-

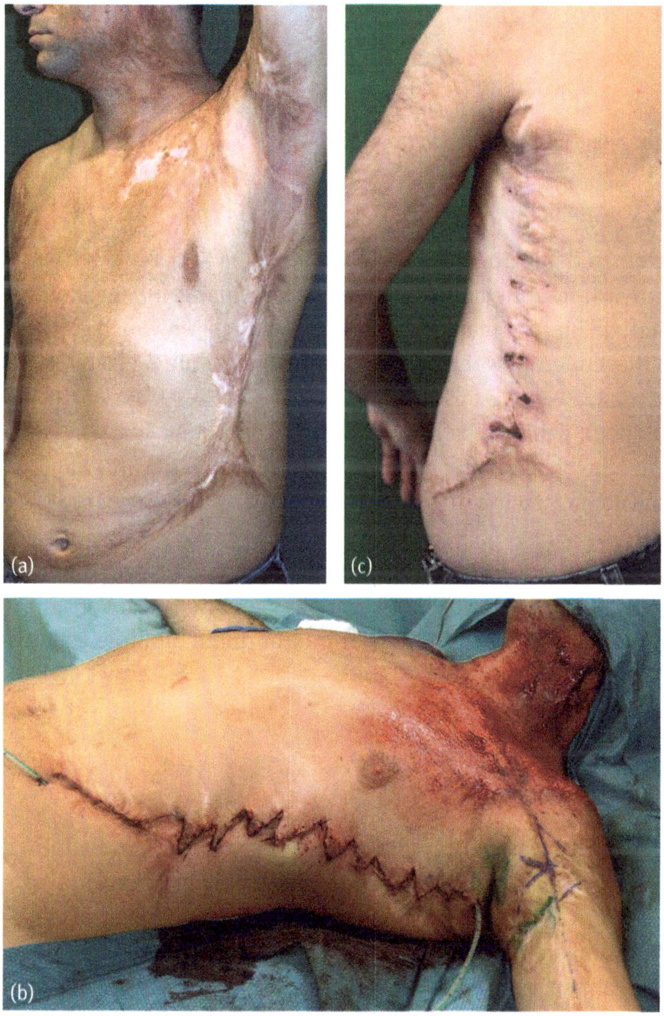

Abb. 10.2: Auflösung von Narbenkontrakturen durch multiple Z-Plastiken.

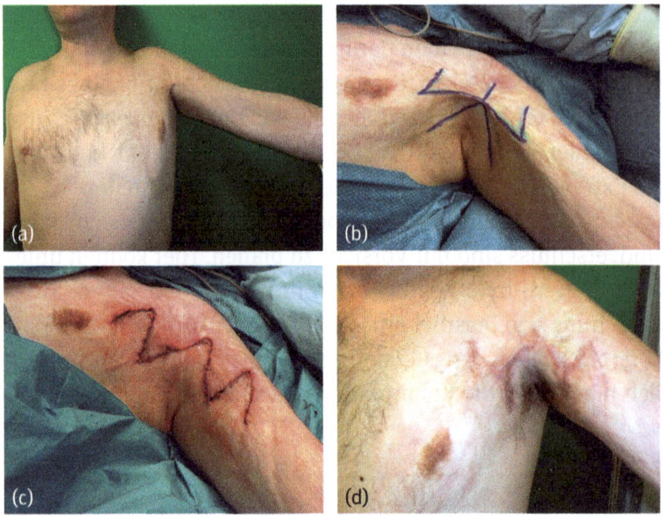

Abb. 10.3: Auflösung einer axillären Narbenkontraktur (a) durch eine modifizierte Jumping-Man Plastik (b)und (c) und postoperatives Bild 5 Monate später (d).

onslappens, mit welchem zum einen der Narbenstrang gebrochen, zum anderen ein funktioneller Längengewinn erreicht wird. Routinemäßig werden die gleichlangen Schenkel der Z-Plastik im 60° Winkel orientiert, da hier der maximale Längengewinn, bei zugleich geringst auftretender Spannung des umliegenden Gewebes erzielt werden kann. Die Z-Plastik kann singulär oder seriell geplant werden.

Wird eine gegenläufige Z-Plastik geplant, so kann man auch von einer Jumping Man Plastik (Abb. 10.3) sprechen, welche sich hervorragend für Kontrakturen der Interdigitalfalten, aber auch bei Segelbildung im Bereich des Gesichtes z. B. perioral oder periorbital eignet.

Störende Narbenkontrakturen z. B. in der Wangenregion können mittels fortlaufender W-Plastik aufgelöst werden. Anders als bei einer Z-Plastik erreicht man mit diesen Vorschublappen keinen Längengewinn, jedoch wird eine erneute Kontraktur durch multiple geometrische Auflösungen beseitigt.

10.6.4 Regionale / Fernlappenplastiken

Hierunter versteht man Lappenplastiken, welche zumeist axial vaskularisiert und an ihrer Gefäßachse gestielt sind. In besonderen Fällen können sie auch mit intakter Innervation verwendet werden. Das Gewebe wird fern der Empfängerregion gehoben und in den Defekt eingelegt. Abhängig von den Anforderungen des Defektes werden reine muskuläre, myokutane, fasziokutane, oder adipokutane Lappen verwendet. Als moderne Variante werden Perforatorlappen verwendet, die meistens eine größere Nähe zum Defekt erlauben. Als Besonderheit sei an dieser Stelle der Propellor-Lappen genannt, welcher mit einem 180° Rotationsbogen spannungsfrei den Defekt verschließen kann und idealerweise auch gleichzeitig die Hebestelle verschließt.

10.6.5 Freie mikrochirurgische Lappenplastiken

Diese Lappenentität bietet die größte Variabilität der Defektrekonstruktion an. Analog zu den Fernlappenplastiken, können hier verschiedenste Lappenarten verwendet werden. Bei Kleinkindern erfordert die Anastomose eine sehr gute mikrochirurgische Expertise.

10.6.6 Expander

Austad und Radovan haben Anfang der achtziger Jahre die moderne Expandertherapie vorgestellt [7, 8], wobei bereits 1957 Neumann erstmals über die Platzierung eines subkutanen Expanders zur sekundären Ohrmuschelrekonstruktion berichtet hatte [9]. Trotz immer noch hoher Komplikationsraten hat sich das Verfahren in der rekonstruktiven Verbrennungschirurgie etabliert [10]. Neben der Expansion und Hautdilatation treten durch den mechanischen Reiz verschiedene Veränderungen der Weichteile auf. So erhöht sich die Mitoseaktivität, die Epidermis wird durch eine Hyperkeratosenbildung dicker, die Dermis wird dünner und erlangt nach etwa zwei Jahren ihre ursprünglichen Schichtdicke wieder zurück. Die unter dem Expander liegende Muskulatur, wie auch das Subkutangewebe dünnen aus.

Ein zu schnelles Expandieren sollte vermieden werden, da hierdurch Weichteilnekrosen möglich sind.

Durch die Weichteilexpansion und den damit verbundenen mechanischen Stress wird die Angiogenese angeregt, wodurch Zahl und Durchmesser der Kapillaren zunehmen [11]. In besonderen Fällen kann man sich dies in der Lappenchirurgie zu Nutze machen und durch Präexpansion einen in seiner Oberfläche vergrößerten Lappen heben [12–15] (Abb. 10.4).

Die Implantation eines Expanders kann technisch gesehen sehr aufwendig sein und benötigt eine sorgfältige Planung, um die peri- und postoperativen Komplikationsraten so niedrig wie möglich zu halten.

Zur Verfügung stehen rechteckige, croissaint-förmige oder runde Expander in unterschiedlichen Größen, welche einen externen oder internen Port zur Befüllung besitzen. Alternativ sind osmotische Expander erhältlich, welche sich kontinuierlich durch einen bestehenden osmotischen Gradienten füllen.

Die Expandergröße sollte so gewählt werden, dass diese im Durchmesser das 2–2,5 fache der zu deckenden Defektgröße misst, bzw. der Umfang des gefüllten Expanders (Eg) der Summe aus Expanderbreite (Eb) und Defektbreite (Db) misst.

$$Eg = Eb + Db.$$

In den meisten Fällen werden Expander mit einem Port gewählt, welcher wöchentlich gefüllt gefüllt werden kann.

Die Komplikationsrate von Expandern wird in der gängigen Literatur bis zu 33% angegeben, im Bereich der unteren Extremität kann diese eventuell auch höher sein [16, 17].

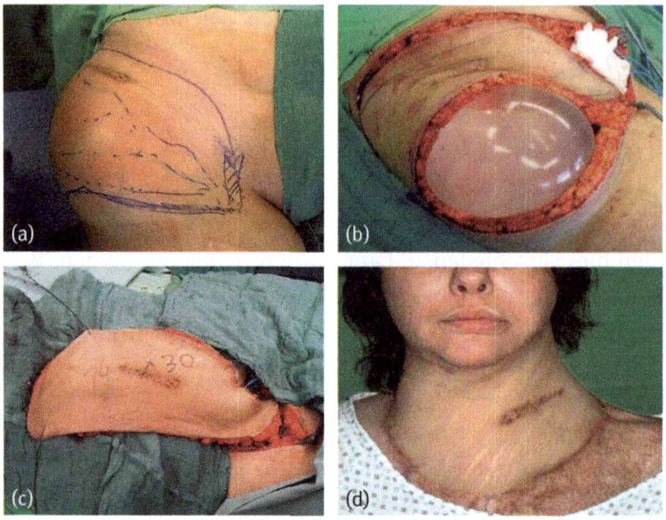

Abb. 10.4: Hebung eines präexpandierten Leistenlappens (a–c) (mikrochirurgisch ausgeschlossen) zur Defektdeckung cervical nach radikaler Narbenplattenexzision.
Follow up Bild 1 Jahr nach operativer Versorgung (d).

Bei Kleinkindern sollte die Indikation der Expandereinlage aufgrund ihrer Compliance und der möglichen hierdurch verursachten Deformierung des Skelettes sorgfältig überdacht werden.

Tab. 10.2: Expander-assoziierte Komplikationen.

Nachblutung mit Durchblutungsstörung	**Infektion**
Passagere Neuropraxie	Extrusion
Serom	Hautnekrosen
Narbendehiszenz	Portdysfunktion

10.6.7 Perkutane Kollageninduktionstherapie (PCI) / Medical Needling:

Mit einem Nadelroller können klein- und großflächige Narbenplatten vertikal, diagonal und horizontal perforiert werden. Hierbei wird eine erneute Inflammationskaskade aktiviert und unter anderem TGF-ß3 (transforming growth factor), wie auch FGF (fibroblast growth factor) und EGF (epidermal growth factor) freigesetzt, was zu einem Remodeling der Narbe führt [18]. Unterstützt wird die Operation durch eine 4 wöchige Vorbehandlung der Narben mit Vitamin A und C Externa, sowie die Fortführung der Salbentherapie 1 Woche postoperativ. Noch am selbigen postoperativen Tag sollten die Wunden gut befeuchtet und geölt werden. Auch bei Kindern liegen positive Erfahungen vor, nach der die Indikation und die Ergebnisevaluation ursprünglich analog wie bei Erwachsenen erfolgte. Vitamin A kann, wenn es auf empfindliche Haut aufgetragen wird zu einem temporären schmerzhaften Brennen führen und sollte vor einer großflächigen Applikation zuvor getestet werden.

Das Verfahren ist in Allgemeinnarkose durchführbar und viele Patienten berichten häufig schon nach der ersten Operation über ein deutlich besseres Narbenbild. Nicht selten jedoch bedarf es im Intervall weitere Interventionen (Abb. 10.5).

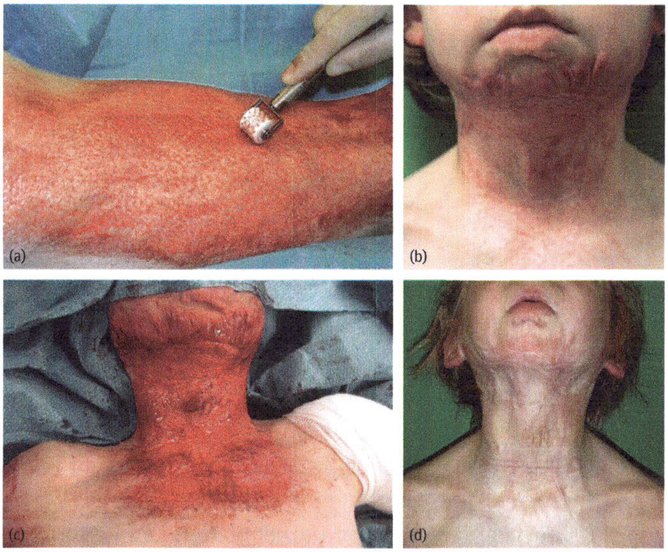

Abb. 10.5: Medical Needling eines Unterarmes (a), Narbenkontraktur Hals vor Behandlung durch Medical Needling (b), Intraoperativer Befund nach Medical Needling (c), Langzeitergebnis nach mehreren Sitzungen von Medical Needling (d).

10.7 Spezieller Teil

Ziel der sekundären rekonstruktiven Maßnahmen ist das Wiedererlangen einer vollständigen Selbständigkeit sowie eine soziale Reintegration. Das Auftreten von Deformitäten soll verhindert oder korrigiert werden und ebenso das ästhetische Erscheinungsbild verbessert werden.

Je nach Dringlichkeit müssen die Eingriffe mit einer sehr hohen Priorität umgehend geplant werden, wenn zum Beispiel ein ausgeprägter fehlender Lidschluss vorliegt, welcher unbehandelt bis zu einem Visusverlust führen kann.

Narbenkontrakturen oder funktionell störende Narben müssen im Rahmen einer vollständigen körperlichen Untersuchung begutachtet werden. Liegt absehbar keine Compliance vor, so kann in manchen Fällen im Gegensatz zu einem aufwendigen rekonstruktiven Verfahren eine einfache operative Versorgung, beziehungsweise die Fortführung der konservativen Therapie, zu einem besseren Ergebnis führen. Ebenso sollte die Entwicklung des knöchernen Wachstums beurteilt werden um eventuelle narbenbedingte Wachstumsstörungen frühzeitig zu erfassen.

Tab 10.3: Die Behandlungsprioritäten folgen diesen Zielen:

Region	Ziel
Hand	Funktionsverbesserung und Selbständigkeit
Kopf/Hals/Mund/Augenlider	Funktionsverbesserung, Soziale Integration
Gelenke	Funktionsverbesserung und Selbständigkeit
Füße	Funktionsverbesserung und Selbständigkeit
Stamm/Geschlechtsorgane	Soziale Integration, Selbstwertgefühl

10.7.1 Hand

Vor operativen Maßnahmen sollte die Hand einschließlich der Langfinger klinisch, wie auch radiologisch untersucht werden, um eventuell irreversible Gelenksdestruktionen frühzeitig zu erkennen.

Besondere Bedeutung liegt in der Oppositionsfunktion des Daumens. Ist diese eingeschränkt, kann die Greiffunktion der Hand deutlich behindert sein.

Eine Korrektur der Narbenstränge im Bereich der ersten Zwischenfingerkommisur kann durch eine entgegenläufige Z-Plastik, einer sogenannten Jumpingman Plastik, erfolgen. In schweren Fällen und insbesondere bei ausgeprägten starren Narbenplatten kann eine vollständige Resektion der Narben notwendig sein. Der hierdurch verursachte Defekt lässt sich mit einer erneuten Hauttransplantation versorgen, in manchen Fällen ist jedoch notwendig vaskularisiertes Gewebe zur Rekonstruktion zu verwenden. Hierfür eignet sich zum Beispiel ein distal gestielter interosseus posterior Lappen (Abb. 10.6).

Narbenkontrakturen und instabile Narben der Hand und Langfinger werden meistens exzidiert und mit Hauttransplantaten rekonstruiert. Im Bereich des Handrückens und der

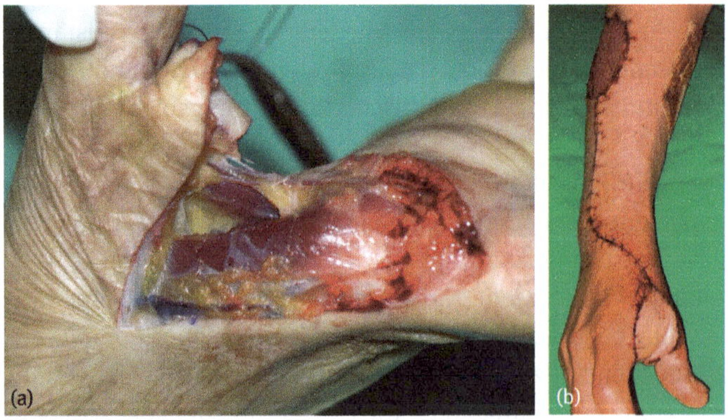

Abb. 10.6: Narbenstrangexzision erste Kommisur (a) und anschließende Defektdeckung durch einen distal gestielten Posterior Interosseus Lappen.

Langfinger empfehlen sich zur Deckung ungemeshte und gestichelte Transplantate. In manchen Fällen muss eine Arthrolyse mitgeplant werden und besonders in diesen Fällen kann es sinnvoll sein eine Ruhigstellung in Funktionsstellung durch eine temporäre Kirschner-Draht Arthrodese durchzuführen (Abb. 10.7).

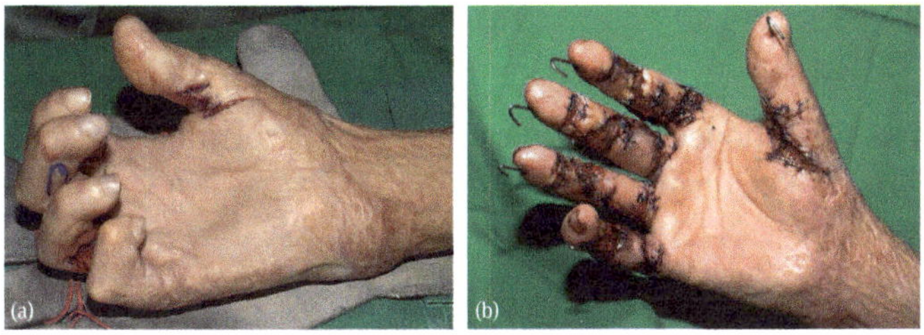

Abb. 10.7: Schwere narbige Kontraktur der Langfinger (a). Postoperatives Bild nach Narbenstranglösung. Hauttransplantation und Transfixation der Gelenke mit temporären K-Drähten (b).

Bei fehlendem Peritendineum und freiliegender Sehne kann in selektiven Fällen eine Hauttransplantation unter Anwendung einer dermalen Matrix wie Integra® oder Matriderm® diskutiert werden [19, 20], jedoch kann der Transfer eines gestielten oder freien vaskularisierten Gewebe zum Erlangen eines guten Ergebnisses notwendig werden. Dies gilt insbesondere für Defekte, welche sich durch lokale Maßnahmen nicht beherrschen lassen.

Die Wahl der Lappenplastiken hängt zum einen von der Größe des Defektes, zum anderen vom Ausmaß der mit Verbrennungsnarben betroffenen Areale ab. Um das Risiko von Sehnen-Adhäsionen zu reduzieren, empfiehlt es sich bei einem Gewebetransfer gleichzeitig einen Faszien- beziehungsweise einen fasziokutanen Lappen zu planen. Beispielhaft seien in Tab. 10.4 mögliche Lappenplastiken genannt.

Tab. 10.4: Beispiele für mögliche Lappenplastiken.

Gestielte Lappentransplantate
Leistenlappen
Radialis Lappen
Posterior Interosseus / Anterior Interosseus Lappen
Serratus Faszienlappen
Antero-Lateral-Thigh Lappen
Temporoparietal Lappen
Dorsalis Pedis Lappen

Eine Besonderheit stellen schwere Narbenkontrakturen der Handinnenfläche mit Destruktion der Leistenhaut dar. Die anatomische Besonderheit der Leistenhaut liegt unter anderem darin, dass die Septen von der Haut in die Tiefe ziehen, weshalb diese Haut derb erscheint und zum Untergrund stabil gegen Verschiebung fixiert ist. Diese Eigenschaft der Haut ist für eine uneingeschränkte Greiffunktion der Hand sehr wichtig. Vollhauttransplantate können zur Defektrekonstruktionen verwendet werden, da sie verglichen zur Spalthaut mechanisch stabiler sind. In ganz ausgewählten Fällen kann ein freier mikrovaskulär transplantierter fasziokutaner Lappen aus dem Hohlfußbereich indiziert werden [21].

10.7.2 Kopf/Hals

Verbrennungsnarben im Gesichtsbereich sind zum einen sehr stigmatisierend, zum anderen können Kontrakturen zu schweren funktionellen Problemen führen. Hierbei treten besonders die periorbitale und die periorale Region in den Vordergrund.

10.7.3 Augenlider

Ein fehlender Lidschluss, unter anderem bedingt durch ein Lidektropium, kann zu einer schweren Keratitis führen, welche wiederum zu einem Visusverlust führen kann, weshalb bei der klinischen Untersuchung hier besonders ein Augenmerk geworfen werden soll. Idealerweise begrenzen beim geöffneten Auge die Lider den äußeren Rand der Iris. Sind Anteile vom Bulbus sichtbar spricht man von einem „skleral show“, welches auch in einer geringen Ausprägung zu chronischen Reizungen des Auges führen kann.

Die Rekonstruktion der Augenlider ist chirurgisch anspruchsvoll, da nur eine elastische und gut verschiebliche Lidhaut eine gute Funktion gewährleistet. Mit nur 0,3 mm Dicke handelt es sich gleichzeitig die dünnste Haut am gesamten Körper. Gute Ergebnisse können durch eine Resektion der Narbenareale der Augenlider erreicht werden, wenn diese Defekte umgehend mit ausgedünnter Vollhaut rekonstruiert werden. Je nach Größe und Ausmaß des Defektes kann eine temporäre Tarsoraphie den Heilungsverlauf begünstigen.

Weitere Prinzipien der Lidrekonstruktionen mittels lokaler Lappenplastiken mit und ohne lateraler Kantholyse sind prinzipiell möglich, setzen jedoch eine hohe Qualität der umliegenden Haut voraus.

10.7.4 Mund

Der Funktion des Mundes kommen vier Merkmale zu: (1) kompetenter oraler Verschluss, (2) Sprechvermögen, (3) die Fähigkeit ohne größerer Behinderung den Mund ausreichend zu öffnen und (4) der ästhetische Ausdruck.

Ähnlich wie beim Augenlid, lässt sich ein Ober- beziehungsweise Unterlidektropium nach Narbenresektion und Narbenstranglösung günstig durch Hauttransplantate rekonstruieren.

Die Rekonstruktion der Mundwinkel hingegen gestaltet sich schwieriger, da hier eine sehr hohe Anforderung an die Verschieblichkeit besteht. Zur Rekonstruktion der Mundwinkel kann nach Narbenstranglösung der Defekt durch einen enoralen Vorschublappen der Schleimhaut rekonstruiert werden. Der Vorteil der Schleimhaut liegt darin, dass diese nur in seltenen Fällen narbenbedingt betroffen ist.

Lokale Lappenplastiken wie zum Beispiel ein Estlander Lappen sind nur bedingt möglich, da sehr häufig auch die perioralen Regionen durch die thermische Verletzung mitbetroffen sind.

Äußerst selten kann ein vollständiger Verlust einer Lippe vorliegen. In diesen Fällen kann die Verwendung eines freien neurovaskulären Transfers des M. gracilis Lappens, bzw. ein freies vaskuläres fasziokutanes Radialistransplantat, welches zur Verbesserung der Mundfunktion mit einem Palmaris Longus Interponat verwendet eingeflochtenen wird, diskutiert werden.

Allerdings sind die ästhetischen Resultate der letzteren Transplantate eher ungünstig.

10.7.5 Hals

Verbrennungen am Hals können zu schweren sterno-mentalen Kontrakturen führen, welche den Kopf in besonders schweren Fällen in einer inklinierten Position fixieren. Ist das SMAS (superficial musculo-aponeurotic system) involviert, können sekundäre Ektropien an Unterlippe oder sogar Unterlid auftreten. Dies ist insoweit bei der Operationsplanung wichtig, da eine alleinige periorbitale Korrektur eines Unterlid- oder Augenlidektropiums, ohne eine Behandlung der sterno-mentalen Kontraktur sehr wahrscheinlich zu einem Rezidiv führen wird.

Einzelne Stränge am Hals können durch multiple Z-Plastiken gelöst oder nach Resektion durch erneute Hauttransplantate gedeckt werden. Schwere Kontrakturen benötigen gut verschiebliche vaskularisierte Weichteile zur Rekonstruktion. Hierbei bieten Entnahmeregionen der nicht betroffenen angrenzenden Regionen des Rumpfes an. Klassisch gestielte Lappenplastiken sind der supraclavikuläre Lappen, Trapezius Lappen und Latissimus Lappen. Übersteigt die zu erwartende Defektgröße die Größe des Lappentransplantates, kann eine vorgeschaltete Expandertherapie zur Oberflächenvergrößerung des Lappens indiziert sein.

Sind aufgrund der Narben gestielte Fernlappen nicht möglich, kann auf mikrochirurgische frei transplantierte Lappenplastiken ausgewichen werden. Als Beispiele seien der (präexpandierte) Leistenlappen, der DIEP (Deep inferior epigastric perforator) Lappen oder der ALT Lappen zu nennen.

10.7.6 Nase

Die Beurteilung von Narbenkontrakturen im Bereich der Nase kann entsprechend der 6 ästhetischen Subeinheiten (Nasenrücken, Nasenabhang, Nasenspitze, Nasenflügel, Columella und das weiche Nasendreieck) erfolgen. Die Meinung, die Untereinheiten der Nase könnten bei Läsionen von über 50 % komplett reseziert und anschließend neu rekonstruiert werden [22], wird kontrovers diskutiert [23, 24].

Liegt ein (Teil-)Verlust eines Nasenflügels vor, bedeutet dies auch häufig ein Fehlen der Nasenschleimhaut, welche bei der Planung der Rekonstruktion mitberücksichtigt werden muss. Ohne eine Rekonstruktion der Nasenschleimhaut können groteske Kontrakturen im Rahmen der Sekundärheilung auftreten, welche zu einer Retraktion des Nasenflügels oder

Einengung des Nasenostiums führen können. Um dies zu verhindern, kann entweder die fehlende Nasenschleimhaut durch eine Einfaltung der Lappenplastik oder durch Verwendung von Mundschleimhaut-, oder Hauttransplanten rekonstruiert werden. Bei Defektgrößen von weniger als 1,5 cm kann ein vollschichtiges Composite Graft des Ohres gewählt werden. Hierdurch lassen sich neben einer suffizienten Rekonstruktion sehr gute ästhetische Ergebnisse erzielen.

Ein Stirnlappen kann als weitere Möglichkeit zur Nasenflügelrekonstruktion indiziert werden, allerdings eignet er sich auch sehr gut zur Deckung größerer Nasendefekte, bis hin zur totalen Nasenrekonstruktion. Im Falle einer verbrannten Stirn kann alternativ ein retroauriculo-temporaler Lappen (Washio Lappen) [25, 26], ein gestielter Oberarmlappen (Tagliacozzi) oder freier Lappen (Radialis) geplant werden.

Nasenepithesen zeigen bei fehlender Hebemorbiditäten, ästhetisch gut ansprechende Ergebnisse, allerdings müssen sie osteointegrativ implantiert werden und bei fehlender Pflege können hierdurch Infekte bis hinzu Osteomyelitiden auftreten.

10.7.7 Ohr

Lokale Lappenplastiken wie eine Antia-Buch Plastik, bei welcher mittels Chrondo-kutanem gegenläufigen Vorschublappen Defekte der Helix bis zu einer Größe von 2 cm rekonstruiert werden können[27], sind bei ausreichender Elastizität der Weichteile erfolgsversprechend. So können auch für Teildefekte des Ohres größere chondrokutane Rotationslappenplastiken aus der Concha gewählt werden [28].

Retroaurikulär zeigt sich häufig bei Gesichtsverbrennungen eine Aussparung der thermischen Einwirkung, so dass diese Haut gut für Rekonstruktionen verwendet werden kann. Zum einen können Teile des Ohres direkt mit der Haut retroaurikulär eingenäht werden, zum anderen können Defekte durch Transpositionslappen gedeckt werden, oder sogar die Helix nahezu vollständig durch einen zweiseitig gestielten Brückenlappen rekonstruiert werden.

Bei großflächigem Weichteilverlust des Ohres, kann als Rekonstrukt ein Temporo-parietaler Faszienlappen, gestielt an der A. temporalis superficialis, Verwendung finden. Die gut durchblutete Faszie wird am Knorpel fixiert und idealerweise einzeitig mit Spalthaut bedeckt.

Bei komplettem Ohrmuschelverlust kann eine totale autologe Rekonstruktion durch Knorpelersatz aus dem kontralateralen Rippenbogen 6–8 unter eventuellem Einschluss der 12. Rippe in einem mehrzeitigen Vorgehen ein sehr gutes Ergebnis zeigen. Die Deckung des Knorpels erfolgt mittels gestieltem ipsilateralem oder freien mikrovaskulär transplantierten temporofaszialen Lappen. Hierzu gibt es verschiedene Techniken, die bekanntesten sind die Techniken nach Brent [29] und Nagata [30]. Während die Technik nach Brent insgesamt 4 Teilschritte vorsieht (1. Platzierung des Knorpeltransplantates, 2. Positionierung des Ohrläppchens, 3. Hebung des rekonstruierten Ohres und Bildung des retroaurikulären Sulkus, 4. Vertiefung der Concha und Bildung eines Tragus) umfasst die Technik nach Nagata insgesamt 2 Schritte (1. Kombination der Schritte 1,2 und 4 nach Brent und 2. Hebung des Ohres und Bildung des retroaurikulären Sulkus). In wenigen Fällen kann die vorherige Einlage eines Expanders notwendig sein.

Bei insuffizienten Rekonstruktionsmöglichkeiten, beziehungsweise bei entsprechendem Patientenwunsch kann die Anpassung eine Epithese mit osseointegrierter Fixierung indiziert sein. Die Eingriffsrisiken verhalten sich analog zur Nasenepithese und es können unter anderem Druckulzerationen der Haut entstehen, wie auch Infekte, welche bis hin zu Osteomyelitiden auftreten.

10.7.8 Gelenke

Die plastische Behandlung von gelenksübergreifenden Kontrakturen stellt gerade bei Kindern eine große Herausforderung dar. So können kontrakte Narben ossäre Längenwachstumsstörungen, aber auch Entwicklungsstörungen der Gelenksstrukturen verursachen. Bei der Verwendung von elastischem gut durchblutetem Gewebe zur lappenplastischen Rekonstruktion sollte auf die Verhinderung von Narben über Gelenken (im Bereich der Lappeneinnaht) gezielt werden.

Am Beispiel der axillären Kontraktur lässt sich zeigen, dass ausreichend groß gewählte und gut plazierte fortlaufende Z-Plastiken sehr effizient das funktionelle Defizit korrigieren können. Zum einen wird der Narbenstrang hierdurch gebrochen, zum anderen erreicht man durch die Z-Plastik einen funktionellen Längengewinn der Weichteile. Resektion der Narbenplatten und Defektrekonstruktion durch Vollhauttransplantate sind eine Alternative, allerdings können gerade im Hand- und Sprunggelenksbereich Sehnenspiegel zum Vorschein kommen, weshalb hier im Vorfeld über einen vaskularisierten Lappentransfer diskutiert werden sollte.

10.7.9 Fuß

Ziel der Rekonstruktion von Verbrennungsnarben oder Kontrakturen am Fuß sollte die Schaffung belastungsstabiler Verhältnisse sein und dem Patienten so ein schmerzfreies Gehen zu ermöglichen. Zudem sollten Kontrakturen vorgebeugt werden.

10.7.10 Stamm

Sekundär-chirurgische Maßnahmen am Stamm sind häufig sehr von individuellen Beschwerden abhängig und häufig besteht hier ein fließender Übergang in den rekonstruktiv-ästhetischen Bereich.

10.7.11 Brustdrüse

Mit der Pubertät beginnt die Brustanlage sich zu entwickeln und das Brustwachstum ist mit dem Alter von 16–19 Jahren abgeschlossen. Aufgrund der thermischen Verletzung kann die Brustanlage bei Mädchen partiell bis vollständig zerstört sein, oder die Brustreifung kann durch eine derbe Narbenplatte verhindert werden.

Narbenkorrektureingriffe im Bereich der Brustdrüse sind bei heranwachsenden Mädchen mit Vorsicht zu planen, um durch die chirurgische Intervention die Brustanlage nicht weiter zu schädigen. Auf der anderen Seite steht abzuwägen, ob ein Fehlwachstum der Brust durch eine frühzeitige Korrektur von Narbenzüge nicht frühzeitig vermieden werden kann.

10.7.12 Narbenkarzinom

Das Narbenkarzinom von dem französischen Chirurgen Jean-Nicolas Marjolin beschrieben, kann auf der Basis einer chronischen Wundheilungsstörung entstehen. Es handelt sich in vielen Fällen hierbei um eine aggressive, metastasierende und schlecht differenzierte Form eines Plattenepithelkarzinoms. Aurelius Cornelius Celsus beschrieb das Marjolin Ulkus erstmals bei brandverletzten Patienten [31] und noch heute treten diese Plattenepithelkarzinome im Vergleich zu anderen Ursachen instabiler Narben, häufiger nach Brandverletzungen auf [32–34]. In den meisten Fällen manifestieren diese sich nach Jahrzehnten, jedoch wird in der Literatur auch von Narbenkarzinomen berichtet, welche sich innerhalb weniger Monate entwickeln [35].

Eine lymphogene Metastasierung ist bei Diagnosestellung nicht selten. Als Ursache mag die häufig nachgewiesene schlechte Differenzierung des Karzinoms sein, ein zeitlicher Verzug einer frühzeitigen Diagnostik kommt ebenso als Ursache infrage.

10.7.13 Lipoinfiltration

Verschiedene Arbeiten konnten inzwischen zeigen, dass durch Lipoinfiltration die Qualität des Narbengewebes gerade bei Brandverletzten verbessert werden kann. In wie weit bei Kindern eine Lipoinfiltration zur Narbenkorrektur indiziert werden sollte, bleibt der individuellen Entscheidung der kleinen Patienten und der Eltern bzw. dem Arzt überlassen.

10.8 Literatur

[1] Klein, M.B., et al., *Benchmarking outcomes in the critically injured burn patient.* Ann Surg, 2014. **259**(5): p. 833–41.

[2] Lim, J., et al., *Is the length of time in acute burn surgery associated with poorer outcomes?* Burns, 2014. **40**(2): p. 235–40.

[3] van Baar, M.E., et al., *Quality of life after burns in childhood (5–15 years): children experience substantial problems.* Burns, 2011. **37**(6): p. 930–8.

[4] Gottlieb, L.J. and L.M. Krieger, *From the reconstructive ladder to the reconstructive elevator.* Plast Reconstr Surg, 1994. **93**(7): p. 1503–4.

[5] Knobloch, K. and P.M. Vogt, *The reconstructive clockwork of the twenty-first century: an extension of the concept of the reconstructive ladder and reconstructive elevator.* Plast Reconstr Surg, 2010. **126**(4): p. 220e–2e.

[6] Larson, D.L., et al., *Techniques for decreasing scar formation and contractures in the burned patient.* J Trauma, 1971. **11**(10): p. 807–23.

[7] Austad, E.D. and G.L. Rose, *A self-inflating tissue expander.* Plast Reconstr Surg, 1982. **70**(5): p. 588–94.

[8] Radovan, C., *Breast reconstruction after mastectomy using the temporary expander.* Plast Reconstr Surg, 1982. **69**(2): p. 195–208.
[9] Neumann, C.G., *The expansion of an area of skin by progressive distention of a subcutaneous balloon; use of the method for securing skin for subtotal reconstruction of the ear.* Plast Reconstr Surg (1946), 1957. **19**(2): p. 124–30.
[10] Pisarski, G.P., et al., *Tissue expander complications in the pediatric burn patient.* Plast Reconstr Surg, 1998. **102**(4): p. 1008–12.
[11] Bauer, B., *In Grabb & Smith's Plastic Surgery, 6th ed. Philadelphia: Lippincott-Raven.* 2007.
[12] Ulrich, D., P. Fuchs, and N. Pallua, *Preexpanded vertical trapezius musculocutaneous flap for reconstruction of a severe neck contracture after burn injury.* J Burn Care Res, 2008. **29**(2): p. 386–9.
[13] Dong, L., et al., *Penile reconstruction by preexpanded free scapular flap in severely burned patient.* Ann Plast Surg, 2014. **73 Suppl 1**: p. S27–30.
[14] Cherry, G.W., et al., *Increased survival and vascularity of random-pattern skin flaps elevated in controlled, expanded skin.* Plast Reconstr Surg, 1983. **72**(5): p. 680–7.
[15] Sasaki, G.H. and C.Y. Pang, *Pathophysiology of skin flaps raised on expanded pig skin.* Plast Reconstr Surg, 1984. **74**(1): p. 59–67.
[16] Bozkurt, A., et al., *Retrospective analysis of tissue expansion in reconstructive burn surgery: evaluation of complication rates.* Burns, 2008. **34**(8): p. 1113–8.
[17] Heidekrueger, P.I., et al., *Postburn Head and Neck Reconstruction: An Algorithmic Approach.* J Craniofac Surg, 2016. **27**(1): p. 150–5.
[18] Aust, M.C., et al., *Percutaneous collagen induction therapy: an alternative treatment for burn scars.* Burns, 2010. **36**(6): p. 836–43.
[19] Heckmann, A., et al., *[One-stage defect closure of deperiosted bone and exposed tendons with MATRIDERM(R) and skin transplantation. Possibilities and limitations].* Unfallchirurg, 2012. **115**(12): p. 1092–8.
[20] Bottcher-Haberzeth, S., et al., *Matriderm(R) 1 mm versus Integra(R) Single Layer 1.3 mm for one-step closure of full thickness skin defects: a comparative experimental study in rats.* Pediatr Surg Int, 2012. **28**(2): p. 171–7.
[21] Sen, S.K., E. Fitzgerald O'Connor, and M. Tare, *The free instep flap for palmar and digital resurfacing.* J Plast Reconstr Aesthet Surg, 2015. **68**(9): p. 1191–8.
[22] Burget, G.C. and F.J. Menick, *The subunit principle in nasal reconstruction.* Plast Reconstr Surg, 1985. **76**(2): p. 239–47.
[23] Singh, D.J. and S.P. Bartlett, *Aesthetic considerations in nasal reconstruction and the role of modified nasal subunits.* Plast Reconstr Surg, 2003. **111**(2): p. 639–48; discussion 649–51.
[24] Rohrich, R.J., et al., *Nasal reconstruction – beyond aesthetic subunits: a 15-year review of 1334 cases.* Plast Reconstr Surg, 2004. **114**(6): p. 1405–16; discussion 1417–9.
[25] Morrison, C.M., J.S. Bond, and A.G. Leonard, *Nasal reconstruction using the Washio retroauricular temporal flap.* Br J Plast Surg, 2003. **56**(3): p. 224–9.
[26] Washio, H., *Retroauricular-temporal flap.* Plast Reconstr Surg, 1969. **43**(2): p. 162–6.
[27] Antia, N.H. and V.I. Buch, *Chondrocutaneous advancement flap for the marginal defect of the ear.* Plast Reconstr Surg, 1967. **39**(5): p. 472–7.
[28] Orticochea, M., *Reconstruction of partial loss of the auricle.* Plast Reconstr Surg, 1970. **46**(4): p. 403–5.
[29] Brent, B., *Technical advances in ear reconstruction with autogenous rib cartilage grafts: personal experience with 1200 cases.* Plast Reconstr Surg, 1999. **104**(2): p. 319–34; discussion 335–8.
[30] Nagata, S., *A new method of total reconstruction of the auricle for microtia.* Plast Reconstr Surg, 1993. **92**(2): p. 187–201.
[31] Bowers, R.F. and J.M. Young, *Carcinoma arising in scars, osteomyelitis, and fistulae.* Arch Surg, 1960. **80**: p. 564–70.
[32] Kerr-Valentic, M.A., et al., *Marjolin's ulcer: modern analysis of an ancient problem.* Plast Reconstr Surg, 2009. **123**(1): p. 184–91.

[33] Bloemsma, G.C. and O. Lapid, *Marjolin's ulcer in an amputation stump.* J Burn Care Res, 2008. **29**(6): p. 1001–3.
[34] Pandey, M., P. Kumar, and A.K. Khanna, *Marjolin's ulcer associated with chronic osteomyelitis.* J Wound Care, 2009. **18**(12): p. 504–6.
[35] Baskara, A., et al., *Development of a Marjolin's ulcer within 9 months in a plantar pressure ulcer.* Eur J Dermatol, 2010. **20**(2): p. 225.

Istvan Szilagyi, Katharina Purtscher-Penz

11 Sozialpädiatrische und Psychologische Aspekte

Thermische Verletzungen können einen gravierenden Einschnitt im Leben eines Kindes und in seinem sozialen System auslösen und mit Beeinträchtigungen der Lebensqualität des Kindes sowie der betroffenen Familie einhergehen. Verbrühungen und thermische Verletzungen gehen je nach Verbrennungsgrad mit extremen Schmerzen einher und oft bleiben Narben und körperlichen Deformationen zeitlebens bestehen.

Die Ursachen thermischer Verletzungen können sehr vielfältig sein. Besonders anfällig für Unfälle sind Kinder im Säuglingsalter und Kleinkinder bis zum fünften Lebensjahr im Rahmen ihres Explorationsverhaltens. Innerhalb der Entwicklungsspanne der ersten fünf Lebensjahre tendieren Kinder dazu ihre Umgebung zu erforschen, nach Objekten zu suchen und nach Gegenständen zu greifen sowie diese an sich zu ziehen. Da sie noch nicht die kognitiven Fähigkeiten besitzen, auch Konsequenzen und Gefahren ihres Verhaltens abzuschätzen sind, führt ihr Handeln häufig zu einem Unfall mit einer Verbrennung oder Verbrühung als Folge. Kinder versuchen auch Tätigkeiten von Erwachsenen nachzuahmen und dabei überschätzen sie ihre Fähigkeiten und Fertigkeiten. [1, 2] Sie experimentieren und spielen mit Brandbeschleunigern, Elektrizität, oder mit Feuerwerkskörpern. [1]

Soziale Risikofaktoren für Verbrennungen und Verbrühungen im Kindesalter sind [2]:
- Armut des Familiensystems
- niedriger Bildungsstand der Eltern
- alleinerziehender Elternteil
- Arbeitslosigkeit eines Elternteils
- niedriges Alter der Mutter bei der Geburt
- kinderreiche Familien und
- Drogenkonsum der Eltern

Eine besonders schlimme und traumatisierende Form sind intentionale Verbrennungen, wenn Kinder von Eltern oder von ihren primären Bezugspersonen misshandelt werden. Etwa 10–15% der misshandelten Kinder werden durch Verbrühungen oder Verbrennungen verletzt [3].

Außerordentlich problematisch ist eine durch Eltern verursachte thermische Verletzung bei Kindern bis zum dritten Lebensjahr, da jüngere Kinder sich über die Geschehnisse nicht artikulieren können.

Einige Risikofaktoren von Eltern, die ihre Kinder misshandeln, sind: Überforderung in der Erziehungstätigkeit, psychiatrische Erkrankung eines Elternteils, Armut, belastende Lebensereignisse in der Biografie der Eltern, wenn sie selber Misshandlungen oder Missbrauch erlebt haben [4].

Tab. 11.1: Hinweise (Indikatoren) für brandverletzte Kinder, Verletzungen durch Missbrauch oder Vernachlässigung erlitten haben [1, 5].

- Die von den Bezugspersonen angegebenen Informationen über den Unfallhergang weichen vom Verletzungsmuster ab.
- verspätete Vorstellung in der Klinik
- Verhaltensauffälligkeiten des Kindes (z. B. desorganisierter Bindungsstil, ängstlich gegenüber den primären Bezugspersonen bzw. Eltern)
- bestehende Hinweise auf eine Vernachlässigung oder Gefährdung
- Verletzungsmuster mit Verdacht auf bestehende Eintauchverletzungen
- ungewöhnliche Verletzungsorte
- symmetrische Verletzungen mit zirkulären Ausdehnungen
- Verbrennungen an untypischen Orten, mit einheitlicher Tiefe und eindeutig identifizierbarer Oberflächenstruktur
- ältere Hämatome
- häufigere Verletzungen in der Vergangenheit

Ein thermischer Unfall kann einen umfassenden Einfluss auf das soziale Gefüge betroffener Kinder haben und sehr intensive psychosoziale Belastungen im Familienkreis der Betroffenen auslösen. Die Art sowie die Intensität der thermischen Verletzung, das Alter des betroffenen Kindes und die psychosoziale Resilienz können charakteristische Einflüsse auf die emotionale und kognitive Verarbeitung des Unfalls haben. Das unmittelbare soziale Umfeld des betroffenen Kindes begegnet der traumatischen Situation mit unterschiedlichen affektiven Reaktionen. So weisen die Eltern Betroffener häufig große Schuldgefühle auf, weil sie ihr Kind vor der Verbrennungsverletzung nicht beschützen konnten. Sie erleben große Ängste und Sorgen, die geprägt sind durch die Folgen der Verletzung und die damit verbundenen physiologischen Einschränkungen und körperlichen Deformationen. Des Weiteren treten im Familienverband häufig Überforderungen und Hilflosigkeitsgefühle auf.

Die Intensität, die Ausdehnung und der Verletzungstyp bestimmen die Dauer und die Art der Behandlung. Bei einer Verbrennung ersten Grades ist mit einer kürzeren Behandlung zu rechnen; die Folgen von Verbrennungen ersten Grades klingen meist spontan und ohne Narben ab. Tiefe Verbrennungen zweiten Grades und Verbrennungen dritten Grades führen für die Betroffenen zu längeren Krankenhausaufenthalten, die durch Schmerzen und oft auch durch langwierige Behandlungen gekennzeichnet sind, und die nicht nur beim betroffenen Kind, sondern auch bei dessen Familienmitgliedern einen psychischen Schockzustand auslösen können.

Um einen optimalen Genesungsprozess betroffener Patienten und Patientinnen zu gewährleisten, wird heute ein multimodales Behandlungskonzept angewandt, in dem der Psychologie für die Unfallbewältigung eine bedeutende (ausschlaggebende) Rolle zukommt.

Wie bei physischen Verletzungen gilt auch für psychische Beeinträchtigungen der Grundsatz, je früher die Behandlung startet, desto förderlicher ist diese für den Genesungsprozess.

11.1 Psychologische Folgen thermischer Verletzungen

Beginnend mit der Unfallsituation kommt auf die betroffenen Kinder und Jugendlichen ein sehr belastender Zeitabschnitt zu, der geprägt ist durch enorme Schmerzen, längere Trennung von Bezugspersonen, kognitive und emotionale Überforderung durch die neue Umgebung und damit verbundene Überflutung von teils angstauslösenden Reizen und komplexen Behandlungsprozessen. [6] Die Folgen von Verbrennungen und Verbrühungen sind häufig mit körperlichen Deformationen verbunden, wodurch die betroffenen Patienten und Patientinnen eine große Veränderung hinnehmen müssen: bereits in der klinischen Umgebung werden sie mit den Folgen der thermischen Verletzung konfrontiert, z.B. mit körperlichen Veränderungen wie Narben oder Amputationen. Dem folgen eine Reihe von affektiven Symptomen, darunter Ängste, Depressionen oder Schamgefühle, die letztendlich das Entstehen einer affektiven und kognitiven Störung fördern.

Auch längere Zeit nach einem Unfall vermeiden betroffene Kinder häufig soziale Interaktionen, haben große Probleme mit ihrem Äußeren, befürchten von anderen angestarrt, ausgelacht oder bemitleidet zu werden und erleben vielfach von anderen Kindern Hänseleien, Ausgrenzungen bis hin zu Mobbing. Ältere Jugendliche entwickeln häufig soziale Anpassungsstörungen. Sie zeigen folglich Schwierigkeiten im Aufbau von Beziehungen, weisen oppositionelle Verhaltensweisen auf und leiden an dysthymen Symptomen.

Affektive und kognitive Beeinträchtigungen können auch durch körperliche Funktionseinschränkungen ausgelöst werden, wie etwa Sprachstörungen als Folge von Gesichtsverbrennungen oder eine Gehbehinderung als Folge von Amputationen. [6]

Viele Betroffene erleben Jahre nach der thermischen Verletzung noch immer Stigmatisierungen und Schwierigkeiten, eine partnerschaftliche Beziehung einzugehen sowie Einschränkungen in Alltagsaktivitäten.

11.1.1 Angst

Bereits durch den Unfallhergang, spätestens jedoch durch die Verbrennungsfolgen können die Kinder sehr intensive Angstgefühle erleben. Das Angstgefühl zeichnet sich durch Hilflosigkeit, ein Gefühl der Beengtheit und emotionaler Spannung aus. Die Angst beeinträchtigt in bedeutender Weise sowohl die kognitiven wie auch physiologischen Abläufe. Kognitiv werden durch das Angstgefühl Handlungsabläufe blockiert und auf der physiologischen Ebene werden Reaktionen wie Hypervigilanz, Herzrasen, Übelkeit, Schwindel und Ohnmachtsgefühle ausgelöst. Betroffene zeigen aufgrund ihrer Ängste in der klinischen Umgebung eine verringerte Bereitschaft zur aktiven Mitwirkung an therapeutischen Maßnahmen, ein erhöhtes Vermeidungsverhalten sowie ein von Weinen und Schreien begleitetes Verhalten.

In der akuten Phase nach einer thermischen Verletzung können bei Betroffenen gesteigerte Ängste durch Schmerzen, teils entstellte Gliedmaßen, fehlende Gliedmaßen, durch Wunden oder Narben verursacht werden.

Ebenso bedeutsam wirken sich die Reaktionen der Eltern auf das Angstgefühl der Kinder aus. Eltern reagieren in der akuten Phase einer thermischen Verletzung ihres Kindes häufig panisch, weinend, schreiend, zeigen sich überfordert und reagieren selbst sehr verängstigt.

Ängste können betroffene Patienten sogar Jahre nach der körperlichen Behandlung noch begleiten. So können diese im Erwachsenenalter aufgrund von Körperdeformationen Vermeidungsverhalten im sozialen Kontakt aufweisen und schließlich sogar eine generalisierte Angststörung entfalten, bis hin zu Persönlichkeitsveränderungen nach extremen Belastungen (schmerzhafte Behandlungsprozeduren, Kompressionsbandagen, bleibende Entstellungen, ...).

11.1.2 Depression

Betroffene Kinder und Jugendliche können häufig während und nach der Behandlungsphase Depressionen entwickeln. Depressionen gehören zu den psychischen Störungsbildern, die physiologische, verhaltensmäßige, affektive wie auch kognitive Symptome aufweisen. [7] Depressionen können häufig auch mit Ängsten gekoppelt sein. Der Umfang einer depressiven Erkrankung kann von einer leichten depressiven Episode bis hin zu einer Major-Depression reichen (siehe Tab. 11.2).

Unbehandelte Depressionen vermindern die Compliance, beeinträchtigen die Lebensqualität der Betroffenen und können bis zum Suizid führen.

Leichte depressive Episoden lassen sich psychologisch bzw. psychotherapeutisch behandeln. Bei mittelgradigen und bei Major-Depressionen ist oft eine Kombination aus Psychopharmaka- und Psychotherapie am wirksamsten.

Tab. 11.2: Einteilung depressiver Störungen nach ICD-10.

Depressionsklassifikation nach ICD-10	Symptome/Beschreibung
F32 – Depressive Episode	Niedergeschlagene Stimmungslage, verminderter Antrieb und Aktivität, Angst, Trauer, Hoffnungslosigkeit, Desinteresse und Freudlosigkeit, verminderte Konzentration, Schlafstörungen, Appetitverlust, innere Unruhe, vermindertes Selbstwertgefühl, Selbstvertrauen, Schuldgefühle, verlangsamte Sprache, somatische Beschwerden als Ausdruck depressiver Verstimmungen, negative Gedankengänge und Gefühl einer Wertlosigkeit, Selbstmordgedanken.
F32.0 Leichte depressive Episode	Klingt nach einigen Tagen ab und ist mit zwei bis drei depressiven Symptomen gekennzeichnet.
F32.1 Mittelgradige depressive Episode	Mindestens vier depressive Symptome vorhanden. Der Betroffene hat Schwierigkeiten seine Alltagsaktivitäten durchzuführen.
F32.2 Schwere depressive Episode ohne psychotische Episoden	Neben mehreren depressiven Symptomen kommen noch suizidale Absichten sowie Suizidversuche und Handlungen hinzu. Es können des Weiteren auch somatische Symptome auftreten.
F 32.3 Schwere depressive Episode mit psychotischen Episoden	Es treten ähnliche Symptommuster wie ohne psychotische Störungen auf, jedoch zusätzlich begleitet von Halluzinationen, Wahnvorstellungen, psychomotorischer Hemmung oder Stupor. Patienten sind meistens sehr in ihrer Lebensqualität eingeschränkt.

11.1.3 Belastungssituation und psychische Traumata

Beginnend mit der Ursache der thermischen Verletzung am Unfallort, der anschließenden Notversorgung durch die Hilfskräfte bis hin zu den weiteren medizinischen Maßnahmen stellen die Vorgänge für die betroffenen Kinder und Jugendlichen ein besonders hohes Maß an psychosozialer Belastung dar.

Extreme Belastungssituationen, die als eine außergewöhnliche Bedrohung erlebt werden, können beim betroffenen Kind als überfordernd, nicht bewältigbar, existenzbedrohend und damit einhergehend als traumatisch erlebt werden. Solche Belastungssituationen sind mit Ängsten, Hilflosigkeit, Wut oder Aggressionen verbunden, und haben gravierenden Einfluss auf die kognitiven und affektiven Verarbeitungsprozesse. Ein traumatisches Ereignis kann somit eine psychische Verletzung auslösen und abhängig von der Resilienz des Individuums unterschiedlich bewältigt werden.

Nicht alle Belastungssituationen lösen eine psychisch-traumatische Verletzung aus; es kommt vielmehr darauf an, wie die Situation erlebt und subjektiv bewertet wird und welche eigenen Ressourcen für die Bewältigung der Situation erkannt und mobilisiert werden.

Bei einem psychischen Trauma ist zwischen der das Trauma auslösenden Situation, den mit dem Trauma verknüpften Reaktionen sowie dem Verarbeitungsprozess zu unterscheiden. [8] Diese Differenzierung ist bei Kindern und Jugendlichen nicht einfach. Je früher trauma-bezogene Reaktionen erkannt werden und dementsprechend reagiert wird, desto besser können Traumafolgestörungen behandelt werden. Für eine bessere Diagnostik der Reaktionen auf schwere Belastungs- und Anpassungsstörungen kann das Klassifikationssystem nach der World Health Organisation (WHO) ICD-10 herangezogen werden die in Tab. 11.3 gelistet sind und nachfolgend erläutert werden. [9]

Tab. 11.3: Belastungsreaktionen nach der ICD-10 Klassifikation [10].

Belastungsreaktion nach der ICD-10-Klassifikation	Symptome
F. 43	Reaktionen auf schwere Belastungen und Anpassungsstörungen
F. 43.0	akute Belastungsreaktion Merkmale: Vorübergehende Störung auf einer außergewöhnlichen Belastung, die nach Stunden oder Tagen abklingt.
F. 43.1	posttraumatische Belastungsstörung
F. 43.2	Anpassungsstörung
F. 43.8	sonstige Reaktionen auf schwere Belastungen
F. 43.9	Reaktion auf schwere Belastung, nicht näher bezeichnet

Akute Belastungsreaktion (F 43.0)

Kurz nach der extremen Belastungssituation können diverse kognitive wie auch affektive Stressreaktionen der betroffenen Kinder auftreten. Eine akute Belastungsreaktion kann auch bei den Angehörigen oder bei anderen Personen entstehen, die den Unfallhergang beobachtet haben.

Der affektive Zustand während und nach einer Belastungssituation kann sich in Ängsten, Hilflosigkeit, Entsetzen und einer Existenzbedrohung manifestieren. [11] Diese Reaktionen können Stunden, Tage oder sogar Wochen andauern.

Der akuten Belastungsreaktion werden keine Störungscharakteristika zugeschrieben, da sie zu den „normalen" Bewältigungsmechanismen einer extremen Belastungssituation eines Individuums gezählt wird. Eine akute Belastungsreaktion ist die unmittelbare Folge einer Situation, die der Betroffene als überfordernd, gefährlich und nicht änderbar bewertet. Wenn die Symptome einer Belastungsreaktion, Anpassungsstörung mehr als vier Wochen andauern, dann weist dies bereits auf ein Bestehen einer posttraumatischen Belastungsstörung (PTBS) hin.

Auf der kognitiven Ebene spielt bei der Bewertung von Situationen die konzeptuelle und die perzeptuelle Verarbeitung eine bedeutende Rolle. [12] Eine perzeptuelle Verarbeitung entsteht nach dem Prinzip des Vergleiches, der Kategorisierung und der Strukturierung wahrgenommener mit bereits gespeicherten Informationen. Bei der konzeptuellen Verarbeitung werden die benötigten Prozesse selbst generiert ohne den Impuls äußerer Reize. Eine Kombination einer perzeptuellen und einer konzeptuellen Verarbeitung ist der günstigste Weg der Bewertung einer extremen Belastungssituation, die auch ein vermindertes Risiko des Entstehens einer PTBS hervorruft. Bei einer einseitigen kognitiven Bearbeitung werden Organisationsprozesse, logische Verarbeitung oder die semantische Zuordnung der Informationen beeinträchtigt und folglich das Entstehen einer PTBS begünstigt. Die erfolgreiche Verarbeitung traumatisch erlebter Belastungssituationen hängt besonders davon ab, inwieweit die Symptome frühzeitig erkannt werden.

Für die Unterstützung der betroffenen Kinder und Jugendlichen beim Genesungsprozess ist es daher auch wesentlich, dass das medizinische Fachpersonal über ausreichende Kenntnisse solcher psychischen Reaktionen besitzt.

In der Schockphase sollte eine psychologische Erste Hilfe schnellstmöglich eingeleitet werden, um eine kognitive und affektive Verarbeitung des Unfallhergangs zu unterstützen [8, 13, 14].

11.1.4 Posttraumatische Belastungsstörung (F 43.1)

Dauern die Symptome der akuten Belastungsreaktion länger als vier Wochen an und treten zusätzliche affektive Beeinträchtigungen auf, geht man von der Manifestation einer posttraumatischen Belastungsstörung aus. Ungefähr 50 % der thermisch verletzten Kinder entwickeln eine posttraumatische Belastungsstörung. [6]

Eine posttraumatische Belastungsreaktion gehört zu psychischen Störungsbildern und hat als Folge zahlreiche Traumafolgestörungen (Tab. 11.4).

Laut der WHO tritt eine posttraumatische Belastungsreaktion als eine verzögerte Reaktion auf eine sehr belastend erlebte Situation auf, die eine tiefe Verzweiflung auslöst und gekennzeichnet ist durch: Intrusionen, Flashbacks, Albträume, Gleichgültigkeit gegenüber anderen Menschen, Vigilanzsteigerung, Ängste, Depressionen, Suizidgedanken oder abgestumpftes Gefühlserleben. [10]

Risikofaktoren für das Entstehen einer posttraumatischen Belastungsstörung sind sehr belastend bewertete und erlebte Situationen, schwerwiegende Unfälle oder Verletzungen, die auch schwerwiegende physische Schäden sowie bleibende physische Schäden auslösen, niedriges Alter des Kindes, einfach strukturierte kognitive Fähigkeiten, komorbide psychische Erkrankungen, weibliches Geschlecht, ungünstige Coping-Mechanismen sowie eine Persönlichkeitsstörung. [8, 11, 15, 16]

Betrachtet man das American Psychiatric Association (APA)-Klassifikationssystem des Diagnostic and Statistical Manual of Mental Disorders (DSM-V), so müssen folgende acht Voraussetzungen für die Diagnose einer Traumafolgestörung gegeben sein [8, 9]:

Tab. 11.4: Eine Auflistung von Symptomen, die mit akuten oder posttraumatischen Belastungsstörungen assoziiert sind.

Symptome einer akuten oder posttraumatischen Belastungsstörung	Beschreibung
Alpträume/Schlafstörungen	Besonders bei jüngeren Kindern treten häufig Alpträume mit angstauslösenden Inhalten auf. Dabei können Betroffene die traumatisch erlebten Situationen im Traum wiedererleben. So haben traumatisierte Kinder häufig Träume vom eigenen Tod oder der nahen Angehörigen. Jüngere Kinder leiden zusätzlich häufig noch an pavor noctorus bzw. „Nachtangst“, die die klinisch-stationäre Behandlung erschweren können. Solche Alpträume und Ängste können Einschlaf- und Durchschlafstörungen intensivieren. [17, 18]
Erhöhte körperliche Erregbarkeit	Betroffene Kinder und Jugendliche sind körperlich dauererregt, reagieren sehr unruhig und schreckhaft auf Umweltreize, die kurz nach dem Auftreten als bedrohlich wahrgenommen werden. Betroffene Kinder haben Probleme mit ihrer Aufmerksamkeitsfokussierung und zeigen ausgeprägte Konzentrationsprobleme.
Angst	Ängste treten während und nach einer traumatischen Situation auf. Ängste sind bei Kindern ein dauerbegleiteter Zustand. Dieser kann sich auf die schmerzauslösenden Situationen (z. B.: Verbandswechsel), überfordernde Umgebung oder soziale Gegebenheiten beziehen. (s. Kap. 2.1)
Intrusionen/Flashbacks	Betroffene Patienten und Patientinnen erleben die Situation immer wieder. Die Erinnerung wird häufig durch einen Trigger bzw. Auslöser initiiert. Trigger können zahlreiche Umweltstimuli sein, die von den betroffenen Kindern während der Traumasituation geprägt wurden. Kinder spiegeln Intrusionen oft in der Spielsituation wider, z. B. repetitive Spielsituationen. [18]
Gedankengrübeln	Wiederholte und kreisende Gedanken über die Geschehnisse, die oft mit Schuldgefühlen gekoppelt sind. Bei einem Unfall durch Fremdverschulden kommen häufig noch Wut- und Aggressionsgefühle hinzu.
Vermeidungsverhalten	Ist gekennzeichnet durch die Vermeidung von Orten, wo die traumatische Situation passiert ist, sowie die Vermeidung von Gesprächen, die mit der Trauma-Situation verknüpft sind.

Tab. 11.4: (fortgesetzt)

Symptome einer akuten oder posttraumatischen Belastungsstörung	Beschreibung
Emotionale Taubheit	Patienten und Patientinnen zeigen abgeflachte emotionale Reaktionen oder reagieren gar nicht auf emotionsgeladene Stimuli. Sie sind affektiv abgestumpft oder regungslos.
Erinnerungslücken	Bestimmte Fragmente der traumatischen Situation können nicht mehr abgerufen werden.
Suizidalität	Suizidale Gedanken oder suizidale Äußerungen können nach Unfällen auftreten. Schwerwiegende Folgen der Verletzung wie körperliche Deformationen oder Amputationen können Depressionen begünstigen und im weiteren Verlauf eine Suizidalität fördern. [19]

Dissoziation

Eine weitere mit einer posttraumatischen Belastungsstörung einhergehende Symptomatik ist die Dissoziation. Als Dissoziation bezeichnet man eine Form der Bewältigung und Verarbeitung traumatischer Ereignisse. Im Rahmen einer Dissoziation entsteht eine Entkoppelung der Verknüpfung erlebter Informationen mit bereits erlebten Einstellungen oder durch Erfahrung erlernten Informationen. Drei Kategorien einer Dissoziation können unterschieden werden.

In der primären Dissoziation kann der Betroffene die erlebte traumatische Situation nicht als Ganzes erkennen und ins kognitive Bewusstsein integrieren. So werden emotionale Komponenten, die die Situation ausgelöst haben, nicht mit dem Kontext der Trauma-Situation verknüpft und sind getrennt von den kognitiven Inhalten.

Die sekundäre Dissoziation ist eine Veränderung des Bewusstseinszustandes, in dem Betroffene eine Spaltung affektiver und kognitiver Komponenten erleben. Betroffene haben das Gefühl, als ob sie ihren Körper verlassen würden.

Die tertiäre Dissoziation ist die Spaltung unterschiedlicher Persönlichkeiten, die jeweils eigene affektive und kognitive Bestandteile haben. [8, 18]

Tab. 11.5: Faktoren einer Traumafolgestörung nach DSM-V [9].

- Intrusionen
- Vermeidung von Reizen, die mit dem Trauma-Geschehen verknüpft sind
- Veränderungen auf der kognitiven und affektiven Ebene
- Hypervigilanz
- Symptomdauer: mehr als ein Monat
- Die Störungen lösen Dysfunktionen auf der sozialen Ebene aus und sind nicht Folge von Suchtmittelkonsum.
- Auseinandersetzung mit einer belastenden Situation, drohender Tod, akute aktiv oder passiv erlebte Gewalt, drohende schwere Gewalt, sexuelle Gewalt, Verlust eines Elternteils oder einer Bindungsperson

Tab. 11.9: Elemente/Ziele der Psychoedukation.

- Wissenserweiterung über Krankheits- und Behandlungsmaßnahmen
- Weiterleitung von Informationen über Zusammenhänge mit anderer Erkrankungen oder Symptomen: z.B. Schmerz löst Ängste aus, führt zum Rückzug, zur Isolation und letztendlich zu mehr Schmerzen. Weiterleitung von Erklärungsmodellen für das Zusammenwirken diverser Symptome
- Erläuterung möglicher psychischer Reaktionen durch die Verletzung
- Spiegelung individueller Ressourcen des Kindes und des Familiensystems, dadurch Förderung der Selbstständigkeit und der sozialen Kompetenz sowie Abbau der Hilflosigkeit
- negative und katastrophisierende Äußerungen der Patienten und Patientinnen, deren Eltern oder den medizinischen Behandlern in der Wissensvermittlung entschärfen
- Förderung günstiger Coping-Mechanismen

11.3 Kognitive Umstrukturierung

Diverse Bewältigungsmuster können dysfunktional sein und Verhaltensmuster auslösen, die dem bio-psychosozialen Genesungsprozess des Kindes oder des Jugendlichen entgegenwirken. Solche ungünstige Coping-Muster wären beispielsweise eine selektive Verallgemeinerung, wenn bestimmte Fakten übergeneralisiert oder spezielle Geschehnisse nur der eigenen Person zugeschrieben werden. (Tab. 11.9)

Dysfunktionale Coping-Muster sind eng mit Bewertungsprozessen verknüpft und gehen mit inneren rationalen oder irrationalen Überzeugungen einher. Irrationale Überzeugungen können dysfunktionale kognitive und affektive Verhaltensmuster auslösen und fördern nebenher das Entstehen psychischer Störungen.

Diverse psychologische sowie psychotherapeutische Behandlungstechniken verfolgen verschiedene Ziele bei der Veränderung dysfunktionaler Kognitionen (Tab. 11.10).

Tab. 11.10: Behandlungstechniken dysfunktionaler Coping-Mechanismen [31].

Behandlungstechnik	**Beschreibung**
Selbstverbalisation	Fokussiert auf die Veränderung sowie auf fehlende innerer Dialoge/ Überzeugungen. Dysfunktionale innere Dialoge führen zu ungünstigen Selbstinstruktionen und folgend zu ungeeigneten Verhaltensreaktionen. Selbstverbalisationstraining kann z.B.: gegen eine Angststörung eingesetzt werden.
Selbstinstruktionstraining nach Meichenbaum [28, 29]	Regelt die Veränderung innerer Überzeugungen z.B.: von Angstzuständen. Schritte einer Selbstinstruktionstechnik: Ist-Analyse bisheriger dysfunktionaler Gedankengänge Ausarbeitung und Konditionierung alternativer Bewältigungsmuster Leichte (imaginative) Konfrontation mit den angstlösenden Faktoren Bewältigung der Angst durch Selbstverbalisation

Tab. 11.10: (fortgesetzt)

Behandlungstechnik	Beschreibung
Kognitive Techniken – Rational-Emotive Therapie nach Beck und Ellis [30, 31]	Durch eine Veränderung des Bewertungsmusters sowie eine Anpassung irrationaler Überzeugungen sollte eine Veränderung ungünstiger Coping-Muster erreicht werden. Die Methode richtet sich nach folgendem Ablauf: A: (activating event) ein Ereignis löst eine Bewertung aus; B: (beliefes) das Ereignis löst eine Überzeugung aus. Wenn diese irrational ist, dann führt es zu einer ... C: (consequence) unangemessene Verhaltensreaktion mit affektiven und kognitiven Störungen; D: (disputation) die Behandlung fokussiert auf die Auslösung einer Infragestellung irrationaler Überzeugung, die E: (effect) in der Folge eine kognitive Umstrukturierung fördern soll.
Attributionstherapie	Attributionen sind „Schlussfolgerungen und Zuschreibungen“, die Situationen analysieren und in Frage stellen. Ungünstige Attributionen führen zu affektiven und kognitiven Beeinträchtigungen und dementsprechend zu ungünstigen Verhaltensmustern.
Gedanken-Stopp [31]	Fokussiert auf negative Gedankengänge, Grübeln, Zwangs- oder Angstgedanken und zielt des Weiteren auf die Erhöhung der eigenen Kontrollfähigkeit ab.

Tab. 11.11: Ungünstige Denkmuster [32, 33].

willkürliches Schlussfolgern	Schlussfolgerungen, die ohne Beweise automatisch angenommen werden, z. B. ich bin ein Versager.
selektives Verallgemeinern	Verarbeitungsmuster, wo einzelne Fakten aus einem Inhalt überinterpretiert werden.
Übergeneralisierung	Eine Sichtweise wird z. B. auf passende wie auch auf unpassende Ereignisse übertragen.
Maximieren und Minimieren	Bestimmte Aspekte von Situatuionen werden gewichtiger betrachtet.
Personalisierung	Geschehnisse unabhängiger Situationen werden auf die eigene Person zugeschrieben (Strafe Gottes, da ich Felher in meinem Leben gemacht habe).
Dichotomisiertes Denken	Kategorisierung in zwei extreme Richtungen, z. B. Gut und Böse

Das Ziel der kognitiven Umstrukturierung ist es, die Betroffenen bei der Reinterpretation von Situationen mit rationalen Überzeugungen und entsprechenden günstigen affektiven Reaktionen zu fördern.

11.3.1 EMDR – „Eye Movement Desensitization and Reprocessing"-Therapie

Die EMDR-Technik gilt als eine von Shapiro entwickelte spezifische Interventionstechnik im Rahmen einer Traumatherapie. Das Behandlungskonzept fokussiert auf eine adaptive Informationsverarbeitung. Durch eine strukturierte und sichere Umgebung wird dem Patienten ein Rahmen geschaffen, in dem er/sie durch bilaterale Stimulation beider Gehirnhälften mittels externer Reize, die Traumatisierung aufarbeiten kann. Die EMDR-Therapie zielt auf (i) eine affektive Veränderung der erlebten Bedrohung, (ii) einer kognitiven Restrukturierung der bedrohlich erlebten Situation und (iii) einer Kategorisierung der Bedrohung als einer in der Vergangenheit erlebten Situation. [34]

Als Voraussetzung der Traumabehandlung gilt, dass die biologisch-gesundheitliche Situation des Kindes soweit stabilisiert ist, dass eine Reintegration im Alltagsleben möglich ist.

11.4 Psychologische Schmerzbehandlung

Verbrennungen oder Verbrühungen und in der Folge deren Behandlung werden sehr schmerzhaft erlebt. Länger andauernde Schmerzen können dysfunktionale Kognitionen stärken und eine Schmerzchronifizierung begünstigen.

Im Rahmen der psychologischen Schmerzbehandlung werden zuallererst innerhalb der psychologischen Diagnostik Yellow-Flags bzw. Faktoren, die das Schmerzerleben begünstigen oder aufrechterhalten, identifiziert.

Tab. 11.12: Die psychologische Schmerzbehandlung enthält folgende Techniken:

Behandlungstechniken	**Beschreibung**
Psychoedukation	Erweiterung der Kenntnisse über das Schmerzerleben und Patientenschulung über ergänzende (nichtmedikamentöse) Behandlungsmöglichkeiten, das Schmerzerleben zu modulieren.
Entspannungsübungen/ Achtsamkeitsübungen/Hypnose	Sie peilen eine positive Veränderung körperlicher Reaktionen an und führen zu einer günstigen affektiven Verarbeitung des Schmerzerlebens.
Ressourcenmobilisierung	Identifikation persönlicher und sozialer Ressourcen des Kindes und der Familie. Ressourcen werden in der psychologischen Behandlung eingebaut. Mit dem Ziel Hilfe zur Selbsthilfe, sollen Betroffene Möglichkeiten erkennen und einsetzen, um Autonomie, Selbstsicherheit und Selbstständigkeit zu erlangen.
Analyse und Modifikation dysfunktionaler Kognitionen	Veränderung irrationaler Überzeugungen und Förderung funktionaler Verhaltensmuster und Reaktionen. (s. Kap. 3.3)
Verarbeitung von Traumafolgestörungen	Traumafolgestörungen können ungünstig das Schmerzerleben beeinflussen. Es werden psychologische Behandlungstechniken eingesetzt, um Traumafolgestörungen zu vermindern und somit einen günstigen Verlauf des Schmerzerlebens zu fördern. (s. Kap. 3)

Tab. 11.12: (fortgesetzt)

Behandlungstechniken	Beschreibung
Optimierung des Stressmanagements	Stressauslösende Faktoren werden analysiert und minimiert. Die psychologische Behandlung unterstützt bei der Reinterpretation von Stressoren und bei der Identifikation eigener Ressourcen für die Bewältigung der erlebten Stressoren.
Motivationsarbeit	Ziel ist das Kind zu mehr Mitarbeit zu motivieren. Motivationsarbeit kann mit diversen Verstärkungstechniken (Belohnungssysteme) kombiniert und so eine erwünschte Verhaltensweise verstärkt werden.

Die psychologische Schmerzbehandlung sollte rasch eingeleitet werden, damit betroffene Kinder bei der Bewältigung ihres Schmerzerlebens auch mit nicht-medikamentösen Therapien optimal unterstützt werden.

Zahlreiche weitere Techniken der Psychologie und der Psychotherapie bedienen sich der Unterstützung betroffener Patienten und Patientinnen. Abhängig von der Schwere der physischen und körperlichen Verletzungen können diverse psychologische und psychotherapeutische Interventionen eingeleitet werden.

Die psychologische oder die psychotherapeutische Unterstützung bei thermisch verletzten Kindern und Jugendlichen dauert oft Jahre, bis eine psychische Rehabilitation der Betroffenen erfolgreich abgeschlossen werden kann.

11.5 Wann ist eine weiterführende psychologische / psychotherapeutische Hilfe notwendig?

Bei Fortbestehen folgender Symptome 6–10 Wochen nach dem Unfall [35]

- wenn das Ereignis und die Verletzungsfolgen einziger Mittelpunkt der Gespräche oder Hauptthema des kindlichen Spiels bleiben
- große Furchtsamkeit oder spezifische Ängste den Unfall bzw. die Verletzung betreffend.
- Vermeidung von Personen, Situationen oder Orten, die an das Trauma erinnern
- sozialer Rückzug mit Vermeidung von Kontakten zu Gleichaltrigen
- zwanghaftes Wiedererleben der traumatischen Situation (Albträume, Flashbacks)
- Antriebslosigkeit, Freudlosigkeit, sozialer Rückzug
- Beeinträchtigung der Konzentration und Merkfähigkeit
- wechselnde körperliche Beschwerden ohne organische Befunde
- wenn der Alltag nicht mehr bewältigt wird, z. B. Schule, Sport, Hobbys
- Selbstvorwürfe und Schuldgefühle
- bei Angst und/oder Depression eines Elternteils
- bei Selbstgefährdung durch gewaltsames Spiel, Risikoverhalten oder Selbstverletzungen
- bei Todesgedanken und Todeswünschen

11.6 Was sollten Ärzte / Pflege für die Gestaltung d. Behandlung wissen

11.6.1 Unterstützung für das Kind in der Akutphase

Am Unfallort und in der Notfallaufnahme ist das Kind oft wie betäubt und in einem emotionalen Schockzustand. Die unmittelbaren Reaktionen der Eltern auf die Verletzung ihres Kindes, die Art der Betreuung in der Ambulanz und die rasche Schmerzbehandlung haben einen großen Einfluss auf die weiteren Reaktionen des Kindes. Auch die Eltern erleben sich oft als hilflos in der Unterstützung für Ihr Kind. Hinzu kommen möglicherweise Schuldgefühle, dass sie nicht ausreichend für den Schutz ihres Kindes sorgen haben können. Einige Eltern ziehen sich in solchen Situationen völlig zurück, andere reagieren verwirrt und fordernd.

Die Anwesenheit der Eltern vermittelt dem Kind Sicherheit und Geborgenheit, außer in den Situationen, in denen die Eltern selbst völlig hilflos und ängstlich reagieren oder gar wenn Eltern als Verursacher/Täter bei intentionalen Verletzungen in Frage kommen. Die Reaktionen der Eltern entspringen oft der Angst um die Gesundheit des Kindes, aber auch dem eigenen Gefühl der Hilflosigkeit oder Schuldgefühlen, wenn diese z.B. ihre Kleinkinder als Aufsichtspersonen nicht ausreichend geschützt haben. Es braucht Verständnis und Geduld von Seiten der betreuenden und behandelnden Personen um den Eltern zu helfen selbst wieder in Zusammenarbeit mit dem Behandlungsteam ihr Kind unterstützen zu können.

11.6.2 Empfehlungen nach schweren Unfällen für Kinder und Eltern

- Unnötige stationäre Aufnahmen sollten vermieden werden, z.B. durch flexible Handhabung von tageschirurgischen und ambulanten Eingriffen.
- ausreichende Schmerztherapie (Dosierung und Wirkdauer betreffend)
- Information des betroffenen Kindes und seiner Bezugspersonen über die Art und des Ausmaßes der Verletzungen und die nächsten Schritte der Behandlung
- Möglichkeit zur Begleitung und Mitaufnahme der Eltern bei einer stationären Behandlung des Kindes
- möglichst flexible Besuchszeiten für Eltern und andere wichtige Bezugspersonen
- Eltern und Kinder in Entscheidungen über Behandlungsschritte und Behandlungszeitpunkte einbeziehen
- Vermeidung unnötiger Einschränkungen der körperlichen Aktivität und Beweglichkeit
- Angebote unterschiedliche Alltagsaktivitäten wie z.B. Kindergarten, Schule im Krankenhaus, Abwechslung und Erholung in therapiefreien Zeiten wahrnehmen zu können
- bei langen therapeutischen und rehabilitativen Maßnahmen großzügige Regelungen zur Unterbrechung und vorübergehenden Entlassung am Wochenende
- Aufklärung und Schulung der Eltern für die erforderliche Nachbehandlung

11.7 Literatur

[1] Eich PDC, Sinnig M, Guericke H. Akutversorgung des brandverletzten Kindes. Notfall+ Rettungsmedizin 2014,17,113–22.

[2] Ellsäßer G, Böhmann J. Thermische Verletzungen im Kindesalter (< 15 Jahre) und soziale Risiken. Kinderärztliche Praxis, 2004,2,34–8.

[3] Jacobi G, Dettmeyer R, Banaschak S, Brosig B, Herrmann B. Misshandlung und Vernachlässigung von Kindern – Diagnose und Vorgehen. Deutsches Arzteblatt international, 2010,107, 231–40.

[4] Mützel PDE. Gewalt gegen Kinder und Jugendliche. Monatsschrift Kinderheilkunde, 2011,159,4,373–82.

[5] Motzkau E. Der kindliche Notfall im sozialen Kontext. Notfall & Rettungsmedizin, 2001,4,156–66.

[6] Landolt M. Psychologische Aspekte bei schweren Brandverletzungen im Kindes-und Jugendalter, 2012.

[7] Seiffge-Krenke I. Depression bei Kindern und Jugendlichen: Prävalenz, Diagnostik, ätiologische Faktoren, Geschlechtsunterschiede, therapeutische Ansätze. Praxis der Kinderpsychologie und Kinderpsychiatrie, 2007,56,185–205.

[8] Seidler GH, Freyberger HJ, Maercker A. Handbuch der Psychotraumatologie. Klett-Cotta, 2015.

[9] Association AP. Diagnostic and Statistical Manual of Mental Disorders (DSM-5®). American Psychiatric Pub, 2013.

[10] WHO. ICD-10-Klassifikationssystem.

[11] Trop M. Das brandverletzte Kind. Monatsschrift Kinderheilkunde, 2002,150,1408–22.

[12] Kleim B, Ehring T, Scheel C, Becker-Asano C, Nebel B, Tuschen-Caffier B. Bewältigungsverhalten in Notfallsituationen aus klinisch-psychologischer Perspektive. Zeitschrift für Klinische Psychologie und Psychotherapie, 2015.

[13] Müller-Cyran A. Basis-Krisenintervention. Notfall & Rettungsmedizin, 1999,293–6.

[14] Boos A. Traumatische Ereignisse bewältigen. Göttingen: Hogrefe, 2007.

[15] Bauer M, Machleidt W. Psychiatrie, Psychosomatik und Psychotherapie. Georg Thieme Verlag, 2004.

[16] Becker-Nehring K, Witschen I, Bengel J. Schutz-und Risikofaktoren für Traumafolgestörungen. Zeitschrift für Klinische Psychologie und Psychotherapie, 2015.

[17] Schredl M, Pallmer R. Alpträume bei Kindern, 2012.

[18] Steil R, Straube ER. Posttraumatische Belastungsstörung bei Kindern und Jugendlichen. Zeitschrift für Klinische Psychologie und Psychotherapie. Forschung und Praxis, 2002,31,1–13.

[19] Remschmidt H. Suizidhandlungen im Kindes-und Jugendalter-Therapie und Prävention, 2011.

[20] Rossmann P. Depressionstest für Kinder (DTK). Hans Huber, 2008.

[21] Stiensmeier-Pelster J, Schürmann M, Duda K. Depressions-Inventar für Kinder und Jugendliche:(DIKJ). Hogrefe, Verlag für Psychologie, 2000.

[22] Thurner F, Tewes U. Der Kinder-Angst-Test II: (KAT II). Hogrefe, 2000.

[23] Laux L. Das State-Trait-Angstinventar (STAI): Theoretische Grundlagen und Handanweisung, 1981.

[24] Hampel P, Petermann F, Dickow B. Stressverabeitungsbogen von Janke und Erdmann angepasst für Kinder und Jugendliche (SVF-KJ). Hogrefe, 1997.

[25] Steil R, Füchsel G. Interviews zu Belastungsstörungen bei Kindern und Jugendlichen (IBS-KJ): Diagnostik der Akuten und der Posttraumatischen Belastungsstörung. Hogrefe, 2006.

[26] Von Staabs G. Scenotest. Verlag Hans Huber Göttingen, 1997.

[27] Zernikow B, Damschen U. Deutscher Schmerzfragebogen für Kinder und Jugendliche. Vestische Kinderklinik Datteln, Universität Witten/Herdecke, 1999,5.

[28] Fliegel S. Selbstverbalisation und Angstbewältigung. Verhaltenstherapie. Springer, 1993, 267–71.

[29] Lauth GW, Mackowiak K. Kognitive Verfahren. Lehrbuch der Verhaltenstherapie. Springer, 2009, 221–32.

[30] Ellis A. Rational-emotive Therapie in Gruppen. Praxis der rational-emotiven Therapie München. Urban & Schwarzenberg, 1979.

[31] Borg-Laufs M. Lehrbuch der Verhaltenstherapie mit Kindern und Jugendlichen. Deutsche Gesellschaft für Verhaltenstherapie, 2001.

[32] Wilken B. Methoden der kognitiven Umstrukturierung, 2010.

[33] Walen SR, DiGiuseppe R, Wessler RL. RET-Training: Einführung in die Praxis der rational-emotiven Therapie. Klett-Cotta, 2005.

[34] Hensel T. EMDR mit Kindern und Jugendlichen. Hogrefe, 2006.

[35] Purtscher K, Dick G, Pieringer W. Traumabewältigung im Kindesalter. Tscherne Unfallchirurgie. Springer, 2006, 109–18.

Adelheid Gottwald

12 Selbsthilfeverein „Paulinchen“ – Initiative für brandverletzte Kinder e.V.

Paulinchen – Initiative für brandverletzte Kinder e. V. wurde 1993 von zwei Familien brandverletzter Kinder gegründet, nachdem diese miterleben mussten, dass ihre Kinder nur durch Zufälle von Spezialisten behandelt wurden. Die Idee war, eine Stelle zu schaffen, wo Eltern nach einem Unfall mit thermischen Verletzungen ihres Kindes anfragen und miteinander in Kontakt treten können. Heute ist Paulinchen im ganzen deutschsprachigen Raum anerkannt und etabliert und die einzige Organisation in Deutschland, die ausschließlich Familien mit thermisch verletzten Kindern und Jugendlichen berät. Ziel des Vereins ist es, für jedes einzelne brandverletzte Kind individuell die bestmögliche Versorgung zu erreichen. Paulinchen hat mehr als 1000 Mitglieder, ist gemeinnützig anerkannt und arbeitet bundesweit. Neben der Beratung und den Projekten für die Familien mit brandverletzten Kindern engagiert sich Paulinchen auch in hohem Maße präventiv und warnt mit verschiedenen Präventionskampagnen vor den Gefahren durch heiße Flüssigkeiten und Flächen, sowie Feuer, Strom und Säuren.

12.1 Situation in der Familie

Kinder verunglücken in verschiedenen Altersstufen und in jedem Entwicklungsstadium entstehen unterschiedliche Probleme. Ein Verbrennungs- oder Verbrühungsunfall traumatisiert die ganze Familie. Eltern und Geschwister sind immer direkt oder indirekt mit betroffen. Von einer Sekunde zur anderen ist nichts mehr, wie es einmal war und die Familie steht vor einer völlig neuen, für alle Familienmitglieder sehr belastenden Situation.

Ist die Verletzung sehr schwer, wird das Kind in eine Spezialklinik verlegt. Häufig ergibt sich daraus eine große Entfernung zum Wohnort der Familie. Besteht Lebensgefahr und das verletzte Kind muss ins künstliche Koma versetzt werden, sind die Eltern zusätzlich durch die Angst um das Leben ihres Kindes belastet. Meist sind Vater und Mutter oder zumindest ein Elternteil ständig beim verletzten Kind. Warten Geschwisterkinder zuhause, befinden sich die Eltern in einer Situation, in der sie sich aufteilen müssen und doch nicht allen, den Geschwistern und dem verletzten Kind in gleichem Maße gerecht werden können.

Häufig passieren diese Unfälle gerade dann, wenn in der Familie schon vor dem Unfall eine schwierige Lebenslage, eine besondere oder belastende Situation bestanden hat, wie die Geburt eines weiteren Kindes, Krankheit oder Tod eines Familienangehörigen, Verlust

Abb. 12.1: Paulinchen-Logo.

der Arbeit oder Trennung. Liegt die Schuld in der Familie so erschwert das den Umgang miteinander. Nicht nur der Schuldige macht sich große Vorwürfe, sondern auch die Eltern gegenseitig. Manchmal kommen Vorwürfe und Schuldzuweisungen aus dem familiären Umfeld belastend hinzu.

12.2 Bundesweite kostenlose Hotline

Über die, für den Anrufer kostenfreie, bundesweite Paulinchen-Hotline 0800 01 12 123 ist Paulinchen rund um die Uhr für betroffene Familien erreichbar. Es tut gut, nach dem Unfall mit jemandem zu sprechen, der weiß, was es bedeutet, ein brandverletztes Kind zu haben. Das Gefühl, mit dieser schwierigen Situation nicht alleine zu sein, tröstet und macht Mut. Ehrenamtlich tätige Berater, die Abstand zum eigenen Unfall haben und durch Paulinchen geschult in Gesprächsführung sind, geben neutral, kompetent und sehr individuell abgestimmt auf die jeweilige Situation des Anrufers Auskunft und Rat. Den Familien werden erste Perspektiven aufgezeigt und die Eltern werden gestärkt und angeleitet, wie sie ihrem Kind bestmöglich beistehen können. Mit einem großen Kompetenznetzwerk aus Spezialisten im Hintergrund, kann jede Frage rund um thermische Verletzungen im Kindesalter beantwortet werden. Auch Eltern, die nach einem Gespräch mit dem Arzt weiteren Klärungsbedarf haben, brauchen häufig ein beruhigendes Telefonat mit Paulinchen. Es werden positive Gedanken und erste Wege entwickelt, konstruktive Ideen eingebracht und Adressen weiter gegeben, zum Beispiel von Therapeuten in Wohnortnähe, von einer geeigneten Klinik für eine Rehabilitationsmaßnahme, von erfahrenen Sanitätshäusern für das Anmessen der Druckverbände oder von Therapeuten für eine Trauma-Behandlung.

Familien werden auf Wunsch sehr individuell untereinander vernetzt, wie bei ähnlichem Unfallhergang oder ähnlicher Familiensituation, bei der Suche nach betroffenen Familien in Wohnortnähe oder nach Unfallart, wie zum Beispiel nach Unfällen durch Inhalieren über der Heißwasserschüssel oder beim Grillen und nach Lokalisation der Verletzung, wie bei Verbrennungen der Handinnenflächen.

Die Anrufer erhalten ein individuell nach den Bedürfnissen und Fragestellungen zusammengestelltes Paket mit Infomaterialien und einem Geschenk für das verletzte Kind. Die Option jederzeit wieder anrufen zu können, beruhigt und gibt den Eltern in jeder Phase nach dem Unfall Halt und Sicherheit.

Der Zeitpunkt, wann die Familien nach dem Unfall die Paulinchen-Hotline anrufen, ist sehr unterschiedlich. Manchmal melden sie sich direkt nach dem Unfall, wenn das Kind gerade im Krankenhaus angekommen ist und medizinisch erstversorgt wird. Die Eltern fragen sich, ob ihr Kind in der richtigen Klinik behandelt wird und ob wirklich das Bestmögliche getan wird. Sie fühlen sich hilflos und machen sich Vorwürfe, dass ihr Kind durch einen Moment der Unachtsamkeit so schwer verletzt wurde. Oftmals besteht in dieser akuten Behandlungssituation von Seiten der Klinik zunächst keine Möglichkeit für ein Gespräch mit den Eltern, da die Versorgung des verletzten Kindes im Vordergrund steht. Es ist eine große Hilfe und Beruhigung für die Eltern über die Paulinchen-Hotline zu hören, dass ihr Kind in der besten medizinischen Versorgung ist und dass alles, was medizinisch möglich ist, getan wird. Viele Eltern fühlen sich verunsichert, da sie sich vor dem Unfall noch nie mit den Folgen von thermischen Verletzungen befasst haben und sie das Ausmaß und die Schwere der Verletzung ihres Kindes erst langsam begreifen. Ein behutsames Gespräch mit ersten, wohl dosierten Informationen kann die Situation etwas entspannen und die Eltern beruhigen.

Durch eine sehr enge und gute Zusammenarbeit mit den Spezial-Kliniken für Schwerbrandverletzte, ist es Paulinchen möglich, brandverletzte Kinder, die nicht in der Behandlung von Spezialisten sind, in die richtigen Hände weiterzuleiten.

Wenn das Kind von der Intensivstation auf die Normalstation verlegt wird, fehlt plötzlich die scheinbare Geborgenheit durch die intensive Pflege. Viele Eltern sind verunsichert durch neue Ansprechpartner. Sie müssen jetzt mehr Verantwortung bei der Betreuung des Kindes übernehmen. Zukunftsängste keimen auf und die Eltern fragen sich, wie das Leben für das schwerverletzte Kind weitergehen soll. Sie denken an die Entlassung und wissen nicht, wie sie den enormen Pflegeaufwand eines schwer brandverletzten Kindes zuhause bewältigen sollen. Auch dies ist ein Zeitpunkt an dem sich viele Familien über die Hotline an Paulinchen wenden.

Häufig sind die Eltern nach Entlassung des Kindes aus der Klinik zuhause mit der Situation völlig überfordert. Einerseits sind sie froh, die Zeit im Krankenhaus überstanden zu haben, andererseits ist es eine große Herausforderung für die ganze Familie, die Pflege eines schwer brandverletzten Kindes in den familiären Alltag zu integrieren. Viele Eltern fühlen sich dem nicht gewachsen, besonders wenn sich das verletzte Kind noch in einem Zustand mit sehr hohem Pflegeaufwand befindet. Die Angst etwas falsch zu machen oder etwas, das vermeintlich Beste, zu versäumen, ist groß. Manche Eltern möchten jetzt aber auch ihr Kind am liebsten schonen, weil es schon so viel durchmachen musste und müssen erst überzeugt

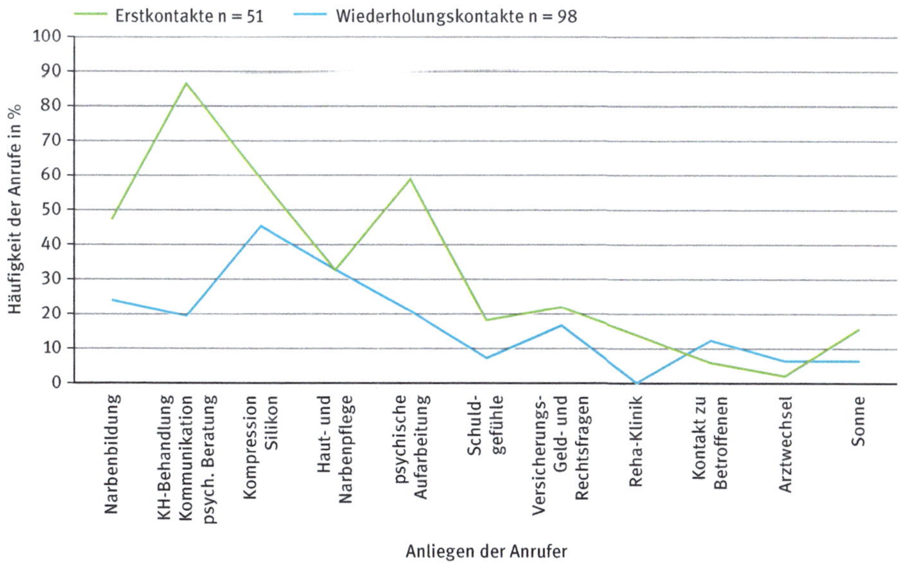

Abb. 12.2: Anrufe bei Paulinchen e.V. zu Fragen bei Brandverletzungen.

werden, wie wichtig die tägliche Narbenpflege und das Tragen der Kompressionsbekleidung rund um die Uhr für ein bestmögliches Narbenbild ist. Während in der Klinik der Therapieablauf durch die behandelnden Ärzte festgelegt wurde, müssen die Familien nun plötzlich alles selbst organisieren, wie zum Beispiel geeignete Therapeuten in Wohnortnähe zu finden. Mit einem Anruf bei Paulinchen finden Eltern und Familienangehörige Rat und Trost, wenn es darum geht, die Folgen von schweren Brandverletzungen bei Kindern zu bewältigen und das Leben neu zu ordnen.

Besonders wenn die behandelnde Spezialklinik weit weg vom Wohnort liegt, müssen die Eltern immer wieder bestärkt werden, die regelmäßigen Untersuchungstermine in der Klinik wahrzunehmen. Fragen zu verstärktem Juckreiz, Sonnenschutz, Pflegestufe usw. werden an Paulinchen e.V. gerichtet. Häufig werden die Familien über Wochen, Monate und manchmal auch über viele Jahre hinweg von Paulinchen e.V. begleitet. Gerade wenn das Kind den Unfall in sehr jungen Jahren erlitten hat, tauchen oft in der Pubertät neue Fragestellungen und Probleme auf, wenn sich ein Mädchen zum Beispiel als Kleinkind den Brustbereich verbrüht hat und sich durch die Vernarbungen die Brust nicht richtig entwickelt. Meist haben die Familien schon lange keinen Kontakt mehr zur Spezialklinik und rufen bei Paulinchen an, um wieder an Spezialisten angebunden zu werden. Durch das große Kompetenznetzwerk ist es möglich, spezialisierte Mediziner für alle Fragestellungen zu finden.

12.3 Paulinchen – Infomaterialien

Paulinchen hält eine große Auswahl an Infomaterialien für Familien mit brandverletzten Kindern bereit. Gemeinsam mit der Deutschen Gesellschaft für Verbrennungsmedizin (DGV) und dem Arbeitskreis ‚Das schwerbrandverletzte Kind‘ wurde die Broschüre „Kleiner Ratgeber für Eltern und Angehörige eines brandverletzten Kind im Krankenhaus“ erstellt, die den Eltern direkt bei Aufnahme des brandverletzten Kindes in der Klinik überreicht wird. Sie enthält der Situation angepasste, erste Informationen darüber, was die Familie nach einem Unfall mit thermischen Verletzungen erwartet. Ein ‚Leitfaden zur Nachbehandlung‘, der den Familien bei Entlassung mitgegeben wird, rundet dieses Angebot ab (erhältlich ab 2017). Die Situation der Geschwisterkinder, die immer direkt oder indirekt vom Unfall mitbetroffen sind, beschreibt ein Geschwisterflyer, der den Eltern wichtige Tipps gibt, wie sie Geschwistern durch die schwierige, belastende Zeit begleiten können. Für Angehörige und Freunde einer Familie eines brandverletzten Kindes hält ein weiterer Flyer wertvolle Empfehlungen bereit, wie sie den Familien in den Wochen nach dem Unfall wirksam helfen können. Erfahrungsberichte, Fachartikel und viele Informationen finden sich in den verschiedenen Ausgaben der Paulinchen-Zeitschrift. Die Website www.paulinchen.de gibt neben einem Überblick über die Projekte und die Arbeit des Vereins auch vielfältige Informationen zum Thema Verbrennungen und Verbrühungen und zur Prävention.

Abb. 12.3: Paulinchen-Broschüre: Kleiner Ratgeber für Eltern und Angehörige eines brandverletzten Kindes im Krankenhaus.

12.4 Paulinchen-Seminar für Familien mit brandverletzten Kindern

Einmal im Jahr veranstaltet Paulinchen ein Seminar für Familien mit brandverletzten Kindern und Jugendlichen. Ein großes Team aus Spezialisten nimmt sich ein Wochenende Zeit für die Fragen, Ängste und Sorgen der Familien. Den Eltern bietet das Seminar die Möglichkeit, Erfahrungen mit anderen Betroffenen auszutauschen, umfassende Informationen von Spezialisten zu erhalten und mit psychologischer Hilfe den Unfall aufzuarbeiten. Die Familien erhalten eine fachliche Einschätzung der aktuellen Gesamtsituation, haben aber auch die Möglichkeit, einen Blick in die Zukunft zu werfen. Die meisten Kinder kommen im Unfalljahr oder im Jahr danach zum Paulinchen-Seminar. Manchmal liegt der Unfall aber auch schon Jahre zurück und die brandverletzten Kinder nehmen als Jugendliche erneut teil, weil sich durch die Pubertät neue Fragestellungen ergeben haben. In Einzel-Sprechstunden kann eine Zweitmeinung eingeholt werden, Perspektiven individuell für jedes einzelne Kind können besprochen und die Kompressionsbekleidung überprüft werden. Ein Vortrag über die Methoden und den besten Zeitpunkt für plastisch-chirurgische Korrektur-Operationen, aber auch über die Grenzen des Machbaren vertieft diese Informationen. Die Eltern erfahren, was zu einer Verbesserung des Narbenbildes noch getan werden kann. In Einzelgesprächen mit dem Psychologen werden Sorgen und Fragen zur Situation in der Familie geklärt und Ängste abgebaut. Die Kinder und Jugendlichen lernen in einem eigenen Programm andere brandverletzte Kinder kennen und *können mit Hilfe von* hochqualifizierten Fachkräften Vertrauen in noch anstehende Therapien gewinnen und erlebte Schmerzen und Ängste altersgemäß aufarbeiten. Verschiedene Workshops wie zu Camouflage und Narbenmassage, Gesprächskreise zu Gefühlen nach dem Unfall, wie Schuld, Angst, Wut und eine Kinderbuchausstellung runden das Angebot ab. Das Paulinchen-Seminar ist zu einem wichtigen Baustein in der Rehabilitation brandverletzter Kinder und Jugendlicher geworden und oft ein erster Schritt für die Familien in Richtung Traumabewältigung.

12.5 Angebot für brandverletzte Jugendliche

Für Jugendliche mit thermischen Verletzungen hat Paulinchen ein eigenes Angebot. Das Paulinchen-Buch ‚Alex – Dein Ratgeber' wird brandverletzten Jugendlichen ab ca. 12 Jahren in der Klinik vom behandelnden Arzt, der die Ratgeber direkt bei Paulinchen anfordert, überreicht.

Mit der Geschichte von Alex, der im Alter von 14 Jahren einen schweren Unfall mit Verbrennungen erlitt, wird der Jugendliche durch die verschiedenen Stationen von Alex Behandlung geführt. Die Jugendlichen können sich mit Alex Geschichte identifizieren und so für den eigenen Weg nach dem Unfall Stärke und Mut finden. Das Buch gibt den Jugendlichen die Möglichkeit, sich unabhängig von den Eltern und behandelnden Ärzten über die Verletzung, die Behandlungsschritte und die Rehabilitation zu informieren. Neben der Geschichte von Alex enthält der Ratgeber Seiten mit medizinischen Informationen wie zum Beispiel über Operationsmethoden und den Aufbau der Haut. Ein Lexikon mit Fachausdrücken erklärt die wichtigsten Begriffe, die der Jugendliche im Laufe der Behandlung immer wieder hört. Der

Alex-Ratgeber ist mit ansprechenden, auf Jugendliche abgestimmten Illustrationen versehen und bietet auch die Möglichkeit, die eigene Geschichte tagebuchartig auf freie Seiten ins Buch zu schreiben.

Abb. 12.4: Alex-Ratgeber; Legende: Paulinchen-Buch ‚Alex – Dein Ratgeber' für brandverletzte Jugendliche ab 12 Jahren.

Einmal im Jahr findet das Paulinchen-Jugendwochenende statt, an dem brandverletzte Jugendliche von 15 bis 21 Jahren ohne Begleitung der Eltern teilnehmen. Dabei steht im Vordergrund, andere brandverletzte Jugendliche mit ähnlichen Problemen kennen zu lernen, gemeinsam etwas zu unternehmen und zusammen Spaß zu haben. Geleitet wird das Wochenende von einem kleinen Team, dem auch zwei junge erwachsene Brandverletzte angehören. Erfahrungen werden ausgetauscht und Freundschaften entstehen. Neben einem gemeinsamen Erlebnisprogramm mit Schwimmbadbesuch, Sommerrodelbahn oder Klettergarten werden Workshops und der Austausch in Kleingruppen angeboten. Themen sind unter anderem ‚Wo stehe ich heute, Jahre nach dem Unfall', oder ‚Was sind meine Pläne für die Zukunft'. Dabei wird das eigene Schicksal beleuchtet, sowohl im gemeinsamen Austausch als auch im individuellen Erleben in der Gruppe. Die begleiteten Gespräche legen das Fundament für viele weitere Kontakte und Begegnungen [2]. Die Jugendlichen bleiben auch nach dem Wochenende miteinander in Verbindung und viele nehmen jedes Jahr bis zu ihrem 21. Geburtstag teil.

Eine eigene Website für brandverletzte Jugendliche „Paulinchen – Dein Portal" rundet das Angebot für Jugendliche ab. Einbezogen werden hier auch Freunde und Geschwister. Neben vielen Informationen rund um das Thema Brandverletzung, Veranstaltungsterminen und Erfahrungsberichten von brandverletzten Jugendlichen werden auch Themen wie Mobbing aufgegriffen. Für Freunde und Geschwister gibt es Informationen zu Unfallursachen und Unfallfolgen sowie wertvolle Tipps, wie sie brandverletzten Jugendlichen beistehen können. In einem geschlossenen Chatbereich haben die Jugendlichen die Möglichkeit sich zu informieren, sich untereinander und mit Fachleuten auszutauschen und sich zu verabreden. In die Moderation des Chatbereichs sind brandverletzte Jugendliche eingebunden.

Am Beispiel von Stefan (Name geändert) soll gezeigt werden, wie Paulinchen Familien mit brandverletzten Kindern in den verschiedenen Phasen nach dem Unfall hilft:
Stefans Vater ruft zum ersten Mal 4 Monate nach dem schweren Unfall seines Sohnes bei uns an. Stefan ist zum Unfallzeitpunkt 15 Jahre alt und hat durch den Unfall nicht nur sehr großflächige tiefe Verbrennungen von ca. 80% der Körperoberfläche erlitten, sondern dabei auch einen Arm verloren. Der Vater berichtet bei seinem ersten Anruf, dass Stefan noch in der Klinik ist, jedoch angedacht ist, dass er bald für zwei Wochen nach Hause darf, bevor er eine Reha-Maßnahme antreten wird. Er hat unter anderem Fragen zur Pflegestufe und zur Kompressionsversorgung. Stefan hat zwei jüngere Geschwister und die Familie wird sehr engagiert von der Dorfgemeinschaft unterstützt. Ein Elternteil immer im Krankenhaus dabei. Die Spezialklinik liegt sehr weit vom Wohnort der Familie entfernt, was für die Familie eine zusätzliche Belastung und Herausforderung darstellt. Fünf Monate nach dem Unfall lernen wir Stefan persönlich kennen, als wir in der Spezialklinik, wo er zu diesem Zeitpunkt immer noch stationär ist, eine Spende übergeben. Stefan begegnen wir auf dem Krankenhausflur. Er freut sich sehr, dass wir ihn besuchen. Wir sprechen lange mit ihm auf seinem Zimmer. Seine Mutter und seine kleine Schwester sind auch dabei. Stefan hat viele Fragen und erzählt von seinem großen Wunsch wieder Fahrrad fahren zu können. Durch seine Armamputation ist dies jedoch nur mit einem Spezialrad, einem sogenannten Trike möglich. Er hat sich schon verschiedene Räder angesehen und hofft, dass die Krankenkasse die Kosten für das Spezialrad übernimmt. Wir berichten ihm von unserem Paulinchen-Seminar und er freut sich darauf, daran teilzunehmen und dort andere Jugendliche mit Brandverletzungen kennen zu lernen. Er fragt uns nach geeigneten Reha-Einrichtungen, denn es ist ihm besonders wichtig, dass die spezielle Physiotherapie nach Vojta, die er in der Klinik erhält, dort fortgesetzt wird. Wir versprechen ihm, uns zu erkundigen, welche Rehaklinik diese Therapieform anbietet. Sechs Monate nach dem Unfall tritt Stefan eine stationäre Reha-Maßnahme an. Knapp ein Jahr nach dem Unfall nimmt Stefan erstmalig mit seinem Vater am Paulinchen-Seminar teil. Dort erhalten beide von den anwesenden Spezialisten die Bestätigung, dass im Behandlungsprozess bisher alles optimal verlaufen ist. Stefans Pflegeaufwand ist zu diesem Zeitpunkt noch sehr hoch und er ist immer noch schwach durch die schweren Verletzungen und die lange Zeit im Krankenhaus. Er nimmt so gut es geht am Programm teil und lernt dort gleichaltrige brandverletzte Jugendliche kennen. Es tut ihm gut, zu sehen, dass er mit seinem Schicksal nicht alleine ist. Beim Seminar erfährt Stefan von der Hydrotherapie in La Roche Posay. Anderthalb Jahre nach dem Unfall fährt er mit seiner Familie für drei Wochen zur Thermalbehandlung nach Frankreich. Seine Narben sind danach viel blasser, weicher und er berichtet uns, dass besonders seine Gesichtszüge entspannter und wieder lebhafter aussehen. Er erzählt, dass er sich nach den Wochen in La Roche Posay zum ersten Mal wieder wohl in seiner Haut gefühlt hat. Insgesamt fährt Stefan drei Mal zur Hydrotherapie nach La Roche Posay in Frankreich. Leider übernimmt die Krankenkasse die Kosten nicht, so dass die Familie die gesamten Kosten selbst tragen muss. Die Krankenkasse weigert sich auch die Kosten für Stefans sehr teure Creme zur Narbenpflege zu übernehmen. Wir setzen uns mit der Herstellerfirma in Verbindung und können erreichen, dass Stefan direkt von dort kostenlos mit dem Produkt versorgt wird. Zwei Jahre nach dem Unfall kommt Stefan erneut mit seinem Vater zum Paulinchen-Seminar. Beide haben viele Fragen an den Mediziner. Stefan hat bisher keine Klinik gefunden, die das Risiko einer dringend erforderlichen Nachopera-

tion eingehen will. Über den anwesenden plastischen Chirurgen wird Stefan in eine hochspezialisierte Klinik vermittelt, wo er mehrfach größere plastisch-chirurgische Operationen hat, die seine Gesamtsituation ganz entscheidend verbessern. Immer wieder ruft der Vater in der darauf folgenden Zeit bei Paulinchen an. Er berichtet, dass die Krankenkasse zum wiederholten Mal die Kostenübernahme für das Spezialfahrrad, das Trike, ablehnt. Stefan ist inzwischen 17 Jahre alt und möchte unbedingt wieder mobiler und unabhängiger sein. Mit Hilfe von Stiftungen, mit denen Paulinchen zusammenarbeitet, gelingt es, die Familie bei der privaten Finanzierung des Trikes zu unterstützen, so dass Stefan mehr als zwei Jahren nach dem Unfall endlich wieder mobiler und selbständiger am Leben teilnehmen kann. Er nutzt das neue Spezialfahrrad gleich um eine Radtour mit seiner Schulklasse mitzumachen. Fünf Jahre nach dem Unfall kommt Stefan erneut zum Paulinchen-Seminar und wir erleben dort einen aufgeschlossenen, sehr tapferen, mutigen jungen Mann, der sich mit den anderen Jugendlichen schnell gut versteht und den Austausch und das gemeinsame Erleben mit den Gleichaltrigen sehr genießt. Er trifft dort auch den Spezialisten wieder, der die komplizierten Korrektur-Operationen durchgeführt hat. Die Wiedersehensfreude ist auf allen Seiten groß. Zweimal nimmt Stefan, im siebten und achten Jahr nach dem Unfall, am Paulinchen-Jugendwochenende teil. Dort kann er ohne Begleitung der Eltern mit gleichaltrigen Jugendlichen zusammen sein, sich über das gemeinsame Schicksal austauschen und etwas unternehmen. Fast 10 Jahre sind nun seit Stefans Unfall vergangen. Immer wieder haben wir die Familie telefonisch beraten, gestärkt und Kontakte vermittelt. Wir freuen uns jedes Jahr auf die Weihnachtsgrüße von Stefan, bei denen er immer ein aktuelles Foto mitschickt. Stefan hat Abitur gemacht und zwischenzeitlich ein Studium begonnen. Wir bewundern sehr, mit wieviel Kraft und Stärke Stefan und seine Familie dieses schwere Schicksal meistern und wir sind dankbar, dass wir ihn ein Stück auf seinem Weg nach dem Unfall zurück ins Leben begleiten durften.

12.6 Präventionskampagnen

Experten schätzen, dass man 60% aller Unfälle durch Prävention verhindern könnte. Seit 1997 warnt Paulinchen mit verschiedenen Präventionskampagnen vor den Unfallgefahren durch heiße Flüssigkeiten und Flächen, sowie Feuer, Strom und Säuren. Die Präventionsbroschüre „Aktion Paulinchen – So schützen Sie Ihr Kind vor Verbrennungen und Verbrühungen" gibt nicht nur zahlreiche Tipps, wie man sein Kind vor diesen folgenschweren Unfällen bewahren kann, sondern auch Informationen zu Verbrennungen und Verbrühungen, zu Erste-Hilfe-Maßnahmen und Rettungswegen. Zielgruppe dieser Broschüre sind alle Familien mit Kindern. Die Paulinchen-Kampagne „Brennende Neugier" greift in Bildern verschiedene Gefahrensituationen durch Feuer auf. Angebranntes Spielzeug lässt den Betrachter ahnen, was passiert ist.

76% aller Kinder mit Verbrennungen und Verbrühungen sind jünger als 5 Jahre [1]. Verbrühungen durch heiße Flüssigkeiten sind die Hauptunfallursache für thermische Verletzungen im Kindesalter. Vielen Eltern ist nicht bewusst, dass schon eine Tasse mit heißer Flüssigkeit ausreicht, bis zu 30% der Körperoberfläche eines Kleinkinds oder Säuglings zu verbrühen. Mit der Paulinchen-Präventionskampagne „Vorsicht mit heißen Flüssigkeiten" wird diese Gefahr aufgegriffen.

Abb. 12.5: Legende: Motiv zur Paulinchen-Kampagne „Vorsicht mit heißen Flüssigkeiten“.

Auch wenn Grillunfälle mit Spiritus oder anderen Brandbeschleunigern in der Gesamtzahl der thermischen Verletzungen bei Kindern nur eine geringe Rolle spielen, sind gerade diese Unfälle für die Betroffenen besonders folgenschwer. Verbrennungen von mehr als 50% der Körperoberfläche sind hier keine Seltenheit. Deshalb war es Paulinchen ein besonderes Anliegen, vor dieser noch immer viel zu häufig unterschätzten Gefahr zu warnen. Mit der Paulinchen-Kampagne „Sicher grillen ohne Spiritus“ wird mit Plakaten und einem Film-Spot

Abb. 12.6: Motiv zur Paulinchen-Kampagne „Sicher grillen ohne Spiritus“.

nicht nur eindrucksvoll gezeigt, was passieren kann, wenn Spiritus auf zu langsam brennende Grillholzkohle gekippt wird, sondern es wird auch vor der Benutzung von Brandbeschleunigern gewarnt.

12.7 Tag des brandverletzten Kindes

2010 initiierte Paulinchen erstmalig am 7. Dezember den bundesweiten Aktionstag ‚Tag des brandverletzten Kindes'. Dieser wird im Gesundheitstagekalender der Bundeszentrale für gesundheitliche Aufklärung (BzgA) geführt und jährlich am 7. Dezember mit Veranstaltungen und Aktionen wiederholt. Überall in Deutschland machen zum ‚Tag des brandverletzten Kindes' Aktionspartner wie (Spezial-)Kliniken, Feuerwehren, Praxen, Apotheken, Kitas und Sanitätshäuser auf die mehr als 30.000 Kinder und Jugendlichen [4] in Deutschland aufmerksam, die jedes Jahr wegen thermischer Verletzungen ärztlich behandelt werden. Ca. 6000 dieser Kinder [4] sind so schwer verletzt, dass sie stationär verbleiben müssen. Die Öffentlichkeit wird am ‚Tag des brandverletzten Kindes' über die schwerwiegenden Folgen von thermischen Verletzungen informiert und die Lobby für brandverletzte Kinder wird beständig ausgebaut. Spezialkliniken berichten über die Möglichkeiten zur Behandlung von Kindern mit thermischen Verletzungen und öffnen zum Beispiel ihre Operationssäle für Kinder, die ihre Kuscheltiere mitbringen dürfen und lernen, was nach einer Verbrennung oder Verbrühung medizinisch alles getan werden muss. Erste Hilfe-Maßnahmen und die Rettungskette werden gezeigt und Feuerwehrautos und Rettungswägen dürfen besichtigt werden. Mit verschiedenen Präventionsaktionen und -kampagnen wird vor den Unfallgefahren gewarnt und den Eltern gezeigt, wie man Kinder schützen kann. Der Aktionstag hat sich schnell etabliert und jedes Jahr nehmen auf internationaler Ebene weitere Länder teil. Auf der Website www.tag-des-brandverletzten-kindes.de können alle Informationen zum ‚Tag des brandverletzten Kindes' abgerufen werden.

12.8 Literatur

[1] AWMF-Leitlinie 006-128: Behandlung thermischer Verletzungen im Kindesalter (Verbrennungen, Verbrühungen: http://www.awmf.org/uploads/tx_szleitlinien/006-128l_S2K_Thermische_Verletzungen_Kinder_2015-04.pdf

[2] Falk S., „Das erste Paulinchen-Jugendwochenende", 20 Jahre Paulinchen, S. 36–38, 2013.

[3] Statistisches Bundesamt, Krankenhausdiagnosestatistik

[4] Statistisches Bundesamt (Hrsg.). Unfälle, Gewalt, Selbstverletzungen bei Kindern und Jugendlichen, 2011, Wiesbaden; Dr. Gabriele Ellsäßer; LGA Brandenburg, 2013.

Register

ABA 30
ABCDE-Schema 49
Acitenobacter 48
affektiven Symptomen 147
Aggressions-Stoffwechsel 46
Aktive Präventionsmaßnahmen 19
Akutbehandlung 18
Akutphase 161
Allopezie 61
Alltagstraining 119
ALS. Siehe Advanced Life Support
Ambulante Therapie 54
Analgesie 51, 79
Analgosedierung 73, 79, 96
Analogsedierung 81
Angst 147
Annual Burn Repository
    der American Burn Association 20
Antibiotika 65
antibiotische Behandlung 84
Arbeitskreis ‚Das schwerbrandverletzte Kind' 168
Argyrie 65
arterieller Mitteldruck (MAD) 75
Arthrodese 137
Arthrolyse 137
Ätiologie 3
ätzende Flüssigkeiten 24
Aufsichtspersonen 1
Augenlider 138
AWMF-Leitlinie 72

Badewannenwasser 4
Badewassertemperaturen 23
Barrierefunktion 43
Basalmembran 13, 42
Basisinfusion 52
Beatmung 77, 78
Begleiterkrankungen 122
Behandlungsprioritäten 136
Behandlungsquoten 2
Behandlungsteams 34
Belastungsreaktion 149
Bewegungstherapie 118
Biosynthetischer Hautersatz 58
Blutkultur 48
Brandpsychose 153
Brooke 71
Brustanlage 141
Brustdrüse 141

Calcium-Alginate 99
Candida albicans 48
Case-Management 36
Chemikalien 24
chemische Substanzen 9
Chemische Verbrennungen 24
chirurgische Debridement 56
Clonidin 81
Coping-Mechanismen 157

Darmmukosa 47
Debridement 56
Débridement 44
Deckung 44
Defektrekonstruktion 133
Deformitäten 128, 135
Denaturierung von Lipoproteinen 44
Depression 148
Depressionsklassifikation 148
Dermatom 60
Dermisersatz 62
Desinfektionslösungen 99
Deutschen Gesellschaft für Verbrennungsmedizin
    (DGV) 168
DGV 30
Dissoziation 152
dissoziativen Bewusstseinsstörung 153
DRU. Siehe Digitale, rektale Untersuchung

Eintauchverletzungen 10
ektodermaler 42
Ektropien 139
Elektrische Verbrennungen 23
Eltern 123
Elternbetreuung 85
EMDR 159
Endothelbarrieren 44
Energiebedarf 47
enterale Ernährung 83
Enterokokken 48
Entnahmestellen 130
Entspannungsübungen 155
Entwicklungs- und Schwellenländern 25
enzymatisch 57
Epidemiologie 1
epidermale Blasenbildung 11
Epigard 101
Epithelisierung 59, 109
Epithelisierungsphase 98

Erfrierungen 3
Ergotherapeuten 34
Ernährung 82, 97
Erstmaßnahmen 49
Erstversorgung 70
Erythrozytenkonzentrat/Frischplasma 76
Escharotomie 56
Eschericha coli 48
Estlander 139
European Association
for Children in Hospital, EACH 28
Evaluation von Präventionsmaßnahmen 20
Evaporation 44
Expander 133
Expandertherapie 139
Exudationsphase 98

Fachgesellschaften 30
Familie 165
Fehlwachstum 27
Fentanyl 81
Fernlappenplastiken 132
Fettgazeverband 105
feuchten Wundbehandlung 58
Flammeneinwirkung 3
Fluid Creep 73
Flüssigkeitstherapie 71
Flüssigkeitsverlust 44
Folgeschäden 122
freier Lappenplastik 108
Fremdhaut-EuroSkin R 101
Fuß 141

Gabapentin 82
Gängige psychometrische Tests 154
Gaze- und Silikonauflagen 99
Gelenke 141
Gelenksdestruktionen 136
Geschlechtsverteilung 3
Geschwister 168
Gesicht 105
Gewebsödem 64
Glocke. Stethoskop
Glukokortikoide 45
Grad 3 13
Grad 4 13
Gradeinteilung 10
Grad I 11
Grad IIa 11
Grad IIb 11
Grad IIb-Verletzungen 12, 13
Grad III 11
Grad IV 11
Granulationsgewebe 98
Grundumsatz 83

H1-Antihistaminika 80
Haddon Matrix 18
Hals 139
Hämatokri 46
Hämatome 4
hämodynamisches Monitoring 74
Hämostase 98
Handflächenregel 14, 15, 52
Haut 41
Hautanhangsgebilde 42
Hautersatzprodukte 100
Hautpflege 115
Hauttransplantate 138
Hauttransplantaten 136
Hauttransplantation 130
Heilpädagogik 115
Histamin 45
Hornschicht 42
Humanalbumin (HA) 76
Hydrochirurgie-System 57
Hydrofaser 99
Hydrokolloide 99
Hydropolymere 99
Hydrotherapie 172
Hydroxyethylstärke (HAES) 75
Hygienemaßnahmen 94
Hyperämiezone 43
hyperdyname Phase 46
Hypermetabolismus 46, 83
Hypertrophe Narben 60
Hypertrophen Narben 128
Hypertrophie 112
hypodyname Phase 46
Hypothermie 49
Hypovolämie 45, 51

Ibuprofen 81
i.m. Siehe Injektion, intramuskulär
Infektionen 47
Infektionsbehandlung 84
Infektionskontrolle 84
Infektprophylaxe 48
Inflammationskaskade 134
Inflammationsphase 98
Inhalationstrauma 78
instabile Narben 136
Integra 100, 137
Intensivbetten 30

Intensivmedizin 69
Interleukine 45
Internationale Präventionsmaßnahmen 25
Interstitium 45
Interventionstechnik 159
intramuskulär. Siehe Injektion
intraossäre Volumengabe 51
Inzidenz 1
Iruxol-Salbe 101
i.v. Siehe Punktion, intravenös

Juckreiz 80, 122
Jumpingman Plastik 136

Kaffee 7
Kalorienbedarf 82
Kantholyse 138
Kapillarleck 46
Katecholamine 45, 77
Keloidbildung 128
Keratinozyten 42
Kinder-Brandverletztenzentrum 29, 30
Kindeswohlgefährdung 4, 9
Kind im Krankenhaus 28
Klebsiellen 48
Knorpelersatz 140
Koagulationszone 43
kochenden Flüssigkeiten 7
Kognitive Umstrukturierung 157
Kompartmentsyndrom 56
Kompressionsbekleidung 117
Kompressionstherapie 127, 128
Kontaktverbrennungen 3, 8, 23
Kontrakturprophylaxe 107
Kopf/Hals 138
körperlichen Deformationen 147
Körperoberfläche (VKOF) 52
Körperschema nach Lund und Bowder 52
Korrekturoperationen 37
Krankengymnastik 118
Krankenhausfälle 2
Kreislaufinsuffizienz 77
Kühlung 49

Längenwachstumsstörungen 141
Langfinger 137
Lappen 139
Lappenplastiken 137, 139
Laser-Doppler 14
Lederhaut (Dermis) 41
Leistenlappen 139
Lidektropium 138
Lidrekonstruktionen 138
Lidschluss 138
Lipoinfiltration 142
Lippe 139
Lokale Lappenplastiken 130
Lund und Browder 15
Lymphflüssigkeit 116
lymphogene Metastasierung 142

Manuelle Narbentherapie 117
Matriderm 101, 137
Maturationsphase 98
Mediatoren 45
Medical Needling 134, 135
Meekgraft 63
Meek-Technik 61
Melanozyten 42
Membran. Stethoskop
Mepitel-Polyhexanidgel-Kombination 103
metabolische Antwort 46
Metabolisches Syndrom 82
Metamizol 81
Midazolam 81
Mikrobiologische Keimnachweise 48
mikrobiologisches Monitoring 47
mikrobiologisches Screening 84
mikrochirurgische Lappenplastiken 133
Minderperfusion 77
Missbrauch 146
Morbidität 47
Morphin 81
Mortalität 25, 48, 69
Multiorgan-Dysfunktionssyndrom (MODS) 48
Mund 138

Nachsorge 35
Nadelroller 134
Nalbuphin 81
Narbe 128
Narben 27, 142
narbenbedingter Entwicklungsstörungen 127
Narbenexzisionen 131
Narbenkarzinom 142
Narbenkontrakturen 132, 136, 139
Narbenmassage 116
Narbenmobilisation 119
Narbenpflege 115
Narbenstränge 136
Narbenstrangexzision 136
Nase 139

Nasenepithesen 140
Needling 109
Neunerregel nach Wallace 52
Nierenersatztherapie 75

Oberarmlappen 140
Oberflächenanteil 14
Oberflächenausdehnung 14
Oberhaut (Epidermis) 41
Ödem 44
Ödembildung 44, 45
Ohr 140
Ohrmuschelrekonstruktion 133
Ohrmuschelverlust 140
Öl 8
operativen Indikationsstellung von Verbrennungsnarben 129
operativen Korrekturmaßnahmen 128
Opioide 80
Oppositionsfunktion 136
osseointegrierter Fixierung 141
Oxygenierung 44

Paracetamol 81
Paraffinbad 121
parenterale Ernährung 47
Parkland 71
Pathophysiologie 41
Patientenlagerung 95
Paulinchen 21, 165
PDI. Siehe Pain Disability Index
Perfusionsdruck 75
Perkutane Kollageninduktionstherapie (PCI) 134
Pflege 91
Pflegesalbe 116
Physio- und Ergotherapeuten 34
Piritramid 81
Plastischen Chirurgie 129
Plattenepithelkarzinoms 142
Polyacrylatkissen 100
Polyurethanschaumverbände 103
Postaggressions-Stoffwechsel 46
Posttraumatische Belastungsstörung 150
posttraumatische Metabolismus 46
post-traumatische Stress-Syndroms (PTSD) 79
Prävention 17
Präventionsstrategien 19
Primärbehandlung 44
Primärprävention 18, 25
Primärverschluss 130
Proliferationsphase 98
Propanolol 84
Prostaglandine 45
Proteolyse 47
Proteus 48
Pseudomonas aeruginosa 48, 65
Psychoedukation 156
Psychologische Aspekte 145
Psychologische Behandlung 155
Psychologische Betreuung 98
Psychologische Diagnostik 153
psychologische Schmerzbehandlung 159
Psychologische Schmerzbehandlung 159
Psychomotorik 120
Psychotherapeuten 34
Pulskonturvarianz 77

Qualitätssicherungssystem 34

Radialis 137
radioaktive Strahlung 9
random-pattern Flaps 131
Re-Epithelialisierung 13
Reepithelisierungszeit 54
Rehabilitation 35, 170
Rehabilitationsmaßnahme 166
Rehabilitationsmaßnahmen 111
Rehabilitationsziele 113
Reha-Maßnahmen 36
Rekapillarisierungszeit 12
Reteleisten 42
Risikogruppen 19
RUD. Siehe Realistische Unfalldarstellung

Sauerstoffradikale 45
s.c. Siehe Injektion
Schichtenaufbau 41
Schienenversorgungen 128
Schmerzempfindung 122
Schmerzerfassung 79
Schmerztherapie 96
Schweißpore 41
Schwenklappenplastik 108
Sehnen-Adhäsionen 137
Sekundärchirurgische Maßnahmen 127
Sekundärprävention 25
Selbstgefährdung 160
Selbsthilfe 165
Semipermeable Wundfolien 100
Sepsis 84
Serotonin 45
Silberimprägnierte Aktivkohle 99
Silikone 118
Silikonpelotten 127

SIRS 71, 84
S-Ketamin 81
SMAS 139
SP. Siehe Simulationspatient
Spalthautentnahmestellen 105
Spalthauttransplantate 62
Spalthauttransplantaten 130
Spalthauttransplantation 60, 106
Spezialisierte Kliniken 35
Spezialisten 33
Spezialklinik 1
Sport- und Therapiegeräten 120
Sprechvermögen 138
SPs. Siehe Simulationspatient
Stabilisierung 44
Stamm 141
stammbetont 4
Stammzellen 13
Staphylokokkus aureus 48
Starkstromverletzungen 8
stationär notwendigen Behandlungen 1
Steroiden 127
Stirnlappen 140
Stoffwechsel 46
Stratum basale 41
Stratum corneum 41
Stratum spinosum 41
Stromunfälle 24
Stromverbrennungen 8
Stromverletzungen 3
Strukturvoraussetzung 27
Suprathel 92, 100, 102, 103, 105
Systemische Reaktionen 45

Technik nach Brent 140
Technik nach Nagata 140
Technologie 103
Tee 7
temporofaszialen Lappen 140
Tetanus 54
Thermolabilität 43
Thromboxan 45
Todesursachen 1
Toxic shock-Syndrom 47
Trainingstherapie 118
Tramadol 81
Transfusionsindikation 76
Transition 36, 37
Traumafolgestörung 152
Traumanetzwerken 55
Traumata 149
Traumatherapie 34, 121, 159
Tubusgröße 77

Überinfusion 73
Unfallprävention 17
Unterhaut (Subcutis) 41
Unterlidektropium 138
Ursachen für Verletzungen 1

Vakuum assistierte Verschlussbehandlung 64
Vakuumtherapie 104
venöser Zugang. Siehe Flexüle
Verätzungen 3
Verbandswechsel 96, 101
Verbandswechseln 64
verbrennungsassoziierte Immunsuppression 44
Verbrennungskrankheit 45
Verbrennungsprävention 19, 25
Verbrennungsregister 20
Verbrennungsschock 45, 46, 71
Verbrennungssepsis 44
Verbrennungsstrategien 25
Verbrennungstiefe 52
Verbrühungen 3
Verhaltensprävention 18
Verhältnisprävention 18
Verletzungstiefe 10
Vernachlässigung 146
Vollhauttransplantate 62
Vollhauttransplantation 108
Vollhauttransplanteten 130
Volumenmangel 45

Wachstumsverzögerungen 27
Weichteilexpansion 133
Weiterbildung 33
WMCS 103
Wundauflagen 58
Wundgrundes 12
Wundheilung 47
Wundinfektionen 65, 84
Wundprotektion 48
Wundreinigung 58
Wundtherapeutika 98, 99

Zentren für schwerbrandverletzte 32
Zentren für schwerbrandverletzte Kinder 29
Z-Plastik 132
ZVK. Siehe zentralvenöser Katheter
Zwischenfingerkommisur 136